U0155441

司明岳◎编著

node
.js
入门指南

小白
用纯小白的语言讲解
Node.js，帮你依次
突破学习障碍。

实战
书中列举大量代
码案例，让你能
立马实践。

系统
全流程、全系统讲
述Node.js核心知
识点及应用。

深入
层层抽丝剥茧分
析，要因得因，
要果得果。

北京大学出版社
PEKING UNIVERSITY PRESS

内 容 提 要

Node.js 因为使用了 Google 的 V8 引擎,所以具有高性能、高并发的特点,尤其适合聊天等即时应用的处理。Node.js 使用 JavaScript 编程语言,有利于快速入门学习。

本书分为 10 章,从逻辑上分为四个部分。

第一部分为基础篇(第 1~7 章)。

该部分介绍了 Node.js 及 JavaScript 语言的基础知识、Node.js 的文件管理模块、网络开发模块、访问 MongoDB 数据库模块、分布式模块。通过学习读者将掌握 Node.js 及 JavaScript 语言开发的基础知识。

第二部分为 Express.js 框架篇(第 8 章)。

该部分介绍了 Node.js 的 Express.js 框架,包括框架的路由、中间件、模板引擎、错误处理、调试、静态文件等模块。

第三部分为 Koa.js 框架篇(第 9 章)。

该部分介绍了 Node.js 的 Koa.js 框架,框架的级联、设置、错误处理、上下文、中间件、路由等模块。

第四部分为实践篇(第 10 章)。

该部分介绍了前端 Vue.js 框架,并使用前端 Vue.js 框架和后端 Express.js 框架,数据库为 MongoDB 的前后端分离项目。该项目还具有基本的 MVC 三层架构。

本书适合有一定 Web 开发基础的 Node.js 初学者学习,同样也适合高等院校和培训机构相关专业的师生作为教学参考用书。

图书在版编目(CIP)数据

Node.js入门指南 / 司明岳编著. — 北京:北京大学出版社,2021.11
ISBN 978-7-301-32617-6

Ⅰ.①N… Ⅱ.①司… Ⅲ.①JAVA语言–程序设计–指南 Ⅳ.①TP312.8-62

中国版本图书馆CIP数据核字(2021)第209283号

书　　　名	Node.js入门指南
	Node.js RUMEN ZHINAN
著作责任者	司明岳　编著
责 任 编 辑	张云静　刘　倩
标 准 书 号	ISBN 978-7-301-32617-6
出 版 发 行	北京大学出版社
地　　　址	北京市海淀区成府路205 号　100871
网　　　址	http://www.pup.cn　　　新浪微博:@ 北京大学出版社
电 子 信 箱	pup7@ pup.cn
电　　　话	邮购部 010-62752015　发行部 010-62750672　编辑部 010-62570390
印 刷 者	北京鑫海金澳胶印有限公司
经 销 者	新华书店
	787毫米×1092毫米　16开本　21.25印张　438千字
	2021年11月第1版　2021年11月第1次印刷
印　　　数	1-4000册
定　　　价	79.00 元

前言
Introduction

我在刚刚接触 Web 开发时，使用的是 PHP+MySQL 系列，后来在一个偶然的状态下接触了 Node.js，并被 Node.js 的高性能特性，以及擅长即时应用开发所折服。通过阅读大量的官方文档和网络资料，同时结合自己的项目经历，我归纳出了一些学习 Node.js 的经验，并写成一本书，在此呈现给大家。

传统的 Web 应用开发，主要是 PHP+MySQL 系列，或者是 Tomcat + Java 系列，这两种 Web 应用的开发方式都有各自的优缺点。相比较而言，PHP+MySQL 系列的开发方式虽然便捷、简单，但是总体性能并不高，对于大量的请求，或者即时应用来说，并不适合。Tomcat + Java 系列，属于 Java 系列的 Web 编程开发，虽然继承了 Java 高性能的特点，但相对于开发者来说，过于烦琐，尤其是静态语言的限制，导致 Java 许多特性都要模拟动态语言，从而给开发者造成了一定的困难。Node.js 结合了这两种主流开发方式的优点。

读者定位

本书适合有 PHP + MySQL 或者 Tomcat + Java 等 Web 开发经验的读者阅读，或者有 JavaScript 编程经验的前端开发人员学习。零基础的读者可以先行阅读《JavaScript 权威指南》（由 David Flanagan 著，机械工业出版社出版），再来学习此书。

附赠资源

读者可以通过扫描左下方二维码，关注公众号——小明菜市场，获取更多信息，或扫描右下方二维码关注公众号并输入本书 77 页的资源下载码，下载本书的案例源文件及其他学习资源。

技术支持

由于水平有限，疏漏之处在所难免，若读者发现疏漏之处，可以通过以下方式联系作者。

- 邮箱：mingming@mingming.email
- 微信：melovexiaomingming
- 微信公众号：小明菜市场

最后，祝愿每位读者阅读此书后都会有所收获，有所成长！并感谢出版社的编辑及支持过我的所有人。

编者

目录
Contents

1

第1章
Node.js概述

从本章开始我们将进入 Node.js 的世界，在这里介绍了 Node.js 的发展历史和特点，以及未来版本的走向。还能了解 Node.js 的主要应用场景，以及 Node.js 和 V8 引擎的关系。从"云端"一览 Node.js 的全貌。

1.1 Node.js简介

Node.js 是一种能够在服务器端运行 JavaScript 语言的宿主环境。该宿主环境能够支持跨平台功能，如 Windows 平台、Linux 平台、Mac 平台等。使用 Node.js 可以在服务器端使用 JavaScript 语言完成如 PHP、Java、Perl 等语言才能完成的后端开发功能，并且完成的项目更符合软件工程的要求。

Node.js 是由 Linux 基金会支持研发的。借鉴了谷歌浏览器最为核心的 V8 引擎，通过 V8 引擎使 JavaScript 语言能够更加高效地处理如并发、异步等影响性能的问题。其最大的特点为单线程、事件驱动、非阻塞，以及异步输入和输出。通过这些技巧能够解决 I/O 耗时长、多线程程序设计复杂等问题。

Node.js 最初是由 Ryan Dahl 发起的开源项目，后由 Joyent 公司进行商业化运营，尽管 Node.js 诞生时间还不长（于 2009 年诞生），但是到目前为止，已经发展成相当庞大的生态系统，包含各大领域层次的 NPM 包，如 MongoDB、MySQL 的连接器，以及 CSS 的样式表、模板引擎、数字格式化等。使用这些 NPM 包可以相当快捷地完成基本应用的开发。

Node.js 与 JavaScript 语言的关系

JavaScript 语言的最大特点就是运行在浏览器端。由于其快速发展，霸占了浏览器领域，成为浏览器领域中使用范围最广的一门语言。在浏览器端，JavaScript 拥有 JavaScript 脚本语言的基础语言 ECMAScript，文档对象模型 DOM，浏览器对象模型 BOM。在 Node.js 端，JavaScript 拥有 JavaScript 脚本语言的基础语言 ECMAScript，但是由于不在浏览器端，所以并不包含文档对象模型 DOM，浏览器对象模型 BOM。可以这样说，Node.js 是浏览器端的 JavaScript 加上了 ID 操作，是 OS 系统操作的 JavaScript 简化版本。

ECMAScript 是一种由 Ecma 国际在标准 ECMA-262 中定义的脚本语言规范。这种语言在万维网上应用广泛，它往往被称为 JavaScript 或 JScript。

Node.js 除了没有 BOM 和 DOM 外，实现了服务器端语言最为核心的文件 API、网络 API 等模块。通过这些模块可以使开发者轻松完成一个高性能的、符合标准的服务器端语言的开发。由于 Node.js 遵守了 CommentJS 规范，使其可以进行模块化开发，并能符合软件工程开发软件的基本要求。

Node.js 的核心技术使用了谷歌开发的 V8 引擎，V8 引擎的编译速度相当于本地代码的执行速度，所以 Node.js 的运行稳定并具有兼容 JavaScript 语言的特性。

> **注意**
>
> Node.js 发展到 2020 年，其功能已相当完善，可用性也非常高，完全可以支撑起一个具有相当规模的网站了。[①]

1.2 Node.js的发展历史和特点

你可能根本不会相信 Node.js 才十二岁，相比之下 JavaScript 已经有二十年的历史，这二十年中，JavaScript 由一门非常简陋的浏览器端，仅能验证表单的语言，演化到前端的三大框架，即 Vue.js、Angular.js、React.js，以及由最先开始的 Node.js 0.1 版本，演化到 Node.js 16.7.0 版本，研发速度之快令人咋舌。

1.2.1　JavaScript的发展历史

JavaScript 最初由 Netscape 的 Brendan Eich 设计，最初将其脚本语言命名为 LiveScript，后来 Netscape 在与 Sun 合作之后将其改名为 JavaScript。图 1-1 是网景通信公司发布的 Netscape 浏览器。

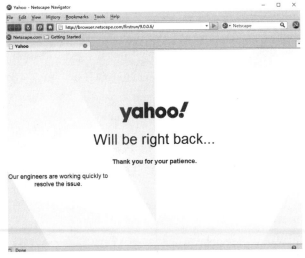

图 1-1　Netscape 浏览器

1996 年 Netscape 决定把 JavaScript 语言提交给 ECMA 国际进行标准化，于是，1997 年该语言被正式标准化发布。1998 年的 ECMAScript2（简称 ES2）和 1999 年的 ECMAScript3

---

① 淘宝网是我国最先开始使用 Node.js 作为中间件的大型互联网厂商。

（简称 ES3）也先后发布。

在 1999 年发布 ES3 之后，官方标准出现了十年的沉寂，在此期间没有任何的变化，ES 的第 4 版本的标准版起初还有一些进展，最终由于语言过于复杂被搁置。

由谷歌、微软、雅虎等讨论，决定在 ES3 上增加一些小范围的更新，这个标准命名为 ES3.1，但是整个团队对于 ES4 具体包含的内容仍然讨论不休。2009 年 ES5 发布了，由于很多浏览器厂商并没有遵循相关的标准，所以许多开发者并不知道这个现代化的 ES5 版本。

直到 2015 年整个事情终于出现了转机。TC39（ECMA 国际的负责 ECMAScript 标准化委员会）持续推进标准化工作，将该版本最先被命名为 ES6，即 ECMAScript 2015，它包括许多新的特性，如类、模块、箭头函数、加强的对象字面量、模块化、字符串等结构，以及默认参数等方面的功能。但浏览器对这些新特性的支持是有限的，所以开发者只能进行转化，如把 ES6 转化为 ES5，并且该委员会决定每年都会更新 JavaScript 的版本。

直到现在（截止本书写作时）ES20 出现了，有更多的新功能被加入，使 JavaScript 的历史变得更加丰富。

1.2.2　Node.js的发展历史

Node.js 发展分为三个阶段，第一个阶段是早期微软的 ASP 动态语言为后期的服务器端发展指明了方向，第二阶段是 JS 在服务器端的标准化，CommonJS 为 JS 在服务器端的发展铺好了道路，第三阶段是 Node.js 的出现是服务器端发展的巅峰。

1. 微软ASP动态语言的出现

早期开发一个网页需要使用大量的 C 语言，通过 CGI 的方法，实现动态的 Web 网页。但编程效率非常低，并且需要开发者具有丰富的开发经验。

1998 年，微软 ASP 动态语言的出现，直接引发了一场革命，降低了动态网页开发的难度，并且还创新使用了大量的 ADD 组件，使访问数据库的方式变得更加方便快捷。

微软 ASP 动态语言的出现开创了一个时代，同时为后期的服务器端语言的发展奠定了基础。

2. JS的标准化-CommonJS的诞生

正如为了统一 JavaScript 语言的问题诞生了 ECMAScript。CommonJS 的诞生也是为了解决 JavaScript 语言没有统一标准的问题。CommonJS 尝试通过创建一个统一的模块，使得大家接受一个可以使用 JavaScript 模块的脚本单元。就像 C++ 函数可以非常方便地使用函数库形式一样。CommonJS 仅是一套规范，而其是由众多语言实现的。Node.js 就是其中的一个实现。

CommonJS 包括模块、包、系统、二进制、控制台、编码、文件系统、套接字、单元测试等部分，这些部分相互依存。共同形成了如今的 CommonJS 规范。

3. Node.js 巅峰的诞生

Node.js 是 JavaScript 语言在服务器端发展的巅峰。

2009 年，第一版 Node.js 从 Github 开源仓库里正式开源，并创建了 NPM 包管理器及相关的生态系统。

2010 年，第一版的 Express.js Web 框架诞生，标志 Node.js 的第一版框架诞生。

2011 年，随着生态成熟，Node.js 的使用率因众多大型企业的采用而逐步飙升，并保持高速的增长。

2013 年，第一大 Node.js 博客平台发布了 Ghost，Node.js 开始逐渐步入普通的使用者中。

2015 年，Node.js 基金会诞生，Node.js 开始正式引入商业化运作。

Node.js 将在未来继续保持良性发展，成为一个更大的平台。

1.2.3　Node.js的特点与未来版本

Node.js 最大特点是采用了异步 I/O 和事件驱动架构设计，这种架构设计巧妙避开了原先 Apache Server 的多线程的思路，直接使用了单线程，从而具有高并发的特点。传统的多线程模型是每个业务逻辑提供一个系统的线程，通过系统线程的切换弥补 I/O 在时间调用上的消耗。Node.js 采用单线程模型，对于所有的 I/O 都采用异步请求，从而避免因上下文频繁切换而导致的耗时操作。Node.js 在执行过程中还会使用一个异步队列，通过不断的循环队列从而等待程序进程的处理。

对于一个 SQL 查询来说，其代码如下：

```
$sql = "SELECT id, firstname, lastname FROM MyGuests";
$result = $conn->query($sql);

if ($result->num_rows > 0) {
    // 输出数据
    while($row = $result->fetch_assoc()) {
        echo "id: " . $row["id"]. " - Name: " . $row["firstname"]. " " . $row
["lastname"]. "<br>";
    }
} else {
    echo "0 结果";
}
```

上方的代码为 PHP 代码，首先使用 query 对 SQL 语句进行查询，然后把查询的结果使用 echo 输到 HTML 页面中。在上方的代码中，调用 query 进行查询的时候，由于 SQL 查询涉及硬盘、网络等时延较长的操作，会产生阻塞，从而影响后续代码的执行。而 Node.js 的查询代码如下：

```
let sql = 'SELECT * FROM todos';
connection.query(sql, (error, results, fields) => {
  if (error) {
    return console.error(error.message);
  }
  console.log(results);
});
```

其中，

```
(error, results, fields) => {
  if (error) {
    return console.error(error.message);
  }
  console.log(results);
}
```

为 Node.js 的回调函数，只有当 SQL 执行完毕后，才会执行相应的回调函数。这样就避免了相应的 SQL 查询阻塞当前程序运行的问题。

Node.js 的异步操作是基于事件实现的，所有涉及耗时的操作，如磁盘 I/O、网络通信、数据库查询都是基于事件，而非阻塞实现的，其实现过程如图 1-2 所示。

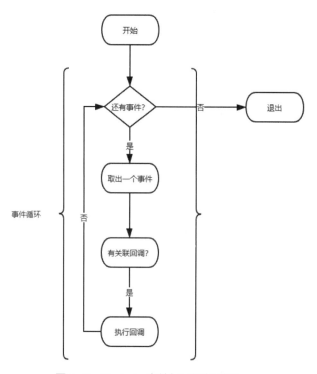

图 1-2　Node.js 事件与回调的过程

其核心拥有一个事件循环，所以判断是否有事件，如果有事件，则取出相应的事件，然后进行执行，执行完毕以后再次判断是否有关联的回调，如果有回调则执行相应的回调，如果没有回调则至此该事件执行完毕。

这种 Node.js 的事件循环方式，可以增加 Node.js 应用程序运行的健壮性以及可用性。

但同时，这种异步基于事件的编程方式其弊端也是显而易见的，因为其不符合开发者正常的线性开发思路，会造成开发艰难，容易出错。不利于开发者开发应用。

由于 Node.js 采用了异步 I/O 和事件驱动，虽然不利于开发，但其在性能上的提升是显而易见的。

经过 Snoopyxd 详细的对比 Node.js 与 PHP+Nginx 的组合，结果显示在 3000 并发连接、30s 的测试下，输出"Hello World"请求的结果如下：

◎ PHP 每秒响应请求数为 3624，平均每个请求响应时间为 0.39s；

◎ Node.js 每秒响应请求数为 7677，平均每个请求响应时间为 0.13s。

同样的测试，对 MySQL 查询操作的结果如下：

◎ PHP 每秒响应请求数为 1293，平均每个请求响应时间为 0.82s；

◎ Node.js 每秒响应请求数为 2999，平均每个请求响应时间为 0.33s。

经过对比可以发现，Node.js 无论是在处理请求上，还是在 MySQL 查询操作上，其性能都优于 PHP+Nginx 的组合。

Node.js 的开发者 Ryan DahI 于近日在 Github 上创建了一个新项目——Deno。该项目使用 Rust 语言来封装 V8 引擎，并使用 Tokio 库来构建事件的循环系统，具有以下的功能特点：

◎ 默认为安全，外部的代码没有文件系统、网络、环境的访问权限；

◎ 支持开箱即用的 TypeScript 环境；

◎ 只分发一个独立的可执行文件；

◎ 具有内建的工具箱，如代码格式化工具；

◎ 具有一组能通过审计的标准模块；

◎ 脚本文件能够打包成一个单独的 JavaScript 文件。

Deno 的出现很可能是 Node.js 的未来，也许某天，Deno 会取代 Node.js 成为 JavaScript 语言在服务器端的核心。

1.3 Node.js应用场景

前面我们已经初步介绍了 Node.js 的历史和特点，接下来认识一下 Node.js 的主要应用场景。

1. Web开发：Express + EJS + MongoDB/MySQL

Express 框架是轻量级的 Node.js 应用框架。使用 Express 框架可以快捷地搭建网站。

它建立在 Node.js 内置的 Http 模块上，并对 Http 模块实现再次包装，从而实现处理 Web 的请求。

EJS 是一个嵌入式的 JavaScript 模板引擎，通过模板引擎可以快速地生成 HTML 页面。

MongoDB 是一款非关系型数据库，和 MySQL 功能类似。使用该数据库可以用于存储相关的网站开发数据，实现动态网站的开发与基本的应用。

使用 Node.js 开发网站同 Java 开发框架的 SSH、SSM 类似，需要配合 Express + EJS + MongoDB/ MySQL 一起使用。

2. REST开发：Restify

Restify 是一个基于 Node.js 的 REST 应用框架，支持服务器端及客户端。Restify 和 Express 相比更加专注于 REST 服务。它去掉了 Express 的 Template、Render 等功能，同时强化了 REST 协议的使用、版本化的支持，以及 HTTP 的异常处理。

3. Web聊天室：Express + socket.io

socket.io 是一个基于 Node.js 架构体系，并且支持 WebSocket 协议用于及时通信的软件包。socket.io 给浏览器构建实时应用提供了完整的封装。socket.io 是完全由 JavaScript 实现的。

4. Web爬虫：Cheerio/Request

Cheerio 是一个为服务器特别定制的，且快速灵活的，封装好的 jQuery 核心功能工具包。Cheerio 包括 jQuery 的核心子集，从 jQuery 中去除了所有与 DOM 不一致，以及同浏览器不兼容的部分，揭示了它真正优雅的 API。Cheerio 工作在一个非常简单的 DOM 模型之上，可使其解析、操作、渲染都变得十分高效，因此可以更加快速地使用 Web 爬虫。

5. Web博客：Hexo，Ghost

Hexo 是一个轻量级且简单基于 Node 的一个静态博客框架。通过 Hexo 可以快速创建自己的博客，仅需几条命令就可以轻松完成。

在发布时，Hexo 既可以直接部署在自己的 Node 服务器上，也可以部署在 Github 上。对于个人用户来说，部署在 Github 上好处有很多，不仅可以省去服务器的成本，还可以减少各种系统维护带来的麻烦。

Ghost 是一个基于 Node.js 的轻量级的类似于 WordPress 的 Blog。该 Blog 是由 WordPress 原班人马打造，使用 Ghost 可以快速创建美观且高效的 Web 博客。

6. Web论坛：Node Club

Node Club 是用 Node.js 和 MongoDB 开发的新型社区软件，其界面优雅，功能丰富，并且小巧灵活。它已在 Node.js 中文技术社区 CNode 中得到了应用。

7. Web幻灯片：Cleaver

Cleaver 可以生成基于 Markdown 的演示文稿。它只需要 30s 就可以生成一个精美的演示文稿。

8. OAuth认证：Passport

Passport 是一个基于 Node.js 的认证中间件。Passport 的功能只是为了进行登录认证。因此其代码干净，并且容易维护。它可以相当方便地集成应用到其他应用中。Passport 可以根据应用程序的特点，配置不同的认证机制。

9. Web控制台：tty.js

tty.js 是一个支持在浏览器中运行的命令行窗口。它基于 Node.js 平台，并且依赖 socket.io 库，通过 WebSocket 与 Linux 系统通信。

tty.js 可支持多 Tab 窗口模型，如 vim、mc、irssi、vifm 语法，还支持 xterm 鼠标事件、265 色显示，以及支持多 session。

10. 客户端应用工具：node-webkit

node-webkit 是 Node.js 与 WebKit 技术的融合，可提供一个跨 Windows、Linux 平台的客户端应用开发底层框架，利用流行的 Web 技术来编写应用程序的平台。应用程序的开发人员可以轻松利用 Web 技术来实现各种应用程序。node-webkit 性能和特色已成为世界领先的跨平台应用程序。

11. 操作系统：NodeOS

NodeOS 是利用 Node.js 开发的一款友好的操作系统。该操作系统完全建立在 Linux 内核之上，并且采用 Shell 和 NPM 进行包管理。使用 Node.js 不仅可以进行包管理，还可以管理脚本和接口。

> **注意**
> Node.js 还有许多应用场景，在此不再做详尽说明。

1.4 Node.js与V8引擎

V8 引擎采用的是即时编译技术（JIT），直接将 JavaScript 代码编译成本地平台的机器码。从宏观上看，V8 引擎编译过程如图 1-3 所示。

在该过程中，首先将源码编译成抽象语法树，然后再编译成为本地机器码，并且后一个步骤只依赖前一个步骤。这种编译方式和其他的编译器有很大不同。例如，Java 语言编译器是先把源码编译成字节码，再给 JVM 执行。JVM 根据字节码进行优化执行后，交给 JRE（Java 环境）运行，相比这种运行方式，V8 引擎省去了一个步骤，即程序开始运行后，直接解释代码并交给 CPU 运行。但是这种缺少字节码的运行方式，使代码优化的方式变得更加困难。

JavaScript源码
抽象语法树
本地机器码
运行

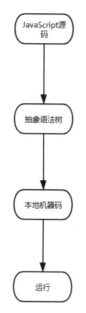

图 1-3　V8 引擎编译过程（宏观）

当 JavaScript 代码直接交给浏览器或 Node 执行时，底层 CPU 并不认识相关的代码，它只认识自己的指令集。指令集对应的是汇编代码，其代码如下：

```
function factorial(N) {
    if (N === 1) {
        return 1;
    } else {
        return N * factorial(N - 1);
    }
}
```

但是要用汇编语言来写，大概需要 300 行代码。编译后的汇编代码如图 1-4 所示。这些汇编代码主要用于执行 CPU 的相关指令。这时就需要使用 JavaScript 引擎编译成汇编代码，交给 CPU 执行。

_add_a_and_b:
push %ebx
mov %eax, [%esp+8]
mov %ebx, [%esp+12]
add %eax, %ebx
pop %ebx
ret
_main:
push 3
push 2
call _add_a_and_b
add %esp, 8
ret

图 1-4　编译后的汇编代码

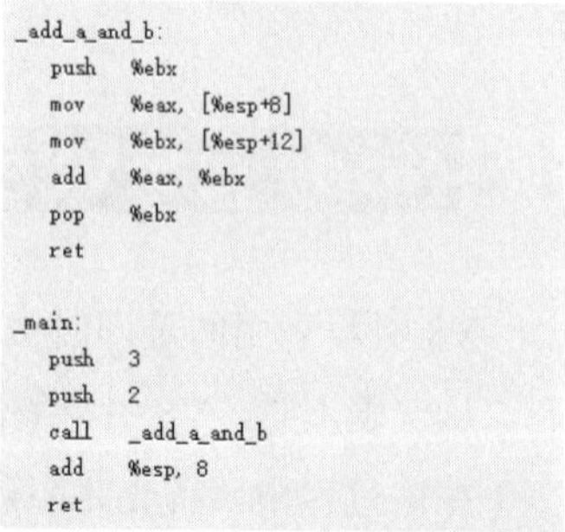

在众多的 JavaScript 引擎中，最重要的是 V8 引擎。V8 引擎由许多子模块构成，是一个相当复杂的项目，其编译过程如下。

◎　Parser（分析器）：负责将 JavaScript 源码转换为 Abstract Syntax Tree（AST）。

◎　Ignition（解释器）：负责把 AST 转换为 Bytecode，并进行解释执行；同时收集 TurboFan 优化编译器所需要的信息，如函数参数类型等。

◎　TurboFan（编译器）：利用 Ignition 收集的信息，把 Bytecode 转换成优化的汇编代码。

首先，获取到 JS 代码，然后将 JS 代码转换为 AST 语法树，AST 语法树再转换为字节码，字节码直接送入解释器执行，同时监控模块识别是否是热代码，如果是热代码，将会在下一步优化编译器的时候被修改、被优化。经过几次的修改优化，最终形成机器码，送入 CPU 执行，并输出结果给用户。V8 引擎的运行流程如图 1-5 所示。

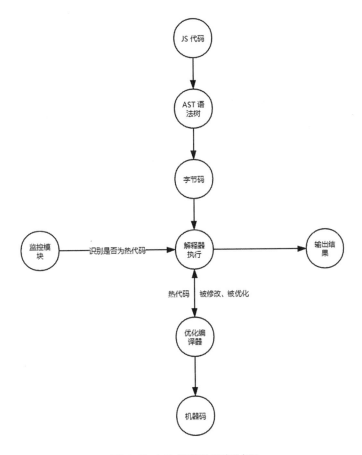

图 1-5　V8 引擎的运行过程

1.5 本章小结

本章重点描述了 Node.js 的相关基础，包括 Node.js 简介、Node.js 与 JavaScript 的关系、Node.js 的发展历史、JavaScript 的发展历史和 Node.js 的应用特点与未来。掌握以上内容，可为以后学习并使用 Node.js 奠定基础。

第2章
开始Node.js之旅

　　我们将从 0 到 1 搭建一套 Node.js 的开发环境，并学会应用 Node.js 的包管理系统，以及完成一个使用 Node.js 操作数据库的例子。让我们从现在开始，正式踏上 Node.js 之旅。

2.1 搭建开发环境

开发环境一般分为 Linux、Windows 和 Mac。本章主要讲解 Linux 和 Windows 开发环境的搭建，包括 Node.js 环境、NPM 环境和 IDE 环境。

2.1.1　对操作系统的要求

Node.js 支持多种操作系统，分为长期支持版本和当前发布版本。截至本书写作时，Node.js 已经发布到 15.2.0 版本了。

长期支持版本可支持 Windows、macOS 和 Linux。Node.js 版本分为 32 位和 64 位，同时在 Windows 上，Node.js 还要求有 Visual C ++ 环境。

MongoDB 建议使用 Amazon Linux 2、Debian 9 and Debian 10、RHEL / CentOS 6、CentOS 7 and CentOS 8、SLES 12、Ubuntu LTS 16.04 and Ubuntu LTS 18.04、Windows Server 2016。

2.1.2　对软件环境的要求

软件环境应有基本的 IDE 安装，如 WebStrom、SubmText、IDEA，以及运行的数据库、MongoDB、包管理器的基本安装与配置、NPM 的安装与配置、yard 的安装与配置，还有安装的全局目录配置等。

其中，最主要的软件环境要求是 MongoDB 的安装，以及包管理器的安装。

> **注意**
> 对于安装环境来说，本书建议安装环境为操作系统 Windows Server 最新版本、Node.js 最新版本和 MongoDB 最新版本。

2.1.3　下载和安装Node.js

对于 Node.js 来说，下载和安装需要两种环境，分别为 Windows 环境和 Linux 环境，下面将分别介绍这两种环境。

1. 在Windows 环境中安装Node.js

从 Node.js 0.6 版就可以运行在原生的 Windows 系统上（不是 Cygwin 等其他虚拟环境）。这主要来源于微软公司的合作。

但 Node.js 和 Windows 的兼容性依然不高，在 NPM 包上，如 saas 等代表的 NPM 包必须安装相关的 C/C++ 等模块，这是在 Windows 上安装所特有的。

在 Windows 环境中安装 Node.js 十分方便，通过官网 https://nodejs.org/zh-cn/，单击

Download 链接，选择"Windows Installer"选项下载相应的安装包。下载完成后，打开安装包，如图 2-1 所示，单击"Next"按钮即可自动完成安装。

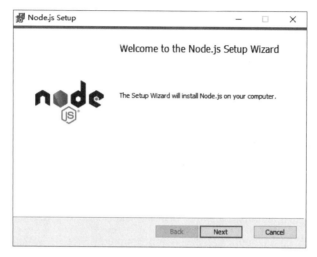

图 2-1　Node.js 安装界面（1）

在安装过程中，由于在 Windows 平台上具有一定的兼容性问题，所以在如图 2-2 所示的界面中，需要勾选安装 C/C++ 的相关依赖，并在安装结束后弹出的"CMD"对话框中，按任意按键安装相应的 Windows 依赖脚本。

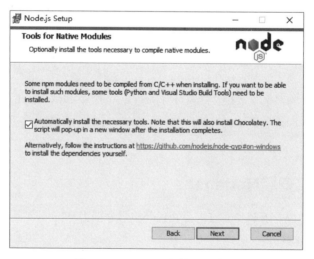

图 2-2　Node.js 安装界面（2）

为了测试能否安装成功，我们在 powshell 中打开命令提示符，输入如下命令，获取 NPM 当前安装的版本，其中 -v 参数表示获取当前的版本信息。

```
npm -v
```

输出：

```
PS C:UsersAdministratorDesktop> npm -v
6.14.8
```

表示包管理器已经安装完成，安装的版本为 6.14.8，继续使用同样的方法，测试 Node.js 版本，输入如下命令：

```
node -v
```

如果输出如下命令，则表示安装基本完成。安装的 Node.js 版本为 14.15.0。

```
PS C:UsersAdministratorDesktop> node -v
v14.15.0
```

至此在 Windows 上安装 Node.js 已经完成。

由于镜像在国外，若网速过慢，会导致包下载失败。用户可根据需要配置 NPM 的源，如配置淘宝网的 NPM 源镜像，可输入如下命令：

```
npm config set registry https://registry.npm.taobao.org
```

使用时可输入如下命令：

```
cnpm install express
```

即可完成基本的淘宝源使用，加快下载速度。

注意

选择下载最新版本时，生产环境一般使用长期支持版本，因为该版本 bug 少，并且稳定性较高，适于生产环境的使用。

---

2. 在 Linux 环境中安装 Node.js

在 Linux 环境中安装 Node.js 有两种方式：一种是使用库方式安装，另一种是使用源代码方式安装，下面分别进行介绍。

◎　使用库方式安装

先安装 epel 仓库。epel 仓库主要是 Fedora 社区打造的，可为 Linux 及其衍生版本提供高质量的软件安装源，安装完成以后，即可安装对应的相关软件。

```
yum install epel-release
```

然后使用 yum 命令，安装 Node.js 软件。

```
yum install nodejs
```

最后使用 npm 命令，下载相关 NPM 的主要依赖核心包。

```
npm yum install npm
```

输入 -v 命令，用于测试当前 Node.js 版本，确保安装完成的 Node.js 可以正常使用。

```
node -v
```

若输出的 Node.js 版本为 6.17.1，即表示可以正常使用。

```
[root@VM-29-131-centos ~]# node -v
v6.17.1
```

继续使用同样的方式测试 npm 命令。输入 -v 参数。

```
npm -v
```

如果能够正常输出如下代码，则表示 NPM 也能够正常使用，其使用的版本为 3.10.10。

```
[root@VM-29-131-centos ~]# npm -v
3.10.10
```

至此，在 Linux 上安装 Node.js 已基本完成。

◎ 使用源代码方式安装

输入 wget 命令和下载参数，即可从网络下载对应的安装包。

```
wget http://nodejs.org/dist/v0.12.0/node-v0.12.0.tar.gz
```

使用 tar 命令进行解压。

```
tar xvf node-v0.12.0.tar.gz
```

解压完成后，使用 cd 命令进入解压完成的目录。

```
cd node-v*
```

由于 node.js 是使用 C++/C 语言编写的，其在安装运行时，需要使用相关的依赖库（gcc 和 gcc-c++）。

```
yum install gcc gcc-c++
```

先完成基本的配置文件生成，指定配置文件的目录为 /usr/local/node，使用 configure 命令完成 MakeFile 配置文件的生成，然后再使用 make 命令，生成编译好的库文件，最后使用 make install 把软件安装至 CentOS 系统上。

```
./configure  --prefix=/usr/local/node
make
make install
```

输入 -v 参数，获取当前安装的 Node.js 版本，用于测试 Node.js 是否能正常使用。

```
node -v
```

如果输出版本号，则表示能正常使用，这里输出的版本号为 6.17.1。

```
[root@VM-29-131-centos ~]# node -v
v6.17.1
```

继续输入 -v 参数，获取 NPM 的版本号，用于测试 NPM 是否能正常使用。

```
npm -v
```

如果输出版本号，则表示 NPM 能正常使用，这里输出的版本号为 3.10.10。

```
[root@VM-29-131-centos ~]# npm -v
3.10.10
```

至此，证明在 Linux 上已成功安装 Node.js。

> **注意**
>
> 在 Node.js 上有两种安装方式，分别为源代码安装和库安装。相对于安装速度而言，源代码安装的速度较慢，库安装的速度较快。相对于程序运行速度而言，源代码安装运行的速度较快，库安装运行的速度较慢。

2.1.4　Node.js IDEA开发工具的配置

为了更加高效地编写 Node.js，还需要一个更好的编辑器。本书将讲解三个编辑器的配置，这里讲解的是，使用 IDEA 作为 Node.js 开发工具的配置。

IDEA 作为 Node.js 的开发工具具有以下特点：

◎　强大的整合能力。它可以快速整合如 Git、Maven、Spring 等开发工具；

◎　提示功能范围广；

◎　好用的快捷键和代码模板；

◎　精准搜索。

IDEA 有 Ultimate 版本和 Community 版本，这两个版本的界面大致相同，且功能类似。但是相比较而言，Ultimate 版本的功能更加丰富，应用范围也更加广泛。下面以 Ultimate 版本为例进行介绍。

1. 在 Windows 环境中安装IDEA

在 IDEA 官网进行相关下载。打开下载界面，如图 2-3 所示。这里选择功能更加丰富的 Ultimate 版本。

下载安装包，并按照提示进行安装，如图 2-4 所示为 IDEA 安装界面。

图 2-3 IDEA 的下载界面 　　　　　　　　　图 2-4 IDEA 安装界面

安装完成后，双击桌面上的 IDEA 快捷图标，就可以使用 IDEA 了。

2. IDEA的安装相关插件

选择 file → Settings → Plugins 进入 IDEA 插件配置界面，然后搜索 node，选择 Node.js 插件进行安装，Node.js 安装界面如图 2-5 所示。

图 2-5 Node.js 安装界面

安装完成后，重启 IDEA 即可完成相关的插件安装。

3. IDEA创建并运行相关Node.js项目

选择 file → new → Project → JavaScript → Node.js Express App 创建新的项目，这里将创建新的基于 Express 框架的 Node.js 项目。

创建项目完成后，IDEA 会自动执行 NPM install 完成相关 Express 依赖的安装，其安装界面如图 2-6 所示。

项目安装完成后，Express 项目文件如图 2-7 所示，其中 .idea 目录存放 IDEA 的配置文件，

bin 目录存放项目启动文件，node_modules library root 目录存放 NPM install 下载的依赖文件，public 目录存放静态资源文件，routes 目录存放 express 框架的路由文件，views 目录存放页面模板文件，app.js 文件为项目的启动文件，package.json 与 package-lock.json 文件为项目的依赖文件。

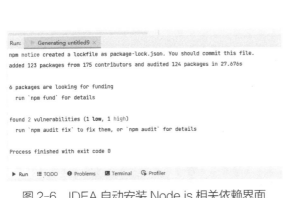

图 2-6　IDEA 自动安装 Node.js 相关依赖界面

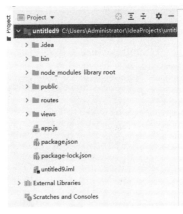

图 2-7　Express 项目文件

单击"Terminal"按钮进入命令行界面，输入如下命令表示启动 Express 项目。其命令含义为使用 NPM 代为启动相关项目。

```
npm run start
```

此时整个 Express 项目已经运行起来，其访问链接如下。

http://localhost:3000

出现如图 2-8 所示的界面，即表示安装成功，能够正常访问 Node.js 项目了。证明 Node.js 的 IDEA 环境配置已经完成。在 IDEA 中可以使用 Node.js 的基本功能了。

图 2-8　Express 项目启动

> **注意**
> 这里选择的 IDEA 为收费版本，请读者购买相关的 IDEA 授权，用于基本功能的使用。

2.1.5　Sublime Text 开发工具的配置

介绍了在 IDEA 中配置 Node.js 的相关开发环境后，下面主要讲解在 Sublime Text 中配置相关开发环境的内容。Sublime Text 作为 Node.js 的开发工具具有以下特点：

◎ 主流的前端开发编辑器；

◎ 体积较小且运行速度较快；

◎ 文本功能强大；

◎ 支持编译功能，并且在控制台中能看到输出；

◎ 内嵌 Python 解释器支持插件开发，以达到可扩展的目的。

目前 Sublime Text 的最新版为 Sublime Text 3。

1. 在 Windows 环境中安装Sublime Text

在 Sublime Text 官网中打开下载界面，如图 2-9 所示：

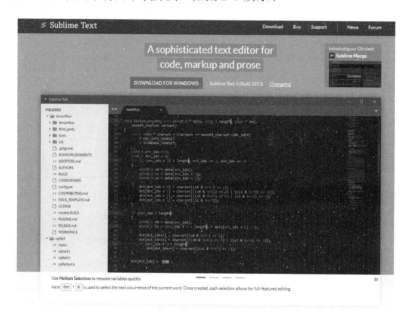

图 2-9　Sublime Text 下载界面

下载安装包，并按提示进行安装，如图 2-10 所示为 Sublime Text 的安装界面。

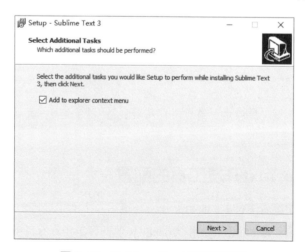

图 2-10　Sublime Text 的安装界面

安装完成后，双击桌面上的 Sublime Text 图标，就可以使用了。

2. 配置Node.js开发环境

通过地址 https://github.com/tanepiper/SublimeText-Nodejs 下载相关的 Sublime Text 扩展包，解压到通过菜单栏 Preferences → Browse Packages 打开的系统目录下 [①]。

在 Sublime Text/Package 文件目录下，找到 Nodejs.sublime-settings 文件，并对文件进行修改，其代码如下：

```
{
  // save before running commands
  "save_first": true,
  // if present, use this command instead of plain "node"
  // e.g. "/usr/bin/node" or "C:\bin\node.exe"
  "node_command": "C:\\Program Files\\nodejs\\node.exe" ,
  // Same for NPM command
  "npm_command": "C:\\Program Files\\nodejs\\npm.cmd",
  // as 'NODE_PATH' environment variable for node runtime
  "node_path": false,

  "expert_mode": false,

  "ouput_to_new_tab": false
}
```

相对于原文件主要修改了 node_command 选项和 npm_command 选项。这两个选项分别为 Node 在 Windows 环境下的安装目录与 NPM 在 Windows 环境下的安装目录。

其中，save_first 选项表示运行命令之前是否保存，如果选择为 true，则运行命令之前，该文件会进行保存。node_path 选项表示文件运行时，是否使用 Windwos 中配置的环境变量。expert_mode 选项表示在运行时，是否使用 Windows 中配置的 NPM 环境变量。ouput_to_new_tab 选项表示新的结果，是否在新的 tab 页中展示。

在 Sublime Text/Package 文件目录下，找到 Nodejs.sublime-build 文件，更改其内容如下：

```
{
  "cmd": ["node", "$file"],
  "file_regex": "^[ ]*File \"(...*?)\", line ([0-9]*)",
  "selector": "source.js",
  "shell": true,
  "encoding": "utf8",
  "windows":
    {
      "cmd":["C:/Program Files/nodejs/node.exe","$file"],
      "selector":"*.js"
```

---

① 菜单栏 Preferences → Browse Packages 打开的目录为 Sublime Text 插件安装的目录。该目录一般为 C:\Users\Administrator\AppData\Roaming\Sublime Text 3\Packages。

```
    },
    "linux":
    {
        "shell_cmd": "killall node; /usr/bin/env node $file"
    },
    "osx":
    {
        "shell_cmd": "killall node; /usr/bin/env node $file"
    }
}
```

这里主要修改了 encoding 选项和 cmd 选项。其中 encoding 选项表示 cmd 执行的编码
是 UTF-8，还是 GBK。cmd 选项表示每次执行写好的 Node.js 脚本时，需要执行的 Node.js
命令。

3. 测试配置好的开发环境

新建一个 test.js 文件，输入如下代码：

```
var http = require('http');
var os = require('os');

http.createServer(function (request, response) {
  response.writeHead(200, {'Content-Type': 'text/plain'});
  response.end('Hello World\n');

}).listen(3000);

console.log('Server running at http://127.0.0.1:3000/');
```

在代码中引用了 http 模块和 os 模块，并使用 http 模块的 createServer 方法在本地 3000
端口上的一个服务器。

按 "Ctrl + B" 组合键编译一下，会在 Sublime Test 控制台中看到如下代码：

```
Server running at http://127.0.0.1:3000/
```

若在浏览器中，能正常访问 http://127.0.0.1:3000/，则证明环境基本配置成功。

2.1.6 安装和配置 MongoDB

MongoDB 的安装分为在 Windows 环境中安装和在 Linux 环境中安装。下面将分别介绍
在这两种环境下的安装方法。

1. 在Windows环境中安装MongoDB

MongoDB 官网（https://www.mongodb.com/download-center/community）提供了相关已
编译好的二进制文件，如图 2-11 所示。选择 Available Downloads 选项，输入基本的配置，
即可完成下载操作。

下载安装包，并按提示进行安装，如图 2-12 所示为 MongoDB 的安装界面。

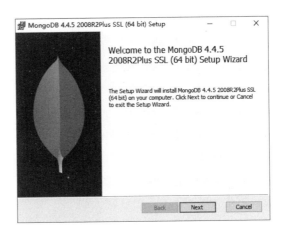

图 2-11　MongoDB 的下载界面　　　　图 2-12　MongoDB 的安装界面

安装完成后，进入 Windows 的服务界面，如图 2-13 所示，启动 MongoDB 服务。

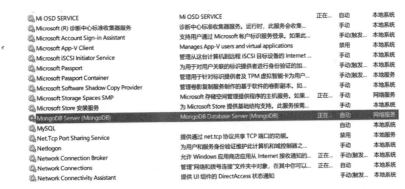

图 2-13　启动 MongoDB 服务

此时软件已在 Windows 环境中安装完毕。

> **注意**
>
> 在 Windows 环境中安装 MongoDB，如果勾选安装 mongodbCompass 复选框，在安装界面会出现卡顿的情况，请读者耐心等待安装完成即可。

2. 在Linux环境中安装MongoDB

打开 vi 编辑器，创建 .repo 文件，用于生成 MongoDB 的安装相关源，repo 文件为 Linux 环境下的安装源文件。

```
vi /etc/yum.repos.d/mongodb-org-4.0.repo
```

添加如下的配置信息，用于配置源信息。

```
[mongodb-org-4.0]
```

```
name=MongoDB Repository
baseurl=https://repo.mongodb.org/yum/redhat/#releasever/mongodb-
org/4.0/x86_64/
gpgcheck=1
enabled=1
gpgkey=https://www.mongodb.org/static/pgp/server-4.0.asc
```

输入如下命令，并保存文件。

```
:wq!
```

保存相关的源。

输入如下命令，使用 yum 方式安装 MongoDB 文件。

```
sudo yum install -y mongodb-org
```

yum 命令将自动安装相关的依赖及软件到本地的 Linux 主机上。

启动 MongoDB。输入如下命令，表示使用 systemctl 命令启动已安装的 MongoDB 服务。

```
systemctl start mongod.service
```

此时软件已在 Linux 环境中安装完毕。

> **注意**
>
> 在 Linux 环境中安装 MongoDB 必须配置相关的软件安装源，否则无法安装。

3. MongoDB基本配置

MongoDB 已安装完成，现在对 MongoDB 进行基本配置，如密码的配置、远程连接的配置等。

下面的配置均在 Linux 环境中进行。

1）密码配置

输入命令，进入 MongoDB 命令行界面。

```
[root@VM-29-131-centos ~]# mongo
```

切换到 Admin 数据库。

```
> use admin
switched to db admin
>
```

给 Admin 数据库设置密码，其格式如下：

```
user: 用户名 , pwd: 用户密码,roles: 用来设置用户的权限，如读、写等权限
```

在这里创建一个新用户，输入的用户名为 root，密码为 123456，其权限为 root。

```
db.createUser({user: 'root', pwd: '123456', roles: ['root']})
```

如果输出如下命令，则表示创建用户已成功。

```
Successfully added user: { "user" : "root", "roles" : [ "root" ] }
```

即表示设置密码成功。

使用 db.auth 函数，用于验证用户名和密码。

```
db.auth(用户名,用户密码)
```

进行相关的验证。如果输出为 1，则表示验证成功；如果输出为 0，则表示验证失败。

输入命令，进行重启。

下面进行简短的测试。先连接 MongoDB：

```
[root@VM-29-131-centos ~]# mongo --port 27017
```

然后，切换到 Admin 数据库，使用 db.auth 函数进行用户名和密码的验证：

```
use admin
db.auth("root", "123456")
```

如果输出 1，则表示验证成功，可以使用该用户名和密码对数据库进行正常的增、删、查、改等操作。

2）外网访问配置

使用 vim 编辑器，打开配置文件：

```
vim /etc/mongodb.conf
```

修改如下配置项，包括 net 选项中的 port 端口选项和 bindIp 选项。

```
# network interfaces
net:
  port: 27017
  bindIp: 0.0.0.0
```

输入命令重启 MongoDB：

```
[root@VM-29-131-centos bin]# ./mongod
```

至此，外网已可以访问。

注意

MongoDB 的基本配置分为密码配置与外网访问配置。

2.2 Node.js包管理详解

每个语言体系都有一套包管理系统，通过社区集合程序员的共同力量，使语言快速发展。通过各种依赖包，能够简化开发的工作量，加快开发速度。

包管理系统的核心在于模块的使用，即一个 Node.js 文件就是一个模块，代码如下：

```
var http = require('http')
```

该代码通过 require 函数，获取了一个已经封装好的 http 模块。

如果需要导出模块，则需要使用 exports 关键字导出封装好的模块，供 require 函数使用。

具体实例如下。

创建一个 module.js 文件，代码如下：

```
//module.js
var name;
exports.setName = function(thyName) {
 name = thyName;
};
exports.sayHello = function() {
 console.log('Hello ' + name);
};
```

该文件表示使用 exports 关键字，导出了 setName 函数和 sayHello 函数。

在同一目录下创建 getmodule.js 文件，代码如下：

```
//getmodule.js
var myModule = require('./module');
myModule.setName("world");
myModule.sayHello();
```

该文件表示引用相关的 module 文件，并调用了引用的相关的两个函数，即 setName 函数与 sayHello 函数。

其运行效果为：

```
Hello World
```

其中 module.js 文件为 NPM 包管理的基础。NPM 包管理包括 NPM 包管理和 yard 包管理，下面分别介绍这两种包管理方式的内容。

2.2.1 NPM 包管理详解

NPM（Node Package Manager）即"Node 包管理器"，它是 Node.js 默认的、用 JavaScript

语言编写的软件包管理系统。

本节主要讲解 NPM 的安装、源设置，以及在项目中 NPM 的基本使用、NPM 和 NPM 的全局安装与非全局安装。

1. NPM安装

NPM 不需要单独安装，在安装 Node.js 时，NPM 会被直接安装上，在安装完成 Node.js 后，直接输入如下命令，用于测试安装的版本。

```
npm -v
```

如果输出 6.14.8，则表示 NPM 可以基本使用。

```
PS C:\Users\Administrator\Desktop> npm -v
6.14.8
PS C:\Users\Administrator\Desktop>
```

至此，就完成了 NPM 的基本安装。

2. NPM源设置

使用 config get registry 命令，查看当前的 NPM 源：

```
PS C:\Users\Administrator\Desktop> npm config get registry
https://registry.npmjs.org/
PS C:\Users\Administrator\Desktop>
```

由于国内网络不稳定，会导致 NPM 下载包时过于缓慢，可以选择切换到国内的镜像源，这里使用 npm-config 命令：

```
npm config set registry=https://registry.npm.taobao.org
```

当不需要使用国内的镜像源时，可以再次切换回来：

```
npm config set registry=http://registry.npmjs.org
```

> **注意**
>
> 在国内镜像中 NPM 有多种源，读者可以自行搭建 NPM 源供他人使用。本书使用的是应用广泛的淘宝源。

3. 在项目中使用NPM

1）初始化 NPM

若要在项目中使用 NPM，则必须先使用 NPM 完成项目的初始化。

这里新建项目文件夹为 test：

```
PS C:\Users\Administrator\Desktop> mkdir ./test
    目录：C:UsersAdministratorDesktop
Mode              LastWriteTime          Length Name
```

```
----                  -------------           ------ ----
d-----      2020/11/21      19:55           test
PS C:\Users\Administrator\Des>
```

进入项目目录：

```
PS C:\Users\Administrator\Desktop> cd ./test
PS C:\Users\Administrator\Desktop\test> ls
PS C:\Users\Administrator\Desktop\test>
```

使用 NPM init 初始化项目：

```
PS C:\Users\Administrator\Desktop\test> npm init
```

输入项目名称为 test：

```
This utility will walk you through creating a package.json file.
It only covers the most common items, and tries to guess sensible
defaults.
See 'npm help init' for definitive documentation on these fields
and exactly what they do.
Use 'npm install <pkg>' afterwards to install a package and
save it as a dependency in the package.json file.
Press ^C at any time to quit.
package name: (test) test
```

输入项目的版本为 1.0.0：

```
version: (1.0.0) 1.0.0
```

这里的项目描述输入为空即可：

```
description:
```

输入项目的启动文件为 index.js：

```
entry point: (index.js) index.js
```

这里输入测试命令为空：

```
test command:
```

这里输入 git 资料库为空，表示不跟踪上游的 git 仓库：

```
git repository:
```

输入项目的关键字为 test：

```
keywords:test
```

输入作者名称为 ming：

```
author: ming
```

输入遵守的开源版权为默认（ISC）：

```
license: (ISC)
```

再次确认配置文件后，按回车键：

```
About to write to C:UsersAdministratorDesktoptestpackage.json:
{
  "name": "test",
  "version": "1.0.0",
  "description": "",
  "main": "index.js",
  "scripts": {
    "test": "echo "Error: no test specified" && exit 1"
  },
  "keywords": [
    "test"
  ],
  "author": "ming",
  "license": "ISC"
}
Is this OK? (yes):yes
```

输入 NPM，可以看到项目已经完成初始化：

```
PS C:\Users\Administrator\Desktop\test> ls


    目录：C:UsersAdministratorDesktoptest


Mode                 LastWriteTime         Length Name
----                 -------------         ------ ----
-a----        2020/11/21     20:02            236 package.json


PS C:\Users\Administrator\Desktop\test>
```

2）安装相关的 NPM 包

项目初始化完毕，需要使用某个依赖时，就要提前下载并安装相关的 NPM 包。

在 NPM 官网，搜索相关的 npm 包，如图 2-14 所示并复制类似如下的命令。

下方的命令表示，在该项目中安装 mathjs 依赖：

```
npm i mathjs
```

29

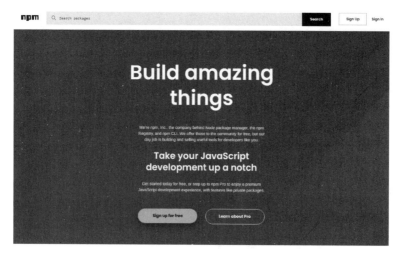

图 2-14　NPM 网站

安装完成依赖后，在项目的 package.json 文件中可以看到已安装的依赖。

package.json 文件的内容如下：

```
{
  "name": "test",
  "version": "1.0.0",
  "description": "",
  "main": "index.js",
  "scripts": {
    "test": "echo \"Error: no test specified\" && exit 1"
  },
  "author": "",
  "license": "ISC",
  "dependencies": {
    "mathjs": "^8.1.0"
  }
}
```

在该文件中，name 为项目名称，version 为当前项目的版本，description 为项目的描述，main 为项目的启动文件，scripts 为项目的启动命令。在该文件中，项目只有一个启动命令为 test 命令。该命令执行后将会输出 Error：no test specified 并退出命令的执行。author 为项目的作者名称，license 为项目的版权分发方式，dependencies 为项目所安装的依赖，这里安装的依赖只有一个，为 8.1.0 版本的 mathjs 依赖。

使用 npm i 命令安装的依赖都会配置到 package.json 文件中的 dependencies 项目。

3）卸载相关的 NPM 包

已经安装了某个 NPM 包，如果此时要卸载，则需要使用如下命令：

```
npm uninstall lodash
```

　　该命令表示从当前目录中，卸载相关的 NPM 包，并把相关的依赖从 package.json 文件中的 dependencies 项目中删除。

　　4）使用相关的 NPM 包

　　这里使用已安装好的 mathjs 依赖。

　　首先在头部文件中引入相关的依赖。

```
const math = require("mathjs")
```

　　在文件中使用相关依赖对应的函数，这里使用的是 mathjs 包下的 e 常量，其代码如下：

```
console.log(math.e)
```

　　输出结果为自然数 e：

```
2.718281828459045
```

　　这样就完成了一个 NPM 包的基本使用。

> **注意**
>
> 读者除了可以使用 NPM 包外，还可以发布制作好的 NPM 包，供其他程序员使用。

4. NPM的全局安装与非全局安装

　　NPM 有全局安装和非全局安装两种方式。但其命令是相同的，参数上也只是多了一个 -g，全局安装命令如下：

```
npm install -g jshint
```

　　全局安装的 NPM 包不会放到当前执行命令的目录下，若要查看全局安装的路径，则需要使用如下命令：

```
npm root -g
```

　　该命令表示查看全局安装的路径。

　　对于全局安装的 NPM 包在项目中不能使用 require，必须使用链接功能，将全局安装的项目链接到当前目录下，其使用命令如下：

```
npm link express
```

　　该命令表示把全局安装的 express 项目链接到当前目录安装下的 express。使当前项目仍然可以通过 require 函数使用全局安装的依赖包。

2.2.2　yarn 包管理详解

　　yarn 是 Facebook、Google 等联合发布的一款全新的 JavaScript 包管理器。该包管理是新一代的包管理器，其出现是为了弥补一些 NPM 的缺陷。

yarn 的优点如下。

速度快：yarn 缓存了每个下载过的包，再次使用时无需重复下载。同时利用并行下载可达到最大化的资源利用率，所以安装时速度会相当快。

可靠：使用详细、简洁的文件格式和明确的安装算法，yarn 能够确保在不同的系统上无差异的工作。

更加简洁的输出：NPM 的输出信息较长，在执行 npm install <package> 时，命令行里会不断地打印出所有被安装的依赖。相比之下，yarn 要简洁太多，默认情况下，它结合 emoji 直观地打印出必要的信息，不管被不同的库间接关联引用多少次，安装这个包时都只会从一个注册源去安装，要么是 NPM，要么是 Bower，以防止出现混乱不一致的情况。

更好的语义化：yarn 改变了 NPM 的一些命令名称，如 yarn add/remove 总体体验上会比 NPM 原本的 install/uninstall 更加清晰。

下面主要讲解 yarn 的安装与构建项目。

◎ 安装 yarn

yarn 和 NPM 相比需要单独安装。在 yarn 的官网（https://yarnpkg.com/）选择 Windows 系统的稳定版本，下载相关的 msi 安装包，如图 2-15 所示。

图 2-15　yarn 官网界面

下载好 msi 安装包，并按提示完成相应的安装步骤，其安装界面如图 2-16 所示。

图 2-16　yarn 的安装界面

打开 PowerShell 进入命令行界面，输入如下命令：

```
yarn -version
```

该命令表示查看当前的 yarn 版本，如果输出：

```
1.22.5
```

则表示当前的 yarn 已经安装成功。

◎　使用 yarn 构建项目

这里使用 yarn 构建 vue 项目，使用 NPM 安装 vue 的脚手架：

```
npm install -g vue-cli
```

该命令表示全局安装 vue 脚手架 vue-cli 项目，以供全局使用。

使用 Webpack 打包工具创建 vue 项目。

```
vue init webpack my-project
```

该命令表示使用 Webpack 创建名称为 my-project 的项目。

创建项目完成后，进入项目创建目录。

```
cd my-project
```

使用 yarn 安装相关的依赖包。

```
yarn install
```

该命令表示使用 yarn 启动 Webpack 打包工具的 vue 项目。

此时，如果浏览器出现如图 2-17 所示的界面，则表示项目搭建基本完成。

图 2-17　yarn 的基本使用

> **注意**
> yarn 和 NPM 的关系并不是相互竞争和独立的，而是相互依赖和依存的关系。

2.3 使用Node.js操作数据库

Node.js 可以连接多种数据库，如 MongoDB 数据库、MySQL 数据库、Redis 数据库。由于 Node.js 是用 JavaScript 语言编写的，并且 MongoDB 也把 JavaScript 作为脚本语言，所以本节使用 MongoDB 作为数据库，用 Node.js 完成数据库增、删、查、改的基本操作。

2.3.1　在MongoDB中创建新文档

安装好 MongoDB 后，需要使用如下命令，进入 MongoDB 命令行界面。

```
mongo
```

此命令表示打开 mongo 命令行客户端并连接本地的 MongoDB 服务。

进入 MongoDB 命令行界面后，使用 use 命令，在安装好的 MongoDB 数据库中，创建相关的数据库。

```
> use ming
switched to db ming
>
```

此命令表示选择或创建 ming 数据库。

数据库创建完成后，还需要使用 db 类中的 createCollection 方法，在创建好的 ming 数据库中添加集合。

```
> db.createCollection("ming")
{ "ok" : 1 }
>
```

这条命令表示在该数据库下创建相应的集合,集合名称为 ming 集合。

可以看到,已经创建新的 ming 集合,并返回了状态码,状态码为 ok 则表示创建成功。

使用如下命令,查看在 MongoDB 中创建好的数据库。

```
> show tables
ming
>
```

这是一条可以查看当前选择数据库下所有集合的命令。

可以看到,显示出来的结果为 ming,则表示已能够成功显示出 ming 数据库。

然后使用 insert 方法,插入相应的已创建的数据库中的集合。

使用如下命令:

```
> db.ming.insert({
... "name": "ming"
... })
WriteResult({ "nInserted" : 1 })
>
```

把相应的 json 数据插入 ming 数据库中。该命令表示把括号中的 json 数据插入到 ming 集合中。

再次使用如下命令:

```
> db.ming.find()
{ "_id" : ObjectId("5fcd07b07b1904606dd485e9"), "name" : "ming" }
>
```

该命令主要用于查询集合中的记录。

至此,在 MongoDB 中创建新文档已经基本完成。

2.3.2 在Node.js中使用mongoose

如果要在 Node.js 中使用 MongoDB,就需要使用 mongoose 作为中间层,把 Node.js 和 MongoDB 进行连接。

在 Node.js 中使用 mongoose 可分为四步:第一步是安装相关依赖,第二步是连接数据库,第三步是创建模型,第四步是进行增、删、查、改操作。

1. 安装相关依赖

使用如下命令创建项目：

```
npm init
```

按照要求输入相关内容信息，直到命令创建完成。

该命令表示使用 NPM 初始化项目，创建 package.json 等文件。

再次使用 NPM install 命令安装相关的 mongoose 依赖。

使用命令如下：

```
npm install mongoose --save -dev
```

该命令表示在当前目录下安装 mongoose 相关依赖。其中 -save 表示把依赖保存进生产环境中，-dev 表示把当前依赖保存进开发环境中。

2. 连接数据库

在项目中创建 index.js 文件，输入如下内容：

```
var mongoose = require('mongoose');
mongoose.connect('mongodb://106.53.115.12:27017/ming');// 连接 Myblog
数据库
mongoose.connection.on("connected", () => {
    console.log("mongodb 数据库连接成功 ")
});
mongoose.connection.on("error", (error) => {
    console.log("mongodb 数据库连接失败 ", error)
});
```

这一段代码，其中第一行代码表示把之前下载好的 mongoose 模块引入到当前的文件中。余下的代码表示使用引入模块 mongoose 内的 connect 函数，连接并使用上一节中搭建的 MongoDB 数据库。

输入如下代码：

```
node ./index.js
```

执行该文件。

这行命令表示调用在本机中安装的 Node.js 程序，执行 index.js 文件。

如果输出：

```
mongodb 数据库连接成功
```

则表示连接数据库成功。

3. 创建模型

在 mongoose 中，模型（Schema）的主要作用是通过模型来定义保存到 MongoDB 数据库中数据的类型以及相应的字段。实现 MongoDB 数据库数据的完整性和关联性。实现诸如 MySQL 数据库特有的外键、约束等功能。

在 index.js 文件中，继续输入如下内容：

```
const userSchema = new mongoose.Schema({
    name: { type: String}
});
let userModel = mongoose.model('ming', userSchema);
```

该内容表示创建一个相应的 Schema，其中 Schema 中保存的是相应的 name 字段的 json 数据，其类型为 String 数据类型，并使用 mongoose 函数中的 model 方法保存相应的模型到 userModel 中。

4. 进行增、删、查、改操作

创建完成模型后，调用相关模型方法完成基本的增、删、查、改操作，这里演示最基本的增加及查询方法，更加详细的 mongoose 使用方法，请读者阅读本书第六章关于使用 mongoose 连接 MongoDB 的内容。

继续在文件中添加如下代码：

```
let user = new userModel({
    "name": "ming"
})
user.save((err) => {
    console.log(err)
})
```

这段代码表示使用已定义好的 userModel，实例化一个 user 对象。该对象保存的 json 数据为：

```
{
"name": "ming"
}
```

然后使用获取实例化对象的 save 方法，保存相关数据，并填入回调函数。该回调函数用于在保存错误时打印出当前的错误信息。

继续在保存 json 数据的回调函数中，输入如下内容：

```
userModel.find({}, (err, docs) => {
    if(err){
        console.log(err);
        return;
    }
    console.log(docs);
})
```

> **注意**
>
> 回调函数中输入代码，其核心在于 Node.js 的最大特点，即由于单线程造成的异步。更加详细的信息请阅读本书第 5 章的相关内容。

对这段代码调用之前定义好的模型中的 find 方法进行查询，当查询结束后，使用回调函数输出当前查询的内容。

至此，整个文件代码如下：

```
var mongoose = require('mongoose');
mongoose.connect('mongodb://106.53.115.12:27017/ming');// 连接 Myblog 数据库
// 添加数据库监听事件
mongoose.connection.on("connected", () => {
    console.log("mongodb 数据库连接成功 ")
});
mongoose.connection.on("error", (error) => {
    console.log("mongodb 数据库连接失败 ", error)
});
// 创建数据库相应模型
const userSchema = new mongoose.Schema({
    name: { type: String}
});
let userModel = mongoose.model('ming', userSchema);
// 保存数据库相应数据
let user = new userModel({
    "name": "ming"
})
user.save((err) => {
    console.log(err)
    // 查询数据库相应数据
    userModel.find({}, (err, docs) => {
        if(err){
            console.log(err);
            return;
        }
        console.log(docs);
    })
})
```

执行该文件，如果输出：

```
mongodb 数据库连接成功
null
[ { _id: 5fcd1b5467b2ba08a8cdbf87, name: 'ming', __v: 0 } ]
```

则表示数据库连接成功。

从下一节到本章结束，将会是一个完整的基于 MVC 的 Node.js 和 MongoDB 的查询例子。

2.3.3　搭建基础项目

初步体验了 Node.js 使用 mongoose 连接 MongoDB 的过程，下面将做一个完整的小型 MVC 示例，使读者能快速入门 Node.js。

本节主要用于搭建基础项目。

在已完成项目的基础上，创建 connect.js 文件，其内容如下：

```
var mongoose = require('mongoose');
mongoose.connect('mongodb://106.53.115.12:27017/ming');//连接 Myblog
数据库
// 添加数据库监听事件
mongoose.connection.on("connected", () => {
    console.log("mongodb 数据库连接成功 ")
});
mongoose.connection.on("error", (error) => {
    console.log("mongodb 数据库连接失败 ", error)
});
module.exports = mongoose;
```

该文件先引入 mongoose 模块，然后添加相应的处理事件，当判断事件为 connected 时，则表示数据库连接成功；当判断事件为 error 时，则表示数据库连接失败。最后使用 module.exports 把 mongoose 作为模块进行导出，供以后的文件使用。

把该文件中的 mongodb://106.53.115.12:27017/ming 抽取成配置文件。

再创建 config.js 文件，输入内容如下：

```
let config = {
        url: "mongodb://106.53.115.12:27017/ming"
}
module.exports = config;
```

在代码中，首先创建了 config 对象，并在其中添加了 url 键值对。然后使用 module.exports 导出其中的 config 对象。

返回到 connect.js 文件头部，添加内容如下：

```
let url = require("./config.js")
```

表示在当前文件中引入上一步导出的 config 对象。

添加内容完成后，再修改 url 链接如下：

```
mongoose.connect(url.url);// 连接 Myblog 数据库
```

此时，完整的文件为：

```
let url = require("./config.js")
var mongoose = require('mongoose');
mongoose.connect(url.url);// 连接 Myblog 数据库
```

```
// 添加数据库监听事件
mongoose.connection.on("connected", () => {
    console.log("mongodb 数据库连接成功 ")
});
mongoose.connection.on("error", (error) => {
    console.log("mongodb 数据库连接失败 ", error)
});
module.exports = mongoose;
```

在运行时，由于 let url = require ("./config.js")，所以等价于下方的代码：

```
let config = {
        url: "mongodb://106.53.115.12:27017/ming"
}
module.exports = config;
var mongoose = require('mongoose');
mongoose.connect(url.url);// 连接 Myblog 数据库
// 添加数据库监听事件
mongoose.connection.on("connected", () => {
    console.log("mongodb 数据库连接成功 ")
});
mongoose.connection.on("error", (error) => {
    console.log("mongodb 数据库连接失败 ", error)
});
module.exports = mongoose;
```

此时运行 connect.js 文件，如果输出如下内容，则表示项目基础搭建完成，可以编写相应的 Module 层、Service 层、Controller 层了。

```
mongodb 数据库连接成功
```

2.3.4 编写 Module层

作为三层架构来说，项目一般有三层，分别是 Model 层、View 层、Controller 层。

当有请求时，请求会先访问 Controller 层，由 Controller 层将 View 层的页面返回给用户。用户看到页面以后，进行相关的操作，再将数据发送给 Controller 层，Controller 层接收到数据，并传递给 Model 层进行处理，由 Model 层和数据库进行交互，完成基本的数据处理。当数据处理结束后，把处理好的数据返回给 View 层，最后再返回给 Controller 层，呈现到用户面前，供用户进行下一步操作。由此形成一个由 Controller 层到 Model 层到 View 层，最后再到 Controller 层的闭环。

MVC 三层架构的处理流程如图 2-18 所示。另外还有 MVVM 和 MVP 等多种架构，这里就不一一介绍了。

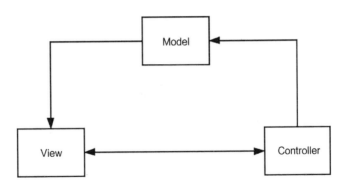

图 2-18　MVC 三层架构的处理流程

在三层架构中，代码一共被分成三层，分别是 Controller 层文件、Model 层文件和 Service 层文件。由于现在都是 RestfulAPI 接口，所以简化了 View 层，如果有必要，可以再加上 View 层文件。

在上一节中，项目基础已搭建完成，现在开始搭建对应的 Module 层。

创建 module 文件夹，并新建 user.js 文件，输入如下内容：

```
let mongoose = require("../connect.js")
// 创建数据库相应模型
const userSchema = new mongoose.Schema({
    name: { type: String}
});
let userModel = mongoose.model('ming', userSchema);
module.exports = userModel;
```

在该段代码中，第 1 行的 require 代码引入已编写的 connect 连接文件；第 3~5 行，mongoose.Schema 函数为模型定义，定义了一个模型；第 6 行，使用 mongoose.model 函数把数据库中的集合和模型进行关联；第 7 行，使用 exports 成员变量，导出定义好的模型。

至此，模型定义已基本完成。

2.3.5　编写 Service 层

Service 层，是 Controller 层的扩展，主要用于对数据逻辑进行处理，如用户进行表单提交时，对输入参数的合法性的校验；用户下单时，同时进行库存减少和订单增加两个数据库操作的步骤。

Service 层的逻辑处理部分，是与数据库关系最为密切，并且逻辑性最高的部分。

Service 层的具体作用如下：

◎　封装通用的业务逻辑操作，如对一些数据的校验可以进行通用处理；

◎　与数据层进行交互；

◎　其他请求，如远程服务获取数据。

下面介绍 Service 层的搭建与代码编写。

创建 Service 文件夹，该文件夹主要用于存放相关的 Service 文件，并新建 Service.js 文件，输入代码如下：

```
const userModel = require("../module/user.js")
let user = new userModel({
        "name": "ming"
})

// 异步调用 mongoose 相关存储，查询 API
var userFunction = new Promise(function(){
    user.save((err) => {
        console.log(err)
        // 查询数据库相应数据
        userModel.find({}, (err, docs) => {
            if(err){
                console.log(err);
                return;
            }
            resolve(docs)
            })
})
});

module.exports = userFunction;
```

在这段代码中，先使用 require 函数，将 user.js 文件定义到 Model 对象导入的文件中，然后使用 useModel 函数，新建要存储在数据库中的实体，最后，使用 Promise 函数异步调用 mongoose 相关的存储 API，完成将上一步定义的实体存储到数据库中的操作。

至此，Service 层已经搭建完毕。

此外 Service 层不仅承担和数据库交互的功能，还能进行改造，如改造 Service 层的代码如下：

```
const userModel = require("../module/user.js")
let myDate = new Date();
let user = new userModel({
        "name": "ming"
})

// 异步调用 mongoose 相关存储，查询 API
var userFunction = new Promise(function(resolve, reject){
    if(myDate.getDate() == 8){
        user.save((err) => {
            console.log(err)
            // 查询数据库相应数据
```

```
        userModel.find({}, (err, docs) => {
            if(err){
                console.log(err);
                return;
            }
        resolve(docs)
            })
        })
    }
});

userFunction.then(function(successMessage){
    //successMessage 的值是调用 resolve(...) 方法传入的值
    //successMessage 参数不一定是字符串类型,这里只是举个例子
    console.log(successMessage)
});
module.exports = userFunction;
```

> **注意**
>
> userFunction 函数调用 myDate.getDate() 获取了当前的日期,如果当前的日期为 8,
> 则执行,否则不执行相应的数据库操作代码。这充分体现出了 Service 层的逻辑性。

2.3.6　编写Controller层

在三层架构中,Controller 层主要用于将请求分发到相应的 Service 层中,并完成一些
中间件的工作。中间件主要用于前后端的交互验证,如 JWT 等作用。

Controller 层的具体作用如下:

◎ 同 Service 层具有相同的参数校验功能;

◎ 调用 Service 层接口实现业务逻辑;

◎ 转换业务 / 对象;

◎ 组装返回对象;

◎ 异常处理。

下面介绍 Controller 层的搭建与代码编写。

创建 Controller 文件夹,主要用于存放 Controller 层的相关文件,并新建 Controller.js 文
件,输入代码如下:

```
const service = require("../service/service.js")
// 引入 http 模块
var http = require("http");

// 创建 http 服务器
```

```
var server = http.createServer(function(request, response) {
    /* 设置响应的头部 */
    response.writeHead(200, {
        "content-Type" : "text/plain"
    });

    /* 设置响应的数据 */

    service.then((res) => {
        response.write(res.toString());
        response.end();
    })

});

// 设置服务器端口
server.listen(8000, function(){
    console.log("Creat server on http://127.0.0.1:8000/");
})
```

在代码中，先引入 Service 层的相关依赖及 http 模块，用于创建相关的 http 服务器。使用 http 模块中的 createServer 函数，创建相关的 http 服务器。该服务器接收一个回调函数，该回调函数的参数为 request 和 response，其中，request 参数为请求对象，response 参数为响应对象。设置响应的头部，在代码中响应头尾 text/plain，然后再次引用 Service 层中已经包装好的 Promise 对象，调用 Promise 中的 then 方法，实现当数据库查询及增加执行完毕后回调执行该回调函数。该回调函数的参数为 res，用于接收上一步的参数。最后使用 response 对象，把数据返回给浏览器，并结束操作。其中，response.end() 不能放在回调函数之外，因为这会导致先执行结束，再执行回调。使浏览器不能获取到相应的执行结果。

继续调用 http 模块下的 listen 函数，传入 8000 和创建服务器成功的回调函数。至此，Controller 层已基本创建完成。

此时，访问如下链接，如果出现如图 2-19 所示内容，则证明 Controller 层创建成功。
http://localhost:8000/

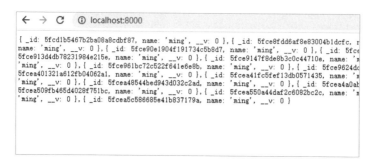

图 2-19　Controller 层创建成功的界面

此外，Controller 层不仅承担调用 Service 层的作用，还可根据 URL 调用相应的 Service 层。

将原文件修改为如下代码：

```
const service = require("../service/service.js")
// 引入 http 模块
var http = require("http");
var url1 = require("http")

// 创建 http 服务器
var server = http.createServer(function(request, response) {
    if(request.url == "/index.html"){
        /* 设置响应的头部 */
        response.writeHead(200, {
            "content-Type" : "text/plain"
        });

        /* 设置响应的数据 */

        service.then((res) => {
            response.write(res.toString());
            response.end();
        })
    }
});

// 设置服务器端口
server.listen(8000, function(){
    console.log("Creat server on http://127.0.0.1:8000/");
})
```

在上方代码中，修改了第 7 行，增加了判断语句，当 url 为 /index.html 时，会执行相应的代码，此时 Controller 层起到了路由分发的功能，访问如下链接，如果出现如图 2-19 所示的界面，则证明 Controller 层发挥了作用。

http://localhost:8000/

2.3.7　项目启动完成基本测试

保存已编写的所有代码，编辑 package.json 文件中 script 选项，代码如下：

```
{
  "name": "test",
  "version": "1.0.0",
  "description": "",
  "main": "index.js",
  "scripts": {
```

```
    "test": "echo \"Error: no test specified\" && exit 1",
    "run": "node index.js"
  },
  "author": "",
  "license": "ISC",
  "dependencies": {
    "match": "^1.2.10",
    "matchjs": "0.0.1",
    "mathjs": "^8.1.0"
  },
  "devDependencies": {
    "mongoose": "^5.11.4"
  }
}
```

在代码中添加了 script 选项的 run 键值对，使其代替了 node index.js 命令。

添加完后，在根目录中打开 Powershell，输入如下命令：

```
PS C:\Users\Administrator\Desktop\test> npm run run
```

表示已代替执行 node index.js 命令，此时控制台输出：

```
PS C:\Users\Administrator\Desktop\test> npm run run

> test@1.0.0 run C:\Users\Administrator\Desktop\test
> node index.js

mongodb 数据库连接成功
null
[
  { _id: 5fcd1b5467b2ba08a8cdbf87, name: 'ming', __v: 0 }
]
```

访问如下链接，如果能够输出（如图 2-19）界面，则证明项目已基本启动完成。

http://localhost:8000/index.htm

此时也同步完成了对 Controller 层的基本测试。

在根目录下新建 test 文件夹，并创建相关的文件，输入如下内容：

```
const service = require("../service/service.js")
const assert = require("assert");
service.then((res) => {
    assert(res == null, " 测试用例执行失败 ")
})
```

该文件先引入 Service 层的相关文件，然后又同步引入了相关的断言模块，最后调用 service.js 文件导出的函数，判断相应的执行结果是否为空。如果为空，则抛出错误；如果不为空，则不抛出任何选项。

如果执行的结果如下所示，则表示执行单元测试[1]失败。需要读者仔细查看相应的代码并找出问题。

测试用例执行失败

如果执行的结果如下所示，则表示执行单元测试成功，Service 层代码可以正常运行。

```
mongodb 数据库连接成功
null
```

至此，项目已基本启动完成，同时也完成了项目的基本测试。

2.4 本章小结

在本章中，先带领读者在搭建开发环境的过程中，熟悉 Node.js 对操作系统的要求、对软件环境的要求、下载和安装 Node.js、Node.js IDEA 开发工具的配置、Sublime Text 开发工具的配置、安装和配置 MongoDB 的相关内容，在 Node.js 包管理器详解中，熟悉 NPM 包管理器、yarn 包管理器的相关知识，使用 Node.js 操作数据库等相关内容。

通过本章的学习，读者已经踏入了 Node.js 的世界。

---

[1] 单元测试又称模块测试，是针对程序模块进行正确性校验的测试工作。程序单元是应用的最小可测试部件。

第3章
Node.js开发起步

从本章开始学习 Node.js 开发，包括 JavaScript 基本语法，在控制台中输入输出日志，JavaScript 语言的命名规范和编程规范，JavaScript 语言和 Node.js 之间的关系等内容。

3.1 JavaScript语法

JavaScript 是一门拥有二十余年历史的语言，它虽然经历了多次版本的更迭与替换，但其核心的变量、注释、数据类型、函数、闭包、回调没变，仍然是 JavaScript 语言的核心。下面就开始介绍 JavaScript 语言核心部分的内容。

3.1.1　变量

变量指一个包含部分已知、未知数值或信息（一个值）的存储地址，以及相对应的符号名称（识别字）。

下面举两个生活中的例子：

◎　一个超市——这里的变量是指正在售卖的商品；

◎　一个住宅小区——这里的变量是指住宅小区中的住户。

变量就是用于存储这些信息的，变量是数据的命名存储。读者可以使用变量来保存相关的信息。

在 JavaScript 语言中，如果要创建一个变量，可以使用 var 关键字、let 关键字、无关键字来书写变量名称，使用 const 定义相关的变量。使用这些方法都可以直接在 JavaScript 语言中定义或创建一个变量。

在下面的语句中，创建一个名为 message 的变量。

```
let message;
```

现在可以直接通过赋值运算，为变量添加数据。

```
let message;
Message = 'Hello World'; // 变量保存字符串
```

此时这个字符串已经保存到和变量相关联的内存区域中，读者可以通过变量名称直接访问。

```
let message;
message = 'Hello World';
console.log(message);
```

如果在控制台中，输出如下内容，则证明 Hello World 已经保存到了相应的内存区域中。

```
Hello World
```

同样，可以直接把变量赋值和定义在一行代码中直接展示。

```
let message = 'Hello World';
console.log(message);
```

如果输出如下内容，则证明定义和赋值已经基本完成。

```
Hello World
```

同样也可以在一行中直接声明多个变量。

```
let user = 'ming', age = 23, message = 'Hello World';
```

例如，变量是一个装有一定数据量的盒子，盒子上标有盒子的名称，这里盒子的名称为 message，在盒子中装入的是 Hello World，如图 3-1 所示。

在这个盒子中可以放入任意值，如 Ming、Xiao，以及 JSON 数据、数组等。

同时，这个盒子内的值也可以随意改变，丝毫不会影响其使用，示例代码如下：

```
let message;
message = 'Hello World';
console.log(message)
message = "World"    // 这里值发生了改变
console.log(message);
```

代码执行后，输出的值为：

```
Hello World
World
```

当变量被重新赋值以后，之前数据内的值就发生改变了，相当于值有一部分被删除了，如图 3-2 所示。

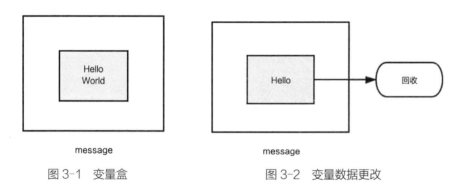

图 3-1　变量盒　　　　　　　　图 3-2　变量数据更改

还可以把一个变量的值复制到另外一个变量，其代码如下：

```
let hello = 'Hello World';
let world;
// 把变量的值进行复制
world = hello;
// 输出变量的值
console.log(hello);
console.log(world);
```

输出结果为：

```
Hello World
Hello World
```

此时变量的数值已经发生了更改。

对于变量命名来说，JavaScript 变量命名有以下两个限制：

◎ 首字母必须非数字；

◎ 变量名称必须仅包含字母、数字、符号 $ 和 _。

例如，以下命名是有效的：

```
$_2333 // 以 $ 开头
_load  // 以 _ 开头
```

以下命名是不正确的：

```
1a       // 以数字开头
my-name // – 不能用于变量命名
```

> **注意**
>
> 保留字[①]，如 let 也不能参与命名。

3.1.2 注释

在计算机语言中，注释用于在源代码中解释代码功能，以增强程序的可读性、可维护性，或者在源代码中处理不需要运行的代码段，以调试程序的功能执行。注释在伴随源代码进入预处理器或编译器处理后会被移除，不会在目标代码中保留相关信息。

简单来说，注释是指可以使用标注代码功能的项目。

注释可以是 // 开头的单行注释，也可以是 /*......*/ 结构的多行注释。

1. 注释应具有以下功能

注释需要具有描述架构，记录函数的参数和用法，解释为什么需要用这种方式进行开发，讲解代码巧妙的特性和具体使用方法等功能。

◎ 描述架构

对组件进行高层次的封装和整体概括，明确组件之间的相互作用，便于在高层次中对代码进行整体的描述。

◎ 记录函数的参数和用法

专门用于记录函数的用法、参数和返回值。如在下面代码中，专门记录了参数的相关内容。

---

① 保留字，有时也叫关键字，是编程语言中的一类语法结构。在特定的编程语言里，这些保留字具有较为特殊的意义，并且在语言的格式说明里被预先定义。通常，保留字包括用来支持类型系统的原始数据类型的标记，并可用来识别诸如循环、语句块、条件、分支等程序结构。

```
/**
 * 返回 x 的 n 次幂的值
 *
 * @param {number} x 要改变的值
 * @param {number} n 幂数，必须是一个自然数
 * @return {number} x 的 n 次幂的值
 */
function pow(x, n) {
  ...
}
```

在上方代码中，专门用了三行代码解释参数和返回值，用一行代码解释该函数的作用。通过这些注释就可以理解当前函数的作用、参数，以及返回值的详细信息。

◎ 解释为什么需要用这种方式进行开发

通过写代码的注释，可以看到当时的实现方式及想法。

◎ 讲解代码巧妙的特性和具体使用方法

代码存在一些巧妙的特性和具体使用方法。例如，当进行项目日期和时间的转换时，就需要对代码进行注释。

2. 不能任意添加注释

代码注释不能任意添加，否则会造成代码冗余，不易理解。所以描述代码如何工作，代码做了什么，以及代码本身就可以表明功能时就不需要添加注释。

◎ 描述代码如何工作，代码做了什么

例如，像下方代码中的注释，就不是好的注释，因为其描述对代码造成了一定的冗余。

```
// 这里的代码会先做这件事 (…) 然后做那件事 (…)
// …谁知道还有什么…
very;
complex;
code;
```

◎ 代码本身就可以表明功能

当代码本身就可以表明功能时，不需要注释。这里具有一个原则：如果代码不够清晰，需要一个注释来表明，此时代码需要的不是注释，而是对代码进行修改。

例如，在第一个 for 循环内部，用一个函数代替代码片段效果更好，而不是使用注释来进行说明。

```
function showPrimes(n) {
  nextPrime:
  for (let i = 2; i < n; i++) {

    // 检测 i 是否为一个质数（素数）
    for (let j = 2; j < i; j++) {
      if (i % j == 0) continue nextPrime;
```

```
    }

    console.log(i);
  }
}
```

将第一个 for 循环内部的代码抽出，并去掉注释。

```
function showPrimes(n) {

  for (let i = 2; i < n; i++) {
    if (!isPrime(i)) continue;

    console.log(i);
  }
}

function isPrime(n) {
  for (let i = 2; i < n; i++) {
    if (n % i == 0) return false;
  }

  return true;
}
```

至此，这份代码比原先的代码质量更加优秀，也便于理解。

3.1.3　数据类型

在程序设计的类型系统中，数据类型被称为资料类型，它是用来约束程序解释的。在编程语言中，常见的数据类型有原始数据类型（整数、浮点数、字符）、多元组类型、记录单元类型、代数资料类型、抽象数据类型、参考类型、类类型及函数类型。数据类型描述了数值的表示法、解释和结构，并以算法进行相关的操作，存储在存储器及其他存储设备中。

因此，数据类型用于约束存储在变量中的内容，以使进行的相关运算不出现差错。

JavaScript 语言中有 8 种数据类型，分别是 7 种原始类型和 1 种引用类型。

在运算过程中，使用 typeof 运算符对数据类型进行相关输出，例如，

```
console.log(typeof 0);
```

输出内容为：

```
"number"
```

此时就可以判断 0 为 JavaScript 语言中的 Number 数据类型。

下面介绍 JavaScript 语言中的 8 种数据类型。

◎ Number 类型

在 JavaScript 语言中，Number 类型被定义为 64 位双精度浮点型数据。

> **注意**
>
> 在其他语言中，一般具有 int、float、double 等数据类型。在 JavaScript 语言中，将这些数据类型统一到了 Number 数据类型中，并定义为 64 位双精度浮点型数据。

其示例代码如下：

```
let number = 123;
numberOne = 3.1415926;
console.log(number);
console.log(numberOne);
```

在上方代码中，定义了两个变量，并分别赋值为 123 和 3.1415926。在 JavaScript 语言中，将会根据赋值自动更新相关的类型，这里将变量自动更新为 Number 数据类型。

执行上方代码，输出结果如下：

```
123
3.1415926
```

此时还可以对数值进行相关的运算，其代码如下：

```
let number = 1;
let numberOne = 2;
console.log(number + numberOne);
```

在上方代码中，先定义两个变量，并赋值，根据赋值结果自动转化为 Number 数值类型。然后使用 console.log 函数输出两个变量的相加值，输出结果如下：

```
3
```

◎ BigInt 类型

在 JavaScript 语言中，BigInt 数据类型用于表示任意精度格式的整数，与 Number 数据类型作用类似，并且通常能够保存更大和更长的数据。在后尾使用 n 表示为 BigInt 数据类型。

> **注意**
>
> 由于 Number 数据类型无法表示大于 $2^{53}-1$ 或小于 $-(2^{53}-1)$ 的整数，所以开创了一个 BigInt 类型。该类型主要用于表示超出这两个范围的数值。

其示例代码如下：

```
const bigInt = 1234567890123456789012345678901234567890n;
```

在上方代码中，n 表示这是一个 BigInt 类型的数值。

◎　String 类型

在 JavaScript 语言中，String 数据类型通常用于存储相关的字符串数据，其底层用 char 类型进行存储。

> **注意**
>
> String 数据类型必须用引号括起来，如 123 为 Number 数据类型，但是 "123" 则为 String 数据类型。

在 JavaScript 中，有 3 种表示字符串的方式：

双引号 "123"；

单引号 '123'；

反引号 ` 123 `。

具体示例代码如下：

```
let str = "Hello World";
let strOne = 'Hello World One';
let strTwo = `Hello World Two ${str} `;
```

在代码中，先使用 String 类型，定义一个变量名为 str，值为 Hello World 的变量。再使用 String 类型，定义一个变量名为 strOne，值为 Hello World One 的变量。最后使用 String 类型，定义一个变量名为 strTwo，值为 Hello World Two ${str} 的变量，其中在 strTwo 变量中的 ${str} 为 JavaScript 语言中的功能扩展，允许变量或者表达式进行替换操作。但是在外部必须使用反引号 ` 表示。例如，第三个变量内容中的 ${str} 表示将 str 变量的内容进行 "包裹" 输出，输出的结果如下所示：

```
Hello World Two Hello World
```

其中，尾部 Hello World 的来源为 str 变量中的内容 Hello World。

◎　布尔数据类型

在 JavaScript 语言中，布尔数据类型为一种取值为真或为假的数据类型，其赋予了在编程语言上为真或为假的能力。布尔数据类型具体使用在以下情形：需要判断条件来决定接下来的代码是否会执行，而这些条件需要解释成一个布尔值。

> **注意**
>
> 布尔数据类型一般仅能表示真假，同时使用 Number 类型中的 0 和 1 也能表示布尔数据类型中的真假。其中 0 为布尔数据类型中的 false，1 为布尔数据类型中的 true。

具体示例代码如下：

```
let thisIsTrue = true;
let thisIsFalse = false;
console.log(thisIsTrue);
console.log(thisIsFalse);
```

在上方代码中定义了两个变量，并分别存储 true 和 false 这两个值。执行代码，输出结果如下：

```
true
false
```

其中，通过赋值 true 或 false 让其成为布尔数据类型，然后通过布尔数据类型进行输出。

◎ Null 数据类型

在 JavaScript 语言中，Null 表示一个不存在的值或无效的 object，或者无效的地址应用。

> **注意**
>
> Null 数据类型不属于任何一种数据类型，只构成一个单独的数据类型为 null。

示例代码如下：

```
let ming = null;
console.log(ming);
```

在上方代码中定义一个数据变量为 ming，然后存储一个值为 Null。执行代码，输出结果如下：

```
null
```

◎ Undefined 数据类型

在 JavaScript 语言中，Undefined 声明一个未定义的变量初始值，或者没有实际参数的形式参数。即创建一个变量，但没有赋值，此时在 JavaScript 语言中表示为 undefined。

示例代码如下：

```
let x;
console.log(x);
```

在上方代码中定义变量 x，但是未对其进行赋值操作，若执行代码，则会输出 undefined。

输出结果如下：

```
undefined
```

◎ Object 数据类型

Object 数据类型，也称对象。它指用于处理数据的指令或数据结构，同时也指现实世界中的一些事物，如一幅地图。在 JavaScript 等面向对象语言中，指存储数据集合和更复杂的实体。

示例代码如下：

```
let object1 = ['123', 'abc', 'deh', 234];
console.log(object1);
console.log(typeof object1);
```

在上方代码中，先定义了一个名称为 object1 的数组变量，在数组中先保存 String 数据类型和 Number 数据类型的变量，然后输出相关的值。输出结果如下：

```
['123', 'abc', 'deh', 234]
object
```

根据输出结果，可将数据类型 JavaScript 判断为 Object 数据类型。

◎　Symbol 数据类型

在 JavaScript 语言中，Symbol 是一种基本数据类型。该数据类型性质在于这个类型的值可以用来创建匿名、私有的对象。该数据类型通常被用于一个对象属性的键值。Symbol 数据类型是原始的、唯一的、不可改变的数据类型，也被称为原子数据类型。

具体示例代码如下：

```
Symbol("foo") !== Symbol("foo") // true
const foo = Symbol()
const bar = Symbol()
typeof foo === "symbol"
typeof bar === "symbol"
let obj = {}
obj[foo] = "foo"
obj[bar] = "bar"
JSON.stringify(obj) // {}
Object.keys(obj) // []
Object.getOwnPropertyNames(obj) // []
Object.getOwnPropertySymbols(obj) // [ foo, bar ]
```

在上方代码中，第一行代码直接定义两个 foo 数据类型。该数据类型判断的结果为 true，即数据类型不相等。由于 Symbol 数据类型表示为私密的、匿名的数据类型，所以这两个数据类型不相等。第 2~6 行代码，分别进行了相关的代码定义。第 7 行和第 8 行的代码对数据类型进行了相关的赋值。把 Symbol 数据类型赋值到 Object 数据类型中。第

9~12 行代码分别对之前定义的 obj 数据类型进行获取，其结果是，无法获取到私密的、匿名的 Symbol 数据类型。

3.1.4　函数

函数是 JavaScript 语言中的基本组件之一，是 JavaScript 语言执行过程中的一组语句的集合。函数使用 function 关键字进行定义，后面跟着函数名和圆括号。

1. 定义函数

在 JavaScript 语言中，函数是通过一系列的 function 关键字组成的。

函数定义具体包含以下内容：

◎　函数名称；

◎　函数参数；

◎　定义函数的 JavaScript 语句。

其示例代码如下：

```
function showMessage(message){
console.log(message);
}
```

在代码中，showMessage 为函数的名称，message 为函数的参数，console.log(message) 为定义函数的语句。通过以下代码，执行函数。

```
showMessage("Hello World");
```

输出结果如下：

```
Hello World
```

对于函数名称而言，可以使用赋值语句对函数名称进行赋值，具体代码如下：

```
let showMessage = function(message){
console.log(message);
}
```

此代码和开头代码表达的意思基本相同。

同时，函数还可以作为一个对象的属性，称为方法，其代码如下：

```
let ObjectOne = "a";
a.showMessage = function(message){
console.log(message);
}
```

通过以下方式，调用该函数的代码如下：

```
a.showMessage("Hello World");
```

执行输出结果如下：

```
Hello World
```

2. 调用函数

单纯定义一个函数通常指定义并保存在代码文件中。如果对函数进行调用操作，就会进入内存进行相关的执行。

例如，对已定义的 showMessage 函数进行调用。

```
showMessage("Hello World");
```

其输出结果为：

```
Hello World
```

读者在平常的工作中，还会看到如下的代码，会发现如下的代码同样也是可以运行的。

```
showMessage("Hello World");
function showMessage(message){
console.log(message);
}
```

这段代码能够运行的原因是函数声明提前，当函数定义以后，代码执行时，会将函数的所有声明全部提前定义，所以上方的代码是可以执行的。

但是要注意的是，下方的这段代码是不能执行的。

```
showMessage("Hello World");
let message = function (message){
console.log(message);
}
```

因为这一段代码仅是把定义好的函数存储在 message 变量中，并不涉及定义函数，所以不存在函数声明提前问题，是不能执行的。

3. 函数作用域

定义函数的变量不能在函数以外的任何地方访问，因为变量仅在该函数的域内有定义。换句话说，变量只能在函数内部使用，不能在函数外部使用。

示例代码如下：

```
let number = 200;
function multiply(){
let number01 = 2000;
console.log(number); .// 200
}
console.log(number01);   // undefined
```

执行上方代码，输出结果为：

```
200
undefined
```

可以看到，在函数内部可以使用函数外部定义的变量，而在函数外部却不能使用函数内部定义的变量。

4. 箭头函数

在新版的 JavaScript 语言中，拥有更加简单的函数定义方式，具体代码如下：

```
let a = (message) => {
console.log(message);
}
```

其中用 => 代替了原来的 function 进行定义，执行代码如下：

```
a("Hello World");
```

输出结果为：

```
Hello World
```

这种使用方式称为箭头函数。

5. this

在箭头函数出现之前，this 指调用时作用域所在的对象。在箭头函数中指定义的函数。

示例代码如下：

```
function a(){
let user = "ming";
console.log(this.user);
console.log(this);
}
```

在控制台输入 a() 执行 a 函数，其输出结果为：

```
undefined
Window
```

其中，在代码中定义函数，并执行相关的 this，在第一行输出的结果中，指向的是调用时的作用域，由于调用时的作用域没有 user 的定义，所以输出 undefined。第二行代码中，由于调用代码是跟作用域调用，所以指向为 Window[①]。

使用箭头函数后，可以看到指向的是当前函数。

```
function Person(){
age = 0;
setInterval(() => {
console.log(this.age);
```

---

① 这段代码是在浏览器环境中运行的，在浏览器中 Window 是指浏览器的运行窗口。

```
this.age++;
}, 1000)
}
new Person();
```

输出结果为：

```
0
1
2
3
...
```

在代码中，函数内定义了一个变量为 age，然后使用定时器对 age 参数进行定时的加法输出。根据输出结果，可以看到指向已不再是调用环境而是当前函数。

3.1.5　闭包

闭包是指一个函数和对其周围状态的引用捆绑在一起，这样的组合称为闭包。闭包可以在一个内层函数中访问到外层函数作用域。在 JavaScript 语言中，如果定义了一个函数，那么闭包就会在定义函数时被创建出来。

其代码如下：

```
function init(){
let name = "ming";
function disPlayName(){
console.log(name);
}
return disPlayName;
}
let myFunction = init();
myFunction();
```

执行结果为：

```
ming
```

在上方代码中，直接在函数内部定义函数，并使用 return 返回该函数。在运行时 JavaScript 函数会形成一个闭包，把 init 函数内部的作用域进行"包裹"，形成私有作用域。这样 disPlayName 函数才可以在内部访问到被"包裹"的变量，最后通过 return 关键字将该作用域返回到外围，达到"保护"name 变量的目的，使得 name 变量能够不被外围作用域访问。

具体代码如下：

```
let ming = (
function(){
```

```
let privateMing = 0;
return {
value: () => {
return this.privateMing;
}
}
}
)();
console.log(ming.value());
```

输出结果为：

```
0
```

对于上方代码而言，首先定义了 ming 变量，然后定义了一个立即执行的匿名函数体，其中该函数为立即执行函数，并且函数为匿名的，接着其内部定义了一个私有变量，变量名称为 privateMing，最后对其赋值为 0 后，返回一个对象。该对象为 value 对象，并附带上相关的箭头函数，调用其内部的私有变量，返回给其调用者。执行调用，输出结果为 0。至此，使用闭包已完成了私有变量的定义。

其中：

```
(function() {
    '''
    // 这里开始写功能需求
})();
```

为立即执行匿名函数。该匿名函数形成了一个私有的函数作用域，在其外部无法获取内部的值。

◎ 垃圾回收

在函数调用完成后，同函数相关的所有的变量及调用栈都会直接从内存中删除。但是对于 JavaScript 语言中的闭包而言，这种特性并不存在，随着函数调用的结束，其内存中的值在某些特殊的情况下，还会保存在内存中，直到被赋值为 Null 时，才会被垃圾回收。

其代码如下：

```
function functionOne(){
    let value = Math.random();
    return ()=>{
        console.log(value);
    }
}
// 使用数组保存 3 个函数执行的上下文环境
let arrOne = [functionOne(), functionOne(), functionOne()];
```

```
// 执行第 1 个数组中的函数
arrOne[0]();
// 再次执行第 1 个数组中的函数
arrOne[0]();
// 又一次执行第 1 个数组中的函数
arrOne[0]();
// 执行数组中的第 2 个数所指向的函数
arrOne[1]();
```

在代码中，先定义了一个函数为 functionOne，在函数内部使用 Math.random() 生成一个不唯一的随机数，并把该随机数赋值给 value，再返回一个函数，该函数直接在控制台输出其 value 的值。然后在数组中分别保存这 3 个函数的返回值的匿名函数，执行数组中第 1 个元素的函数，然后再次执行数组中第 1 个元素的函数，依次执行，并在控制台输出，输出结果如下：

```
0.6057249932939754
0.6057249932939754
0.6057249932939754
0.5710703882079924
```

根据输出结果也可以看到，函数执行的结果被临时保存在内存中了，并没有被垃圾回收。

如果想要垃圾回收，可以直接赋值为 Null，代码如下：

```
arrOne[0] = null;
```

这段代码中，把数组的第 1 个元素赋值为空值。此时 JavaScript 语言引擎就会发现未被引用的闭包，并将其进行清理。

此时就完成了垃圾回收。

3.1.6　回调

在计算机程序设计中，回调函数，简称回调（Callback），即被主函数调用运算后会返回主函数。它指通过参数将函数传递到其他代码的某个可执行代码的引用。该设计允许底层代码调用在高层定义的子程序。即用某段函数代执行另外一段函数称为回调。

对于 JavaScript 语言来说，最核心的是异步与回调。例如，对于 setTimeout 函数而言，回调函数是第 1 个参数，执行的间隔时间是第 2 个参数，其示例代码如下：

```
setTimeout(()=>{
    console.log("Hello World");
}, 1000);
```

在上方代码中，setTimeout 函数传入了一个回调函数，其回调函数会执行 console.log ("Hello World")。该函数的执行间隔为 1000ms。在浏览器中执行完成这段代码后，每隔 1000ms 就会执行相应的回调函数，并在控制台输出 Hello World。

控制台输出如下：

```
Hello World
Hello World
Hello World
```

1. Promise与then

Promise 是一个对象，其代表一个异步操作的结果是失败还是成功。使用 Promise 与 then 可以完成异步与回调的操作。

其示例代码如下：

```
let a = new Promise((resolve, reject)=>{
    resolve(123);
    console.log("Promise");
})
a.then((res) => {
    console.log(res);
})
```

在上方代码中，新建 Promise 函数，该函数为回调函数，其参数有 resolve 和 reject，这两个参数分别为成功函数和失败函数。当异步执行结果成功时，会调用 resolve 函数将值传入；当异步执行结果失败时，会调用 reject 函数把参数传入。

在 Promise 对象初始化时，传入的参数为回调函数，需要由 Promise 对象代为执行。

调用 Promise 对象的 then 方法获取执行结果后的值，其传入的也为一个回调函数。该回调函数会把 Promise 对象参数传入的结果进行传入，并在控制台中输出。

其中 then 函数传入的也是一个回调函数。

执行结果为：

```
123
```

可以看到，已经把值给输出了。

then 还可以将上一步的结果通过链式调用传递给下一步代码。

其示例代码如下：

```
const myPromise =
  (new Promise(myExecutorFunc))
  .then(handleFulfilledA)
  .then(handleFulfilledB)
  .then(handleFulfilledC)
  .catch(handleRejectedAny);
```

在上方代码中，通过 Promise 代为执行了第 1 步函数，使用第 1 个 then 获取第 1 份值。再次链式调用新值时，就会将上一步的结果包装后返回一个新生成的 promise 对象，然后不断地循环往复，直到调用完成。其中 catch 为失败时调用的函数。

2. 回调地狱

当回调函数嵌套回调函数时称为回调地狱，其代码如下：

```
step1(x, function(value1){
 //do something...
 step2(y, function(value2){
   //do something...
   step3(z, function(value3){
       //do something...
   })
 })
})
```

在上方代码中，step1 作为第 1 层的回调函数进行值输出，step2 作为第 2 层的回调函数进行回调，step3 作为第 3 层的回调函数进行执行。执行的顺序为先执行 step3，再执行 step2，最后执行 step1，直到全部回调函数执行完毕。由于有多个回调函数，不方便阅读，也不方便程序员对这段代码进行理解，此时把这段代码称为回调地狱。

对于回调地狱函数来说，最好的解决办法就是，把函数进行拆分，将其拆分成以下函数，其代码如下：

```
let functionThree = (value3)=> {
// do something
}
let functionTwo = (value2) => {
// do something
step(z, functionThree(value2));
}
let functionOne = (value1) => {
// do something
step(y, functionTwo(value1));
}
step1(x, functionOne(value1));
```

此时，将不容易理解的回调函数代码进行拆分，先定义一个回调函数，把这个回调函数称为回调函数 3，然后再定义回调函数 2，并在回调函数 2 中调用相关的回调函数 3，再定义回调函数 1，并在回调函数 1 中调用回调函数 2，最后直接调用回调函数 1，直接完成回调地狱。这样就把原先需要多次回调的函数进行了拆分，然后再依次调用。

3.2 控制台的输入与输出

对于 JavaScript 语言来说，控制台操作分为输入与输出。下面主要讲解控制台操作中的输入与输出功能。

1. 控制台的输入

对于 JavaScript 语言来说，要使用控制台输入就必须引入相关的 readline 模块，其具体代码如下：

```
// 引入相关的包
const readline = require('readline');
// 创建相关事件
const rl = readline.createInterface({
    input: process.stdin,
    output: process.stdout
});
// 绑定相关事件
rl.on('line', (input) => {
    console.log(input);
    rl.close();
})
rl.on('close', function() {
    console.log(' 程序结束 ');
    process.exit(0);
});
```

在上方代码中，先使用 require 函数引入 readline 模块，再使用引入模块下的 createInterface 函数，传入 input 值和 output 值，完成输入流和输出流的绑定后，使用 on 函数在定义好的 rl 上绑定相关的 line，并输入事件 close，用于结束事件。当输入事件时，将会回调之前绑定的 line 和 close 事件。当遇到 close 输入结束事件后，直接输出程序结束，并将程序关闭。

具体运行结果为：

```
PS C:\Users\Administrator\Desktop\test> node .\index.js
dddd
dddd
程序结束
PS C:\Users\Administrator\Desktop\test>
```

可以看到，输入的是 dddd，输出的是 dddd，程序结束。

2. 控制台的输出

对于 JavaScript 语言来说，用于输出的有官方的库、console 模块与 Log4Jse 模块。

下面介绍输出模块中的 console 模块。

Node.js 提供了基础的 console 模块，使用该模块就可以完成基本的输入与输出。

示例代码如下：

```
const x = 'x';
const y = 'y';
console.log(x, y);
```

在上方代码中，先定义了 x 和 y 的值，再使用 console.log 函数进行相关的输出。

输出内容如下：

```
xy
```

console 模块的功能十分强大，这里列举其最常用的几个方法。

◎　格式化输出

console.log 还支持相关的格式化，示例代码如下：

```
console.log('我的 %s 已经 %d 岁', '猫', 2)
```

其中 %s 格式化输出为字符串，%d 格式化输出为相关的数字，其输出结果如下：

```
我的猫已经 2 岁
```

◎　控制台清空

使用 clear 方法可以将控制台清空。

示例代码如下：

```
console.clear();
```

◎　使用 count 对元素计数

使用 count 可以对元素进行计数，示例代码如下：

```
const x = 1
const y = 2
const z = 3
console.count(x)
console.count(x)
console.count(y)
```

输出结果为：

```
1: 1
1: 2
2: 1
```

在上方代码中，第 1 次调用 count，此为第一次计数，会输出第一行的结果 1；第 2 次调用 count 时，由于是第二次对 x 进行计数，所以会输出一个值为 2；依次类推。

◎　打印堆栈踪迹

通过打印调用的堆栈踪迹，可以实现对代码的调试。

示例代码如下：

```
const function1 = () => {
    console.trace();
}
const function2 = () => {
    function1();
}
function1();
```

在上方代码中，先定义一个函数 function1，再进行相关调用堆栈的输出。然后使用 function2 调用 function1，最后在主环境中调用 function1。

输出结果如下：

```
Trace
    at function1 (C:\Users\Administrator\Desktop\test\index.js:2:10)
     at Object.<anonymous> (C:\Users\Administrator\Desktop\test\index.
js:7:1)
    at Module._compile (internal/modules/cjs/loader.js:1063:30)
     at Object.Module._extensions..js (internal/modules/cjs/loader.
js:1092:10)
    at Module.load (internal/modules/cjs/loader.js:928:32)
    at Function.Module._load (internal/modules/cjs/loader.js:769:14)
    at Function.executeUserEntryPoint [as runMain] (internal/modules/
run_main.js:72:12)
    at internal/main/run_main_module.js:17:47
```

根据输出结果，可以发现通过 function1 可以调用 function2。

◎ 计算耗时

使用 time 和 timeEnd 可以计算当前函数所需要运行的时间。

```
console.time('time')
// 进行运算
console.timeEnd('time')
```

运算结果为：

```
time: 0.15ms
```

可以看到，执行耗时为 0.15ms。

◎ 着色输出

使用转移序列可以对输出进行着色。

使用 NPM 安装 chalk 的相关依赖。

```
npm install chalk
```

在代码中引入相关的包，并输出相关的颜色值。其中 chalk.rgb 表示输出的字体颜色为红色，bold.bgRgb 表示输出的背景颜色为白色。

```
const chalk = require('chalk')
console.log(chalk.rgb(255,0,0).bold.bgRgb(255,255,255)('Leo\'s
Blog'))
```

运行结果，如图 3-3 所示。

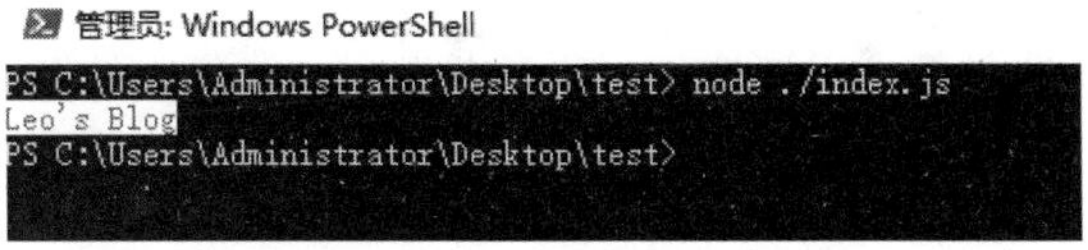

图 3-3　console.log 颜色

◎　进度条的创建

使用 progress 模块可以创建进度条。

先使用 NPM 安装相关的依赖。

```
npm install progress
```

再使用如下代码，创建相关的进度条。

```
const ProgressBar = require('progress')

const bar = new ProgressBar(':bar', { total: 100 })
const timer = setInterval(() => {
  bar.tick()
  if (bar.complete) {
    clearInterval(timer)
  }
}, 100)
```

在上方代码中，先使用 require 函数引入相关的包，新建一个 ProgressBar 对象，可传入一个 bar 键值对，其中 total 键值对表示进度条的长度。然后使用定时器定时输出进度条。如果判断已输出完成，则自动清除定时器。

使用效果的代码如下：

```
PS C:\Users\Administrator\Desktop\test> node ./index.js
```

3.3 JavaScript语言的命名规范和编程规范

在项目软件开发中，如果没有命名规范和编程规范就会导致项目结构混乱，使后续人员无法进行项目的开发。因此，对于项目开发而言，命名规范和编程规范至关重要。

3.3.1 命名规范

命名规范可以不通过查找类型声明的条件，而快速知道某个变量所代表的含义。

命名规范包括以下 3 点。

1. 通用规则

对于函数命名、变量命名、文件命名来说要有描述性，应少用缩写。

尽可能地使用描述性名称，不能用只有项目开发者才能理解的缩写。

例如，以代码对于变量的命名：

```
let price_count_reader;  // 没有缩写的命名
let num_errors;  // num 是 number 的缩写
let num_dns_connections;  // 其中 dns 是一个相当常见的缩写
let n;  // 变量缩写毫无意义
let nerr;  // 使用了模糊含义的缩写
let pc_reader;  // pc 有太多的解释
let cstmr_id;  // 变量缩写过多
```

> **注意**
>
> 对于一些常见的缩写，如循环中的 i、j 是可以使用的。

2. 文件命名

文件命名应全部为小写，或者包含下划线 (_)、连字符 (-)。

例如，在代码中都是符合命名规范的文件命名。

```
my_useful_class.js
my-useful-class.js
myusefulclass.js
myusefulclass_test.js
```

通常，文件命名需要更加明确，如 http_server_logs.js 比 logs.js 更好。定义类时应将 foo_bar.js 对应于 FooBar 类。

3. 变量命名

对于变量（包括函数参数）和其数据成员名称一律小写，单词之间用下划线连接，类成员变量以下划线结尾，如代码中的变量命名。

```
let a_local_variable;
let a_struct_data_member;
let a_class_data_member_;
```

◎ 普通变量命名

对于普通变量命名来说，一般命名如下：

```
let table_name;    // 该变量使用了下划线命名
let tablename;         // 该变量使用了全部小写命名
let tableName;            // 该变量使用了混合大小写, 不建议
```

◎　类数据成员

对于 JavaScript 语言来说, 类数据成员不管是静态还是非静态, 私有还是非私有, 其命名和普通变量一样, 但都需要有下划线。[①]

```
class TableInfo{
    #table_name_; // 命名加下划线
    #tablename_   // 命名加下划线
    #pool_  // 命名加下划线
}
```

◎　常量命名

声明为 const 的变量, 在程序运行期间的值是始终保持不变的。命名时统一以一个约定的字母开头, 如在本文中, 约定以 k 开头作为变量的命名。

示例代码如下:

```
const kDaysInAWeek = 7;
```

◎　函数命名

常规的函数命名应使用大小写混合, 其取值和设定值的函数规则要求和变量名称相匹配, 示例代码如下:

```
function MyExcitingFunction(){

};
function MyExcitingMethod(){

};
function my_exciting_member_variable(){

}
function set_my_exciting_member_variable(){

}
```

根据函数命名要求, 每个单词的首字母都要大写 (驼峰命名法), 且没有下划线。

3.3.2　编程规范

由于 JavaScript 是一门灵活性极高的语言, 正是由于这个特点, 使程序员写的代码水平

[①] 在 JavaScript 语言里, 使用 # 或 _ 表示类成员的私有变量, 这和 Java 中的 private 声明是不同的。

也不一致，所以需要制定相应的编程规范。

编程规范包括以下 11 点。

1. 使用空格代替【Tab】键

只能使用空格来代替缩进，而不能使用【Tab】键来代替缩进，其中使用的空格应为 2 个空格，而不是 4 个空格，示例代码如下：

```
function foo(){
    let name;
}
```

在代码中，let name 前使用了两个空格代表缩进。

2. 不能省略分号

每个语句必须使用分号进行结尾，不能依赖 JavaScript 语言自动添加分号功能，其示例代码如下：

```
let ming = {};
[luke, lela].forEach(jedi => hedi.father = 'vader');
```

在代码中，所有的语句后面都添加了分号作为结尾。

3. 在旧版本的Node中展示不要使用ES6

由于 ES6 尚未完全确定，所以对于暂时未确定的 ES 版本不要轻易使用其新特性，如 ES6 中的 export 和 import 这两个关键字都不要轻易在项目中使用。一旦 ES6 的相关语义版本已经确定，Node.js 版本也能同步更新到最新版本，就可以直接使用 ES6 的最新特性了。

其示例代码如下：

```
export function square(x){
    return x * x;
}
export function diag(x, y){
    return sqrt(square(x) + square(y));
}
Import {square, diag} from 'lib';
```

在代码中统一使用了 ES6 的最新语义版本，其中 export 关键字为导出，并把当前函数进行导出，import 关键字为把相关的函数从模块中单独导入。

4. 尽量不要使用var

使用 const 或 let 可以声明所有的局部变量。如果变量不需要被重新赋值，那么建议使用 const，否则使用 let。

具体示例代码如下：

```
var ageOne = 42;  // 不建议使用
let ageTwo = 43;  // 建议使用
const ageThree = 44;  // 建议使用
```

在代码中，其中在 ageOne 中使用了 var 声明，具体示例代码如下：

```
var temp = new Date();
function  f(){
    console.log(temp);
    if(false){
        var temp = "hello";
    }
}
f();  //undefined
```

在上方代码中，先在作用域外定义 temp 变量，赋值为 Data 数据，然后定义函数 f，在函数 f 中输出 temp，并在 if 语句中重新定义 temp 变量，最后执行函数 f。

执行代码输出的结果为 undefined，表示内层变量直接覆盖到外层变量。因为在 if 语句中定义了相关变量，并在执行函数 f 时进行变量提升[①]，导致在函数 f 执行开始阶段对变量 temp 进行了相关的定义，由于没有赋值，所以直接赋值为 undefined。在执行 console.log 时输出当前变量提升的 temp 变量。

如果把 var 替换成 let，就有了相关的作用域，此时输出的是上级作用域的值，而不是当前调用栈中的值，替换后的代码如下：

```
let temp = new Date();
function  f(){
    console.log(temp);
    if(false){
        let temp = "hello";
    }
}
f();  //Sat Dec 12 2020 13:13:59 GMT+0800（中国标准时间）
```

输出结果如下：

```
Sat Dec 12 2020 13:13:59 GMT+0800（中国标准时间）
```

已正确输出了相关的时间。

---

① 变量提升指在 JavaScript 语言中会优先在当前执行上下文中查找变量。在函数执行前把当前执行上下文中的全部变量都定义在开头。由于在当前函数调用栈中，已经定义了 temp 变量，在执行时，JavaScript 引擎从当前函数调用栈中寻找已定义好的 temp 变量，此时 temp 变量为已定义但仍未赋值的 undefined。

> **注意**
>
> 在没有 let 关键字的 ES 版本中，通常使用闭包将函数作用域进行封闭实现。

5. 优先使用箭头函数

箭头函数是一种更加简洁的语法，可以避免 this 指向错误的问题，尤其是匿名函数和嵌套函数更应使用箭头函数。

示例代码如下：

```
[1, 2, 3].map(function (x) {
  const y = x + 1;
  return x * y;
});
[1, 2, 3].map((x) => {
  const y = x + 1;
  return x * y;
});
```

在代码中使用箭头函数替代了原来的 function 关键字。

6. 使用模板字符串连接字符

在处理多行字符串时，使用模板字符串可以更加清晰明了，示例代码如下：

```
function sayHi(name) {
  return 'How are you, ' + name + '?';
}

function sayHi(name) {
  return ['How are you, ', name, '?'].join();
}

function sayHi(name) {
  return 'How are you, ${ name }?';
}
```

在代码中分别使用了拼接字符串、join 函数连接字符串、模板字符，其中使用模板字符的效果最好。

7. 不要使用续行符分割长字符串

在 JavaScript 语言中 \ 表示续行符，在模板字符或普通字符中都不建议使用续行符分割长字符串，应统一使用 + 进行连接。

示例代码如下：

```
const longString = 'This is a very long string that \
    far exceeds the 80 column limit. It unfortunately \
    contains long stretches of spaces due to how the \
    continued lines are indented.';
```

```
const longString = 'This is a very long string that ' +
    'far exceeds the 80 column limit. It does not contain ' +
    'long stretches of spaces since the concatenated ' +
    'strings are cleaner.';
```

在上方代码中分别使用 const 定义了两个变量，其中第 1 个变量使用续行符进行连接（不建议使用），第 2 个变量使用 + 进行连接（建议使用）。

8. 在循环中优先使用for...of

在代码书写中优先建议使用 for...of 进行循环遍历，因为这样可以直接遍历定义一个完整的数组而不需要重新定义一个变量。

9. 不要使用eval语句

一般情况下不建议使用 eval 语句，因为它会带来安全问题，引发代码注入执行的危险。

示例代码如下：

```
let obj = {a:30, b:30}
eval('var res = obj.a + obj.b');

let obj = {a:30, b:30};
let res = obj.a + obj.b;
```

在代码中，第 1 段代码使用 eval 让代码生效（不建议使用），第 2 段代码使用正常的书写（建议使用）。

10. 每次只声明一个变量

每次只声明一个变量，而不应一次性声明多个变量。

11. 尽量使用单引号

建议使用单引号而不是双引号把字符串进行包裹，因为这样更便于读者理解和使用。

3.4 JavaScript语言和Node.js之间的关系

JavaScript 语言是由 ECMAScript（语言基础）、DOM（操作页面元素的方法）、BOM（操作浏览器的方法）组成的。

Node.js 是由 ECMAScript（语言基础）、OS（操作系统）、file（文件系统）、net（网络系统）、database（数据库）组成的。

综上所述，Node.js 是将浏览器的解释器封装起来作为服务端的运行平台，使用 ECMAScript 语法进行编程，即 Node.js 是运行在服务器端的 JavaScript 语言。

3.5 本章小结

在本章，我们学习了 JavaScript 语言的基础，包括变量、注释、数据类型、函数、闭包、回调，还学习了在控制台中输入与输出内容，以及 JavaScript 语言的命名规范和编程规范。通过本章的学习，读者可以掌握 Node.js 开发的基础，为下一章更加深入学习 Node.js 做好铺垫。

第4章
Node.js文件管理

从本章开始进入 Node.js 的文件管理部分，读者将学习 Node.js 文件管理、异步与同步、打开文件与关闭文件、获取文件信息、写入文件与读取文件、截取文件与删除文件，以及目录的创建、删除和读取，最后还总结了一个文件管理的 API 基本手册。

通过对 Node.js 文件管理相关知识的学习，读者可以掌握 Node.js 文件的基本操作。

4.1 Node.js文件管理概述

Node.js 拥有多种模块，对于 Web 服务器来说，其具有最核心的一项功能就是文件管理。使用文件管理功能可以通过编程实现对文件的保存、修改、创建目录等。实现如 Web 中常见的上传，下载，访问网页等功能。

Node.js 中的 fs 模块是对文件操作的封装，其提供了文件的读取、写入、更改姓名、删除、遍历所在目录、链接到其他目录等文件操作。fs 模块包含了异步和同步两种形式，后缀名称为 sync 的是同步方法，其他后缀名是异步方法。

在学习 Node.js 前，我们先要学习一些关于文件的基础知识。

1. 文件常识

需要了解的文件常识包括文件权限位、文件标识位和文件描述符，下面介绍这些内容。

◎ 文件权限位

只有熟悉并掌握相关的文件权限，才能使用 fs 模块对文件进行操作，文件权限列表如表 4-1 所示。

表 4-1　文件权限列表

权　限	文件所有者			文件所属组			其他用户		
权限项	读	写	执行	读	写	执行	读	写	执行
字符表示	R	W	X	R	W	X	R	W	X
数字表示	4	2	1	4	2	1	4	2	1

根据上表可以看到，在操作系统中有 3 种权限，分别为读、写和执行，其中权限的所有者只有文件所有者、文件所属组、其他用户 3 种所属权限。使用字符表示读、写、执行的权限分别为 R、W、X，用八进制的数字表示读、写、执行权限为 4、2、1。

在 Linux 中输入 ls -l 命令，输出内容如下：

```
[root@VM-29-131-centos ~]# ls -l
total 18680
drwxr-xr-x 9 root root     4096 Nov 14 13:34 insurv-mina-node-api
-rw-r--r-- 1 root root 19096897 Feb  7  2015 node-v0.12.0.tar.gz
[root@VM-29-131-centos ~]#
```

重点查看第 3 行和第 4 行的代码，如果为 d 则表示这是一个文件夹，如果为 - 则表示这是一个文件，第 2~4 位表示文件所有者的权限，第 5~7 位表示文件所属组的权限，第 8~10 位表示其他用户权限。

Linux 文件权限位的列表如表 4-2 所示。

表 4-2　Linux 文件权限位的列表

字母表示	r--r--r--	rw-------	rw-r--r--	rw-rw-rw-	rwx------	rwxr--r--	rwxr-xr-x	rwxrwxrwx
数字解释	444	600	644	666	700	744	755	777

◎　文件标识位

标识位表示对文件的操作方式，即可读、可写，相关的标识符和其对应含义如表4-3所示。

表 4-3　Linux 文件标识位列表

符号	含义
r	只读取文件
r+	读取文件并支持写入文件
rs	读取且支持写入文件，并绕开本地文件系统的缓存
w	写入文件
wx	写入文件，在写入文件的同时不允许其他用户打开文件
w+	读取并支持写入文件
wx+	读取时支持写入文件，但是打开文件时其他用户不可使用该文件
a	对文件进行追加写入
ax	对文件进行追加写入，打开文件后不允许其他用户使用该文件
a+	读取并支持追加写入文件
ax+	读取并支持追加写入文件，打开文件后不允许其他用户使用该文件

以上的标识位表示文件操作对应的含义。

◎　文件描述符

文件描述符在形式上是一个非负整数。实际上，它是一个索引值，指向内核为每一个进程所维护的进程打开文件的记录表。当程序打开一个文件或创建一个新文件时，内核就都会向进程返回一个文件描述符。在程序设计中，一些涉及底层的程序编写都会围绕文件描述符展开。

2. 文件操作的例子

下面列举一个关于文件操作的例子。

```
var fs = require("fs");

console.log(" 准备写入文件 ");
```

```
fs.writeFile('./input.txt', '我是通过 fs.writeFile 写入文件的内容',
function(err) {
   if (err) {
       return console.error(err);
   }
   console.log("数据写入成功！");
   console.log("-------- 我是分割线 --------------")
   console.log("读取写入的数据！");
   fs.readFile('./input.txt', function (err, data) {
      if (err) {
          return console.error(err);
      }
      console.log("异步读取文件数据 : " + data.toString());
   });
});
```

在上方代码中，首先引入了 Node.js 的文件管理模块 fs，然后调用 fs 模块下的 writeFile 方法，传入 3 个参数。第 1 个参数为写入的文件路径，第 2 个参数为写入的内容，第 3 个参数为写入完成后的回调函数。在回调函数中，首先判断写入是否产生错误，如果产生错误，则返回给用户错误提示，如果没有返回错误，则再次调用 fs 模块下的 readFile 模块，传入两个参数，第 1 个参数为读取的路径，第 2 个参数为回调函数，回调函数又有两个参数，第 1 个参数为错误参数，第 2 个参数为读取到的数据参数，在回调函数中，若读取到错误立刻终止回调函数的执行，若读取没有错误则对读取到的数据进行输出。

执行代码后可以看到，目录中已生成了 input.txt 文件，在控制台中输出的内容如下：

```
准备写入文件
数据写入成功！
-------- 我是分割线 --------------
读取写入的数据！
异步读取文件数据 : 我是通过 fs.writeFile 写入文件的内容
```

它们分别对应上方代码中的 console.log 语句。

4.2 异步与同步

在大多数程序设计中，编程多为同步操作，但是 JavaScript 比较特殊，由于它自有一个线程，所以对于多任务来说只能进行事件环处理，因而造就了较为独特的异步处理。

下面从 JavaScript 单线程开始逐步深入讲解 Node.js 的同步、异步和事件循环（Event Loop）的内容。

1. 单线程

单线程指在 JavaScript 引擎中负责解释和执行代码的线程是唯一的，即同一时刻只能执行一件任务。

由于在浏览器端，浏览器需要渲染 DOM、通过语言修改 DOM，以及在 JavaScript 执行时，DOM 渲染就会停止，此时若 JavaScript 不是单线程的，就会造成多段代码同时修改 DOM 的情况，造成 DOM 的混乱。如果引入多线程，必然会加上锁，这又违背了 JavaScript 当初简单易学的设计初衷，所以设计者直接将其设计为单线程的 JavaScript。

示例代码如下：

```
let i, sum = 0
for(i = 0; i < 1000000000; i ++) {
    sum += i
}
console.log(sum)
```

对于上方代码来说，必须等待循环语句运行结束后，才能使用 console.log 打印出 sum 的值。

由于 Node.js 继承了 JavaScript，所以保持了单线程的特点，造就了其高并发的特点。

2. 同步和异步

同步指在一个系统中所发生的事件之间进行协调，在时间上出现一致性与统一化的现象。系统中进行同步也被称为及时或同步化，即在返回值时就取到了预期的结果值。

例如，对于下方的函数来说：

```
Math.sqrt(2);
```

这个函数在返回值时，就取到了预期的结果值，该函数称为同步函数，执行的过程称为同步过程。

异步指计算机多线程的异步处理。与同步处理相对，异步处理不需要阻塞当前线程来等待处理完成，而是允许后续操作直到其他线程处理完毕，并回调通知此线程，即在执行完毕后不能立刻取到预期的结果。

例如，对于下方代码来说：

```
fs.readFile('foo.txt', 'utf8', function(err, data) {
    console.log(data);
});
console.log(" 继续执行 ");
```

在上方代码中调用了 fs 模块下的 readFile 函数，并执行相关操作，在执行完毕后立刻返回的值为 Promises，然后继续执行 console.log(" 继续执行 ") 直到该 js 文件执行完毕后，JavaScript 引擎再次回去调用 readFile 进行真正的读取文件，读取文件完毕后再调用回调函数进行相关的处理。

在这段代码中，返回的预期值和真实的值是不同的，并且没有阻塞当前线程的执行，所以称为异步操作。

3. 异步的一般形式

异步有两种形式：异步的 callbacks 和异步的 Promise。

◎ 异步的 callbacks

异步的 callbacks 其本质是函数，只不过其作为参数传递给后台执行的其他函数。当其他函数调用完毕后就会调用传入的 callbacks 函数。例如，在下方代码中，传入的 callbacks 就是异步的函数。

```
fs.readFile('foo.txt', 'utf8', function(err, data) {
    console.log(data);
});
console.log(" 继续执行 ");
```

上方代码为文件读取代码，其中第 3 个参数即为 callbacks，此时它为异步操作。

但是并不是所有的 callbacks 都为异步。

例如，下方代码：

```
const number= [1, 2, 3, 4];

number.forEach(function (name, index){
  console.log(index + '. ' + name);
});
```

这是一个简单的数组遍历代码，首先获取数组，然后对数组进行相关的遍历，虽然传入了 forEach 的函数，但是其执行仍然是同步的。所以 callbacks 不一定都是异步的，但是异步的可以是 callbacks。

◎ 异步的 Promise

使用 Promise 可以实现异步，代码如下：

```
let promise = new Promise((resolve, reject) => {
  try {
setTimeout(() => {
      resolve('hello world');
resolve({data,error});
        reject();
   }, 1000);
  }catch (e) {
    reject(e);
  }
});
```

```
promise.then((data) => {
  console.log(data);
},(err) => {
  console.log(err);
});
```

　　在代码中新建了一个 Promise 对象，传入相关的回调函数，其中设置相关的定时任务，并传入 resolve 的两个值，然后在 then 中进行相关的取值，最后输出结果。

　　即异步可以通过 Promise 实现。

4. 异步处理的原理

　　异步处理的原理如图 4-1 所示。Node.js 中有一个总的事件循环（EVENT LOOP），将需要回调进行异步操作的统一放入 WORKER THREADS 中，等待主线程空闲后，从 WORKER THREADS 中取值，然后把执行结果放入 EVENT QUEUE 中进行运算，然后将值逐个返回。

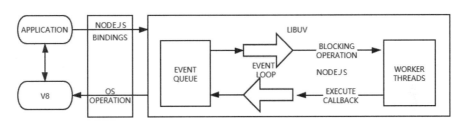

图 4-1　异步处理的原理

　　示例代码如下：

```
console.log(1);
setTimeout(() => {
    console.log(2);
}, 1);

var sum = 0;
for (let i = 0; i < 100000000; i++) {
    sum += i;
}
console.log(3)
```

　　在示例代码中，先执行 console.log(1) 输出 1，再执行一个 setTimeout 函数，由于 setTimeout 函数是异步的，所以此函数会放入异步环中等待后续处理。然后执行循环操作，对 sum 值进行相加，直到 sum 相加完毕后才会输出 console.log(3)，最后执行 setTimeout 异步中需要处理的值。输出的代码结果如下：

```
1
3
2
```

4.3 Node.js打开文件与关闭文件

通过学习，读者可以轻松掌握 Node.js 打开文件与关闭文件的相关方法。

◎ 打开文件

打开文件指在程序和文件之间建立联系，把所需要操作文件的相关信息，如文件名、文件操作方式等通知给程序，实际上，打开文件就是给用户制定的文件在内存中分配一段 FILE 结构的存储单元，并把该结构的指针返回给用户，此后用户程序就可以使用该指针来实现对制定文件的操作，其中文件描述符表示该指针的指向。

API 的具体描述如下：

```
fs.open(filename, flags, [mode], callback)
```

API 使用的是 fs 模块下的 open 函数，需要传入 4 个参数，第 1 个参数为需要打开文件的路径，第 2 个参数为打开文件的操作标识，第 3 个参数为以什么模式打开，第 4 个参数为打开文件后执行的回调函数。回调函数有 2 个参数，第 1 个为 err，表示打开文件时的错误信息，第 2 个为 fd，表示打开文件时，操作系统返回的描述符。

如果打开的文件是位于同级目录下的文件，则以读文件的方式打开，其权限为 777，表示任何用户都可以执行该文件。示例代码如下：

```
fs.open( './test.txt', 'r', '777', function (err, fd) {
  console.log(fd);
});
```

在代码中，调用 fs 模块下的 open 函数，传入的第 1 个参数为 test.txt，表示将要打开位于同级目录的 test.txt 文件，第 2 个参数为 r，表示将以读的方式进行打开，第 3 个参数为 777，表示将以所有用户都可执行的权限进行打开，第 4 个参数可传入相应的回调函数，最后打印出获得的文件描述符，该文件描述符为一个整数。

其执行的输出结果如下：

```
3
```

上面的输出结果表示，该文件从操作系统中获取的文件描述符。

对于 Node.js 来说，如果想要获取 Node.js 已打开的文件描述符，可以读取目录 /proc/self/fd 下的文件长度，即可获取当前程序已打开的文件描述符。

其示例代码如下：

```
var readdir = require('fs').readdir;

readdir('/proc/self/fd', function(err, list) {
  if (err) throw err;
```

```
  console.log(list.length);
});
```

在上方代码中，先获取 fs 模块下的 readdir 函数，再调用 readdir 函数传入 2 个参数，第 1 个参数表示将要读取 Linux 保存文件描述符的目录，该目录为 /proc/self/fd，第 2 个参数为回调函数，用于执行读取该文件后将要执行的操作，该回调函数的第 1 行代码表示输出相应的错误信息，如果为 err 则直接抛出，第 2 行代码使用 length 方法可输出文件描述符的长度。

◎　关闭文件

关闭文件指切断程序和文件之间的联系，把所需要操作文件的有关信息，如文件名、文件操作方式从内存中进行清除。实际上，关闭文件表示给用户制定的文件在内存中清除一段已经分配的 FILE 结构的存储单元，并把该结构返回给用户的指针进行清空，此后用户程序就不可直接对该文件进行任何操作，其文件描述符为空。

API 的具体描述如下：

```
fs.close(fd, callback)
```

该函数传入了两个参数，第 1 个参数 fd 表示要关闭文件描述符的数字，第 2 个参数为回调函数，表示关闭文件后调用的回调函数。回调函数接受一个参数，该参数为 err，用来接受关闭文件时的错误信息。

假设要关闭同级目录下已打开的 test.txt 文件，其示例代码如下：

```
let fs = require("fs");

fs.open( './test.txt', 'r', '777', function (err, fd) {
  console.log(fd);
  fs.close(fd, (err) => {
      console.log(err)
  })
});
```

在上方代码中，先引入 fs 模块，再调用 fs 模块下的 open 函数，传入的第 1 个参数为打开的文件路径，第 2 个参数为打开的模式，第 3 个参数为回调的函数。在回调函数中，传入两个参数，第 1 个参数为 err，表示错误信息，第 2 个参数为 fd，表示为打开文件获得的文件描述符。在回调函数中，输出获取的信息，输出结果如下：

```
3
null
```

第 1 个输出结果，表示获取的文件描述符，第 2 个输出结果，表示关闭文件时产生的错误，由于关闭文件时没有错误产生，所以输出为 null。

对于 Node.js 关闭文件来说，其最核心是打开文件后必须要对文件进行关闭，其原因有以下 4 点：

- 不关闭就会造成文件描述符无法释放，属于一种系统文件的浪费；
- 不关闭可能会造成文件的写入丢失，使写入可能存在缓存区；
- 如果该文件被文件锁独占，那么就会造成其他线程无法操作的情况；
- 不关闭可能会出现 Too many open files 错误，因为操作系统针对一个进程分配的文件描述符是有限的。因此，如果频繁的打开文件而不对文件进行关闭会造成该表溢出，最终导致系统崩溃。

如果不关闭文件打开 GC 功能，是否可以实现对文件的自动关闭呢？对于这个问题，结果是不确定的，因为使用 GC 功能后，虽然会自动清空内存中的对象，但是不会自动清理关闭文件的过程。且由于 GC 具有不确定性，如果单纯依靠 GC 进行清理是不现实的，所以在写程序代码时应尽量自行关闭文件。

4.4 Node.js获取文件信息

对于 Node.js 来说，获取文件信息使用的是 fs.stat(path, callback) 方法，其 API 为：

```
fs.stat(path, callback)
```

其 API 为 fs 模块下的 stat 函数，该函数传入两个参数，第 1 个参数为 path，表示要获取文件的路径，第 2 个参数为回调函数，表示把获取的文件信息通过回调函数进行传入。

回调函数示例如下：

```
function (err, stats) {

}
```

该回调函数传入了两个参数，第 1 个参数为 err，表示获取文件时产生的错误信息，第 2 个参数为 stats，表示获取文件时会调用 stats 参数把文件内容进行传入。

传入的 stats 为一个对象，其方法的相关描述如表 4-4 所示。

表 4-4　stats 方法

方　法	相　关　描　述
stats.isFile()	判断是否是文件。如果是文件则返回 true，否则返回 false
Stats.isDirectory()	判断是否是目录。如果是目录则调用该函数返回 true，否则调用该函数返回 false
stats.isBlockDevice()	判断是否是块设备。如果是块设备则返回 true，否则返回 false

方　　法	相关描述
stats.isCharacterDevice()	判断是否是字符设备。如果是字符设备则返回 true，否则返回 false
stats.isSymbolicLink()	判断是否是软链接。如果是软链接则返回 true，否则返回 false
stats.isFIFO()	判断是否是 FIFO 设备。如果是 FIFO 设备则返回 true，否则返回 false
stats.isSocket()	判断是否是套接字。如果是套接字则返回 true，否则返回 false

下面介绍操作系统中的相关文件。

◎　文件

文件是记录在外存中相关信息的命名组合。从用户角度来看，文件是逻辑外存的最小分配单元，即数据只有通过文件才能写到外存中。通常文件表示程序和数据，数据文件可以是数字、字符，以及字符数字或二进制。

◎　目录

在计算机中，目录指一个装有数字文件系统的虚拟容器。在这些目录里保存着相应的一组文件和其他一些目录。

一个典型的文件系统会保存着成千上万的目录，将多个文件存储在一个目录中，可以达到有组织的保存文件的目的；在一个目录中的另一个目录称为子目录，于是这些目录就拥有了层次，或者说是树形结构。

◎　块设备

在计算机中，块设备指 I/O 设备的一种，它把信息保存在固定大小的块中，每个块都有自己的地址，然后通过相应的地址可以访问任意的数据，如硬盘、U 盘、SD 卡等。使用块设备可以访问大量固定信息的数据。

◎　字符设备

字符设备指在 I/O 传输过程中以字符为单位进行传输的设备，如键盘、打印机。

◎　软链接

软链接即符号链接，它指一个文件包含另一个文件的路径名称，可以是任意文件、任意目录，也可以是不同文件系统的文件。通过软链接可以轻松访问另一个文件中的文件或目录。

◎　FIFO 设备

FIFO 设备为有名管道，通过它可以传送大量的数据。

◎　套接字

套接字是对网络中不同主机应用进程之间进行双向通行端点的抽象。套接字就是网络上进程通信的一端，提供应用层进程利用网络协议进行交换数据的机制。它是应用程序通过网络协议进行通行的接口，也是应用程序与网络协议进行交互的接口。

◎ 示例程序：使用 fs.stat 遍历某个目录下的目录和文件。

遍历目录有两种方式，即同步遍历和异步遍历，下面分别演示这两种遍历方式。

```
const fs = require('fs');
const path=require('path');
function travel(dir,callback){
    fs.readdirSync(dir).forEach((file)=>{
        var pathname=path.join(dir,file)
        if(fs.statSync(pathname).isDirectory()){
            travel(pathname,callback)
        }else{
            callback(pathname)
        }
    })
}
travel('C:\Users\Administrator\Downloads',function(pathname){
    console.log(pathname)
})
```

在代码中，先后引入 fs 模块和 path 模块用于获取路径，然后定义一个 travel 函数传入需要遍历的路径和相关的回调函数。在 travel 函数中，先使用同步方法 readdir 获取文件列表，并对文件列表使用 forEach 语句进行遍历。在回调函数中，由于获取的路径并不是完整的，所以需要调用 path 模块下的 join 函数，对文件路径进行关联，再次调用 stat 方法获取文件信息，并判断是否是目录，如果是目录，则继续调用回调函数进行递归遍历，如果不是目录，则调用回调函数进行输出。

最后，使用 stat 方法和回调函数中的 isDirectory 方法进行遍历输出。

运行上方代码，输出结果如下：

```
C:\Users\Administrator\Downloads\AnyDesk.exe
...
```

可以看到已输出的相关目录信息。

如果需要异步遍历，其代码如下：

```
const fs = require('fs');
const path=require('path');
function travel(dir,callback){
    fs.readdir(dir,(err,files)=>{
        if(err){
            console.log(err)
        }else{
            files.forEach((file)=>{
                var pathname=path.join(dir,file)
                fs.stat(pathname,(err,stats)=>{
                    if(err){
                        console.log(err)
```

```
                    }else if(stats.isDirectory()){
                        travel(pathname,callback)
                    }else{
                        callback(pathname)
                    }
                })
            })
        }
    })
}
travel('F:/HTML/Node/test',function(pathname){
    console.log(pathname)
})
```

和同步遍历目录的方式相同，只需把原来带 sync 的方法换成不带 sync 的方法，输出结果相同。输出结果如下：

```
C:\Users\Administrator\Downloads\AnyDesk.exe
...
```

4.5 Node.js写入文件与读取文件

下面讲解如何使用 API 写入和读取文件的内容。

1. 普通写入文件

正常写入文件包含同步写入和异步写入两种方式。

同步写入文件 API 的方式如下：

```
fs.writeFile(file, data[, options], callback)
```

该 API 有 4 个参数，其中第 1 个参数表示要写入的文件名或文件描述符；第 2 个参数表示要写入的文件数据，该数据可以是字符串或缓冲对象；第 3 个参数传入的是对象，表示需要的默认编码方式；第 4 个参数为回调函数，表示只有一个参数，该参数为 err，只有当写入发生错误时，才会在此回调函数中调用显示。其中，writeFile 打开文件的默认模式为 w 模式，如果文件存在，则将以覆盖的方式写入文件。

示例代码如下：

```
const fs = require("fs");

fs.writeFile('input.txt', '我是通过 fs.writeFile 写入文件的内容 ',
function(err) {
    if (err) {
```

```
        return console.error(err);
    }
    fs.readFile('input.txt', function (err, data) {
        if (err) {
            return console.error(err);
        }
console.log(data.toString())
    });
});
```

在上方代码中，先引入 fs 模块，再调用 fs 模块下的 writeFile 函数，传入 3 个参数，其中第 1 个参数为路径，表示要写入的文件，第 2 个参数为字符串，第 3 个参数为回调函数，传入一个 err 值，表示写入时产生的错误。在回调函数中，再次调用 fs 模块下的 readFile 模块，传入两个参数，第 1 个参数为上一个函数写入的文件，第 2 个参数为回调函数，在回调函数中具有两个参数，第 1 个参数为 err，输出相应的失败信息；第 2 个参数为 data，会输出相应的数据文件。由于传入的是 Buffer 类型的缓冲二进制数据，所以在使用时需要调用 toString 方法将其转化为 String 数据类型，然后在控制台中进行输出。

执行上方代码后，控制台会输出如下内容：

我是通过 fs.writeFile 写入文件的内容

此时打开同级目录下的 input.txt 文件，会看到相应的内容已输出在文件中。

对于同步写入文件来说，只需在相应的 API 后加上 sync 即可完成同步写入文件。

2. 普通读取文件

普通读取文件也包含同步读取和异步读取两种方式。

同步读取的 API 如下：

```
fs.read(fd, buffer, offset, length, position, callback)
```

该 API 接受 6 个参数，分别是 fd 表示通过 fs.open 方法返回的文件描述符；buffer 表示数据将要写入的缓冲区；offset 表示缓冲区写入的偏移量；length 表示要从文件中读取的字节数；position 表示文件读取的起始位置，如果 position 值为 null 则表示将会从当前文件的指针位置开始读取；callback 为回调函数，回调函数接受的 3 个参数分别为 err、bytesRead、buffer，其中 err 参数表示错误信息，bytesRead 参数表示要读取的字节数，buffer 表示将把读取的字节数写入相应的 buffer 中。

其示例代码如下：

```
let fs = require("fs");
let buf = new Buffer.alloc(1024);

fs.open('input.txt', 'r+', function(err, fd) {
    if (err) {
```

```
      return console.error(err);
  }
  fs.read(fd, buf, 0, buf.length, 0, function(err, bytes){
      if (err){
          console.log(err);
      }
      console.log(bytes + "  字节被读取");

      // 仅输出读取的字节
      if(bytes > 0){
          console.log(buf.slice(0, bytes).toString());
      }
  });
});
```

在上方代码中，先引入 fs 模块，然后使用 fs.open 函数打开文件，在回调函数中，获取文件描述符 fd。然后调用 fs 模块下的 read 函数，传入 4 个参数，第 1 个参数为从回调函数中获取到的文件描述符 fd，第 2 个参数为读取参数后要将文件内容写入的文件缓冲区，第 3 个参数为读取的长度，第 4 个参数表示从 0 开始读取，最后在回调函数中对数据进行输出。

执行上方代码，输出结果如下：

```
4   字节被读取
H
```

可以看到已读取了四个字节，读取的内容为 H。

3. 从流中读取文件

对于 Node.js 来说，如果仅仅使用上文中的 API 进行文件的读取和写入，效率是不会太高的。如果能够使用流来对文件进行读取和写入，那么效率就会大幅度提高。

流中读取文件需要先使用 fs.createReadStream 打开一个流，然后使用流对象中的 on 方法，把 data、end、error 这三个事件绑定到相应的流中，并在回调函数中将相关信息进行输出，其示例代码如下：

```
let fs = require('fs');

// 打开一个流：
let rs = fs.createReadStream('./test.txt', 'utf-8');

rs.on('data', function (chunk) {
    console.log('DATA:')
    console.log(chunk);
});

rs.on('end', function () {
    console.log('END');
```

```
});

rs.on('error', function (err) {
    console.log('ERROR: ' + err);
});
```

在上方代码中，首先使用 require 函数引入 fs 模块，再调用模块下的 createReadStream 函数传入需要打开文件的路径，以及打开流的编码和文件流。然后通过打开流对象下的 on 方法绑定相应的事件，data 表示数据，end 表示读取结束，error 表示读取出现错误。通过这些方法的绑定，当有相关事件触发后可以调用相关的回调函数，将信息进行输出。

运行代码输出结果如下：

```
DATA:
我是通过 fs.writeFile 写入文件内容的
END
```

前两行代码表示文件信息的输出，最后一行代码表示输出已结束。

打开同级目录下的 test.txt 文件，可以看到如下内容：

```
我是通过 fs.writeFile 写入文件内容的
```

表明输出已经完成。

4. 使用流写入文件

使用流写入文件同使用流读取文件一样，都需要先使用 fs.createWriteStream 打开流，然后和读取流不一样的地方在于，使用打开流的 write 方法写入内容，并使用打开流的 end 方法结束流，但不需要和读取流一样对事件进行绑定。

其示例代码如下：

```
let fs = require('fs');

let ws1 = fs.createWriteStream('./test.txt', 'utf-8');
ws1.write(' 使用 Stream 写入文本数据 ...\n');
ws1.write('END.');
ws1.end();

var ws2 = fs.createWriteStream('./test.txt');
ws2.write( Buffer.from(' 使用 Stream 写入二进制数据 ...\n', 'utf-8'));
ws2.write( Buffer.from('END.', 'utf-8'));
ws2.end();
```

在上方代码中，首先使用 require 函数引入 fs 模块，再使用 createWriteStream 函数传入两个参数，第 1 个参数表示打开流的文件路径，第 2 个参数表示打开流的文件编码打开相应的流。然后使用打开流的 write 方法，把要写入的内容通过流的方式写入，再使用 end 函数对流进行结束。在传入 write 函数的同时也可以传入二进制数据，使用 Buffer 对数据进行传入。

运行代码，打开同级目录中的 test.txt 文件，文件内容如下：

```
使用 Stream 写入二进制数据 .ENDEND.
```

由于默认的流写入不是追加方式，而是覆盖方式，所以只能看到一行文字。

5. 使用管道写入文件

和水管类似，同样的流可以通过管道进行连接，让一个文件的内容像流水一样流到另一个文件中。

其具体的 API 如下：

```
readable.pipe(writable, { end: false });
```

需要传入两个参数，第 1 个参数为写入的流，第 2 个参数为管道流完后是否自动关闭。需要从读取流进行调用 pipe 方法进行管道连接。

其示例代码如下：

```
var fs = require('fs');

var rs = fs.createReadStream('./test.txt');
var ws = fs.createWriteStream('./test01.txt');

rs.pipe(ws);
```

在上方代码中，首先使用 require 方法引入 fs 模块，再分别调用 fs 模块下的 createReadStream 方法和 createWriteStream 方法创建相关的读取流和写入流，然后调用读取流的 pipe 方法把写入流传入，实现将 test.txt 文件的内容流入 test01.txt 文件中。

6. 各自使用场景

对于写入文件和读取文件来说，如果文件比较小，那么读取后占用的内存空间也比较小，不会造成内存爆满，所以此时建议使用 API 进行读取或写入。如果文件比较大，直接使用 API 读取或写入到内存中，就会导致内存爆满，建议使用流的方式将数据直接写入或读取，以减少内存的压力。

4.6 Node.js截取文件与删除文件

对于截取文件来说，其 API 如下：

```
fs.ftruncate(fd, len, callback)
```

该 API 有 3 个参数，分别为 fd 表示需要传入的文件描述符；len 表示需要截取的文件长度；callback 表示截取文件完成后的回调函数。

先创建一个文件，输入内容如下：

```
Hello World
```

然后输入如下代码：

```
let fs = require("fs");
let buf = new Buffer.alloc(1024);


fs.open('./test.txt', 'r+', function(err, fd) {
    if (err) {
         return console.error(err);
    }

    // 截取文件
    fs.ftruncate(fd, 5, function(err){
        if (err){
            console.log(err);
        }
        fs.read(fd, buf, 0, buf.length, 0, function(err, bytes){
            if (err){
                console.log(err);
            }

            // 仅输出读取的字节
            if(bytes > 0){
                console.log(buf.slice(0, bytes).toString());
            }

            // 关闭文件
            fs.close(fd, function(err){
                if (err){
                    console.log(err);
                }
            });
        });
    });
});
```

在上方代码中，先引入 fs 模块，并新建 Buffer 对象，使用 open 打开文件获取文件描述符。然后使用 fs 模块的 ftruncate 函数传入 3 个参数，第 1 个参数为文件描述符，第 2 个参数为截取的文件长度，第 3 个参数为截取完成后会调用的回调函数。最后在回调函数中再次调用 fs.read 函数，对该文件进行读取并输出，读取完成后对文件进行关闭，释放相关的文件描述符。

运行上方代码输出的内容如下：

```
Hello
```

可以看到当截取文件长度为 5 时，控制台中输出的内容为 Hello。

对于 Node.js 来说，删除文件使用的 API 如下：

```
fs.unlink(path, callback);
```

其 API 需要传入两个参数，第 1 个参数为需要删除文件的路径，第 2 个参数为删除文件完成后调用的回调函数。

其示例代码如下：

```
let fs = require("fs");

fs.unlink('./test.txt', function(err) {
    if (err) {
        return console.error(err);
    }
});
```

在上方代码中，先引入 fs 模块，调用 unlink 函数，传入要删除的文件 test.txt 文件，以及相应的回调函数。在回调函数中若有错误将会输出相应的错误信息。

执行上方代码，可以看到同级目录下的 test.txt 文件已被删除。

4.7 Node.js目录的创建、删除和读取

对于 Node.js 来说，目录的三个基本操作分别为目录创建、目录删除和目录读取。下面就介绍这三种基本操作。

1. 目录创建

其 API 如下：

```
fs.mkdir(path[, options], callback)
```

API 需要传入两个参数为 path 和 callback，其中 path 表示创建目录的路径，callback 表示创建目录成功后的回调函数。options 为可选参数，其传入两个值，第 1 个值表示是否以递归的方式创建目录，第 2 个值为创建目录的权限。

其示例代码如下：

```
let fs = require("fs");
fs.mkdir("./ming",function(err){
    if (err) {
        return console.error(err);
    }
});
```

在上方代码中，先引入 fs 模块，再调用 fs 模块下的 mkdir 函数传入两个参数，第 1 个参数表示创建目录的路径，第 2 个参数表示创建目录成功后的回调函数。

执行上方代码后，可以看到在同级目录下已创建了 ming 目录。

2. 目录删除

其 API 如下：

```
fs.rmdir(path, callback);
```

API 需要传入两个参数，第 1 个参数为删除目录的路径，第 2 个参数为回调函数，表示删除目录后调用的函数。

其示例代码如下：

```
var fs = require("fs");
fs.rmdir("./ming",function(err){
    if (err) {
        return console.error(err);
    }
});
```

在上方代码中，先通过 require 函数获取 fs 模块，再调用 fs 模块下的 rmdir 函数传入要删除的目录，以及在输出删除错误时的回调函数。

3. 目录读取

其 API 如下：

```
fs.readdir(path, callback)
```

API 需要两个参数，第 1 个参数为需要读取目录的路径，第 2 个参数为回调函数，读取目录后将在回调函数中输出相应的目录信息。

其示例代码如下：

```
var fs = require("fs");

fs.readdir("./test",function(err, files){
    if (err) {
        return console.error(err);
    }
    files.forEach( function (file){
        console.log( file );
    });
});
```

在上方代码中，先引入 fs 模块，再调用 fs 模块下的 readdir 函数，传入两个参数，其中第 1 个参数为读取的文件路径，第 2 个参数为回调函数。在回调函数中，先获取文件的列表，再通过 forEach 函数进行输出。

输出结果如下：

```
testService.js
...
```

可以看到，目录下的文件都已进行了输出。

4. 重命名文件夹

其 API 如下：

```
fs.rename(oldName, newName, callback);
```

API 接收 3 个参数，第 1 个参数为原文件夹名称，第 2 个参数为新文件夹名称，第 3 个参数为回调函数，用于输出重命名文件夹后要输出的内容。

其示例代码如下：

```
const fs = require('fs')

fs.rename('./test', './test01', err => {
  if (err) {
    console.error(err)
    return
  }
  // 完成
})
```

在上方代码中，先引入 fs 模块，再调用 fs 模块下的 rename 函数，将当前 test 目录重命名为 test01 目录。

运行上方代码，可以看到，在当前目录中，原先的 test 目录已重命名为 test01 目录。

4.8 文件管理API手册

下面列举一些文件管理的相关 API，如表 4-5 所示。

表 4-5　文件管理 API

方　　法	相关描述
fs.open()	用于打开文件，获得文件描述符
fs.stat()	用于获取文件相关属性信息
path 模块	用于对文件路径进行操作
fs.readFile()	用于读取文件

方　法	相关描述
fs.writeFile()	用于写入文件
fs.access()	用于检查文件夹是否存在
fs.mkdir()	用于创建新的文件夹
fs.readdir()	用于读取目录中的内容
fs.rename()	用于重命名文件夹
fs.rmdir()	用于删除文件夹
fs.appendFile()	用于追加数据到文件
fs.chmod()	用于更改文件的权限
fs.chown()	用于更改文件的所有者的群组
fs.close()	用于关闭文件描述符
fs.copyFile()	用于复制文件
fs.createReadStream()	用于创建可读文件流
fs.createWriteStream()	用于创建可写文件流
fs.link()	用于新建指向文件的硬链接
fs.mkdtemp()	用于创建临时目录
fs.readlink()	用于获取符号链接的值
fs.realpath()	用于把相对文件路径指针解析为绝对路径
fs.symlink()	用于新建文件的符号链接
fs.truncate()	用于把传递文件名标识的文件截断为指定的长度
fs.unlink()	用于删除文件或符号链接
fs.unwatchFile()	用于停止监视文件上的更改
fs.utimesSync()	用于同步更改文件的修改和访问时间戳
fs.watchFile()	用于监视文件上的更改

对比文件列表的 API，读者可以更加方便地使用 fs 模块，编写出更加高效且健壮的 Node.js 程序。

4.9 本章小结

本章的学习内容包括 Node.js 文件管理的异步与同步、打开文件与关闭文件、获取文件信息、写入文件与读取文件、截取文件与删除文件，以及目录的创建、删除和读取，最后汇总了一个文件管理的 API 手册。通过学习使读者能够编写出一个和文件相关的 Node.js 基本程序。

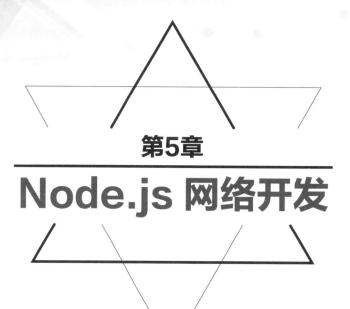

第5章

Node.js 网络开发

从本章开始学习 Node.js 网络开发部分，包括 TCP 服务器构建、TCP 客户端构建、UDP 服务构建，以及网络开发常用 API 手册。

通过学习，读者将逐步掌握 Node.js 网络开发的相关知识，掌握 Node.js 网络开发的相关操作。

5.1 Node.js网络开发概述

Node.js 拥有多个模块，其中最为核心的是网络模块。通过网络模块可以实现客户端和服务器端的基本交流功能，如 Web 服务器、聊天室、电子邮件收发等。

其中 Node.js 中的 net、dgarm、http、https 这 4 个模块可对 Node.js 网络功能进行封装，提供 TCP 服务端、客户端的构建、UDP 的客户端、服务端的构建、Socket 的构建等功能。

1. OSI分层、TCP/IP分层和五层协议的体系结构

OSI 分层（7 层）：使用 OSI 将网络分为 7 层，分别是物理层、数据链路层、网络层、传输层、会话层、表示层和应用层。

TCP/IP 分层（4 层）：使用 TCP/IP 将网络分为 4 层，分别是网络接口层、网际层、传输层和应用层。

五层协议：使用五层协议将网络分为 5 层，分别是物理层、数据链路层、网络层、运输层和应用层。

下面介绍每一层的作用。

● 物理层：为传输数据提供物理链路与设备的创建、维持和拆除，并具有机械的、电子的、功能的规范特性。

● 数据链路层：在两个网络实体之间提供数据链路的创建、维持和释放管理。构成数据链路数据单元，并对帧定界、同步、收发顺序进行控制。传输过程中对网络流量、差错检测和差错等方面进行控制。

● 网络层：提供路由和寻址的功能，使两终端系统能够互连且决定最佳路径，并具有一定拥塞控制和流量控制的能力。这就像发送邮件时需要地址一样。

● 传输层：该层的协议为应用进程提供端到端的通信服务。它提供面向连接的数据流，能够支持可靠性、流量控制、多路复用等服务。

● 会话层：该层主要为两个会话实体进行会话，以及相关的对话连接管理服务。

● 表示层：该层向上对应用层服务，向下接受来自会话层的服务。在应用过程之间传送信息，并提供表示方法的服务。该层只关心发出信息的语法和语义。

● 应用层：该层直接和应用程序接口结合，并提供常见的网络应用服务，常见的服务有 FTP、HTTP 等。

2. IP地址的分类

A 类地址：以 0 开头，第一个字节的范围为 0~127。

B 类地址：以 10 开头，第一个字节的范围为 128~191。

C 类地址：以 110 开头，第一个字节的范围为 192~223。

D 类地址：以 1110 开头，第一个字节的范围为 224~239。

3. ARP工作原理

ARP 的工作流程如下：

◎ 每个主机都设有一个 ARP 高速缓存，包括所在局域网的各个主机和路由器 IP 地址到硬件地址的映射。

◎ 当主机 a 向本局域网的某个主机 b 发送 IP 数据包时，在本机 ARP 表中将会查看是否有主机 b 的 IP 地址对应关系，如果有则查看其 MAC 地址，并写入 MAC 帧，然后通过局域网把 MAC 帧发往主机 b。

◎ 如果找不到主机 b 的 MAC 地址，可能主机 b 刚刚接入网络，则需要先让发送端广播 ARP 包，请求对应主机的 MAC 地址。本局域网中的所有主机都会收到 ARP 请求，只有对应的主机进行回应。然后接收端进行学习并缓存，同时恢复 ARP 响应。在 ARP 发送端收到响应后，在发送端缓存 ARP。

◎ 每一条映射都设有生存时间，超过时间便会删除此条目。

◎ 如果有其他网络，先发送到网关，由网关查找对应的 MAC 地址后，再把数据发送给网关，由网关将数据发送给接收设备。

4. TCP的三次握手过程

TCP 的三次握手指在建立一个 TCP 连接时，需要客户端和服务器发送 3 个包，其内容如下。

◎ 第一次握手（SYN=1，seq=x）

在包头序列号的字段里保存有一个 SYN 为 1，初始序号为 x 的包，同时指明客户端要连接服务器的端口。

发送完毕后，客户端会进入 SYN_SENT。

◎ 第二次握手（SYN=1，ACK=1，seq=y，ACKnum=x+1）

服务器在收到第一次握手包后会发回确认包进行应答，在确认包中 SYN 和 ACK 的标志位都为 1，服务端选择自己的 ISN 序列号放入 seq 里，同时把确认需要设置为客户端的 ISN 加 1。发送完毕后服务器端进入 SYN_RCVD 状态。

◎ 第三次握手（ACK=1，ACKnum=y+1）

客户端在收到服务器发送的第二次握手包后，开始发送第三次握手包进行最后一次确认，在确认包中 SYN 标志位为 0，ACK 标志位为 1，并且客户端把服务器来的 ACK 序号字段加 1，放在确认字段中发送给对方，而且在数据段中放入 ISN 号加 1。

发送完毕后，客户端进入 ESTABLTSHED 状态，同时服务端也进入该状态。

TCP 的三次握手过程，如图 5-1 所示。

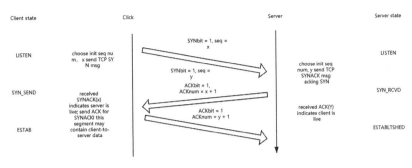

图 5-1　TCP 的三次握手过程

5. TCP四次挥手过程

TCP 四次挥手指在 TCP 建立后发送 4 个包断开连接，其具体内容如下。

◎　第一次挥手（FIN=1，seq=x）

客户端要关闭连接。客户端发送一个 FIN 值为 1 的包，表示数据已经发送完毕。此时客户端将进入 FIN_WAIT_1 状态。

◎　第二次挥手（ACK=1，ACKnum=x+1）

服务器端接收到客户端的 FIN 包后，将发送一个确认包，表示已经接收请求，但通道还没有关闭。发送完毕后服务器端进入 CLOSE_WAIT 状态。

◎　第三次挥手（FIN=1，seq=y）

服务器发送一个 FIN 包给客户端，用来关闭服务器端到客户端的数据传输，服务器端进入 LAST_ACK 状态。

◎　第四次挥手（ACK=1，ACKnum=y+1）

客户端接收 FIN 包，然后进入 TIME_WAIT 状态，接着发送一个 ACK 包给服务器端，服务器端确认序号，进入 CLOSE 状态进行关闭，完成四次挥手。

服务器端接收客户端发送的第四次挥手包后将关闭连接，进入 CLOSE 状态。

TCP 四次挥手过程，如图 5-2 所示。

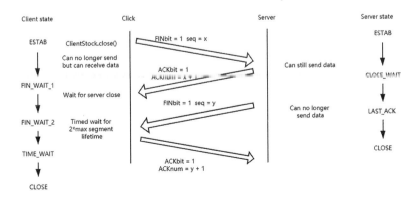

图 5-2　TCP 的四次挥手过程

6. HTTP

HTTP 指超文本传输协议,是服务器传输超文本到浏览器的传输协议。

HTTP 基于 TCP/IP 通信协议传送数据,属于应用层的面向对象的协议。其工作方式为客户端—服务端方式,浏览器作为 HTTP 客户端通过 URL 向 HTTP 服务端 Web 服务器发送所有请求。Web 服务器根据接收的请求向客户端发送响应信息,HTTP 的发送过程如图5-3 所示。

图 5-3 HTTP 的发送过程

7. HTTPS

HTTPS 是一种通过计算机网络进行安全通信的传输协议。HTTPS 由 HTTP 进行通信,并利用 SSL/TLS 对数据进行加密。HTTPS 开发的目的在于对网络服务器进行相关的身份认证,以及保护在交换数据中的隐私和完整性。

5.2 TCP服务器构建

TCP 传输控制协议是一种面向连接的、可靠的,基于字节流的传输层通信协议。在计算机的 OSI 七层模型中,该层位于第 4 层的传输层。

上层应用层发送过来的用于网间传输的,是用 8 位字节表示的数据流,传送给 TCP 层,TCP 把数据流分割成适当长度的报文段,即最大传输单元为 MTU。由 TCP 把结果封装,发送给 IP 层,TCP 为了确保传输过程中不发生丢包的情况,就给每一个包确定一个序号,这些序号能保证传送包时按照顺序进行接收。接收完成后将发送一个确认信息,即 ACK。如果在合理的时延内没有收到确认,将会进行重新发送,TCP 会用一个检验和函数来验证数据在传输过程中是否有传输错误发生。

下面将为读者展示创建 TCP 服务器、监听客户端连接发送数据到客户端三个部分的内容。

5.2.1 创建TCP服务器

使用 Node.js 创建 TCP 服务器时,需要使用 require 函数加载 net 模块,然后使用 net 模块下的 createServer 方法创建一个 Node.js 的 TCP 服务器。

其函数 API 如下：

```
net.createServer([options][, connectionListener])
```

该 API 为 createServer 函数，其两个参数都为可选参数。第 1 个 options 参数可以传入两个布尔值，第 1 个布尔值表示是否允许半开的 TCP 连接，第 2 个布尔值表明是否在传入连接上暂停套接字，其默认值都为 false。第 2 个 connectionListener 参数需要传入函数，该函数为回调函数，有一个参数，该参数为创建服务器生成的 Socket 连接。该函数执行完成后将返回一个 net.Server 对象。

其示例代码如下：

```
const net = require('net');
const server = net.createServer((c) => {
  // 'connection' 监听器。
  console.log(' 客户端已连接 ');
  c.on('end', () => {
    console.log(' 客户端已断开连接 ');
  });
});
server.on('error', (err) => {
  throw err;
});
server.listen(8124, () => {
  console.log(' 服务器已启动 ');
});
```

在上方代码中，先使用 require 函数引入 net 模块，再调用 net 模块下的 createServer 方法传入一个回调函数。在回调函数中，由于传入的是 socket 对象，所以在函数中绑定了一个 end 事件，并输出连接信息。创建完成服务后绑定 error 事件，并设置监听端口为 8124。

运行代码，输出结果如下：

服务器已启动

根据输出信息可以看到，服务已启动。

访问地址如下：

http://localhost:8124/

可以看到，又输出了如下信息：

客户端已连接

此时已有客户端连接服务器，服务器运行了回调函数。

等待连接结束，可以看到又输出了：

客户端已断开连接

根据以上流程创建了一个最基本的 TCP 服务器。

◎ 关于网络服务器

下面介绍关于网络服务器的相关内容。

一般来说，网络服务器指代硬件或软件，或者是两者的集合。

硬件部分指保存了网络服务器的相关软件和网站的组成文件，如 HTML 文档、图片、CSS 样式表、JavaScript 文件的计算机，可以和互联网的其他计算机进行物理数据的交互。

对于软件部分来说，包含一台基本的 HTTP 服务器，如使用 API 创建的服务器，以及可以查看 HTTP 服务器的软件。例如，浏览器、CLUR 命令，还包含相关的网站域名，以及可以访问到网络的最终用户设备。

若浏览器访问这个文件时，浏览器会通过 HTTP 请求访问这个文件，当这个文件成功到达硬件时，软件会同时收到这个请求，然后找到相应的文件，并把文件返回给浏览器。

对于服务器来说一般有两种，即静态网络服务器和动态网络服务器。

静态网络服务器由一个硬件和软件组成，如知名的 Nginx 服务器属于静态网络服务器的软件部分，当有请求时就会直接把 HTML 化解成二进制数据流，然后传输给浏览器进行相关的展示。

动态网络服务器由一个静态网络服务器和额外的相关支持动态网络服务器的软件组成，如使用 API 创建的动态网络服务器加上 Nginx 就可以构成一个最基本的动态网络服务器。动态是因为返回给浏览器的 HTML 文件会跟着请求的 URL 进行变化，生成与之对应的 HTML 文件。

不过随着科技的发展产生了一个新兴的技术，即云计算。

云计算是通过网络按照需要进行分配的计算资源，如服务器、数据库、存储、平台、架构等。如果当前只需要 1 核 1G 的计算资源，那么在云计算平台上就可以轻松创建出相关的计算资源然后供用户使用。具有低成本、数据安全、可扩展、弹性、无限的空间和计算资源、优秀的数据备份和恢复功能，以及全球快速部署功能的优点，它可以降到只有原先空间应用商成本的十分之一等。云计算有三种服务模式，第一种是 SaaS（软件即服务）指消费者使用应用程序，但不掌握基础的操作系统，以及硬件或运作的网络基础架构。第二种是 PaaS（平台即服务），指消费者使用主机操作应用程序，拥有掌握运作应用程序的环境，但是不掌握基础的操作系统，如新浪的 SAE。第三种是 IaaS（基础设计即服务），指消费者使用基础设施，如处理能力、网络组件、消息队列，但并不掌握基础的云架构，如阿里云、腾讯云等。

随着时代的发展，出现了一种比较新的无服务云函数，它是一种无须用户购买和管理服务器就可以运行相关的函数代码、支持弹性部署等功能。云函数是一种相当理想的云计算平台。例如，对于实时文件处理来说，需要进行相关的封面截图、转码等操作，就可以使用云函数完成相关的功能，具有快速迭代、极速部署等特点。

在云函数中，最核心的是函数即服务，这和传统的架构不太一样，云函数只有在触发的情况下才会运行相关的代码，并且运行一次处理一次。对于并发情况，云函数会运行多个实例进行处理。所以云函数拥有快速扩展的特点。

5.2.2　监听客户端连接

使用 Node.js 创建服务器后，需要使用 on 函数进行相关的事件绑定，当触发相关事件后会直接调用相应的回调函数。

其 API 如下所示：

```
client_socket.on(eventListener,function);
```

使用创建服务器获得返回值或传入 socket 参数的 on 函数，第 1 个参数 eventListener 传入的是需要绑定的事件，这里可以绑定的事件有 error、close 等，第 2 个参数为回调函数当触发事件后会调用该函数。

下面列举绑定的 6 个事件。

1. connection事件

在连接成功后会触发的事件，其示例代码如下：

```
const net = require('net');
const server = net.createServer((c) => {

});
server.listen(8124, () => {
  console.log(' 服务器已启动 ');
});
server.on("connection",function(client_socket){
      console.log("connection");
});
```

在上方代码中，先引入 net 模块，在 net 模块的 createServer 函数中创建相关的服务器，再调用服务器对象 server 中的 listen 函数绑定相关的端口，这里绑定的为 8124 端口，然后使用 on 函数，绑定相关的事件 connection，并创建回调函数。在回调函数中传入一个参数，该回调函数的参数为连接的 socket 对象，然后在回调函数中输出相关的连接标识。

启动服务器，并打开浏览器，输入如下网址：

http://localhost:8124/

可以看到在 console 中输出的内容如下：

```
服务器已启动
connection
connection
```

其中输出了 connection，则表明已经触发 connection 事件。

> **注意**
>
> connection 事件只能和创建服务器后返回的 server 对象进行绑定，不能和 socket 进行绑定，否则不会起作用。

2. error事件

在连接过程中或服务器出现错误时会触发此事件，其示例代码如下：

```
const net = require('net');
const server = net.createServer((c) => {
        c.on("error", (error) => {
            console.log(error);
        })
});
server.listen(8124, () => {
  console.log('服务器已启动');
});
server.on("error", (error) => {
        console.log(error);
})
```

在上方代码中，引入 net 模块，使用 createServer 方法创建相关的服务器。在服务器的回调函数中，使用 socket 对象的 on 方法绑定相关的 error 错误回调函数，当发生 error 错误时会调用该回调函数。对服务器对象设置了绑定的 8124 端口，然后使用 on 方法绑定 error 事件对应的回调函数。

当连接出现错误时会执行 socket 对象绑定的 error 事件回调函数，当创建的服务器出现错误时，就会执行绑定服务器对象的 error 事件回调函数。

3. close事件

当关闭连接或关闭服务器时会触发此事件，其示例代码如下：

```
const net = require('net');
const server = net.createServer((c) => {
        c.on("close", (res) => {
            console.log("cliect close");
        })
});
server.listen(8124, () => {
  console.log('服务器已启动');
});
server.on("close", (res) => {
```

```
        console.log("server close");
})
```

在上方代码中，先使用 require 函数引入 net 模块，再使用 createServer 方法创建相关的服务器，并在回调函数中绑定 close 事件的回调函数。然后使用 createServer 方法创建服务器后获得的 server 对象绑定 close 事件，用于关闭服务器时进行触发。最后完成端口的设置，该端口为 8124。

运行代码，访问如下网址：

http://localhost:8124/

等待一段时间后，在控制台中将输出如下内容：

```
服务器已启动
cliect close
```

第 1 行代码为服务器启动时输出，第 2 行代码为关闭连接时输出相关内容。

4. data事件

当接收数据时会触发该事件，data 参数是一个 Buffer 或 String，数据编码是根据 socket.setEncoding() 进行设置的。

其示例代码如下：

```
const net = require('net');
const server = net.createServer((c) => {
      c.on("data", (data) => {
          console.log(data);
      })
});
server.listen(8124, () => {
  console.log('服务器已启动');
});
```

在上方代码中，先引入 net 模块，再使用 net 模块下的 createServer 方法创建相关的服务器。在其回调函数中，使用 on 函数绑定 data 事件，当触发 data 事件时会调用回调函数，把相应的事件信息打印出来。最后绑定上 8124 端口，其中 data 参数是一个 Buffer 或 String。

运行上方代码，访问如下的网址：

http://localhost:8124/

在控制台中输出如下内容：

```
服务器已启动
<Buffer 47 45 54 20 2f 20 48 54 54 50 2f 31 2e 31 0d 0a 48 6f 73 74
3a 20 6c 6f 63 61 6c 68 6f 73 74 3a 38 31 32 34 0d 0a 43 6f 6e 6e 65
63 74 69 6f 6e 3a 20 ... 474 more bytes>
```

可以看到已经输出了接收的 Buffer 信息。

5. listening事件

当服务器被绑定后，会调用 server.listen() 进行相关的端口绑定。

其示例代码如下：

```
const net = require('net');
const server = net.createServer((c) => {
});
server.listen(8124, () => {
  console.log(' 服务器已启动 ');
});
```

在第 4 行代码中进行了相关的端口绑定，绑定到 8124 端口。

6. end事件

当 Socket 发送结束时会调用 end 事件标志结束。

其示例代码如下：

```
const net = require('net');
const server = net.createServer((c) => {
      c.on("end", (res) => {
          console.log(res);
      })
});
server.listen(8124, () => {
  console.log(' 服务器已启动 ');
});
```

在上方代码中，先引入 net 模块，创建相关的服务器，并在回调函数中调用 on 函数绑定 end 事件，最后绑定相关的端口。

再运行上方代码访问 http://localhost:8124，稍后就会在控制台看到如下输出：

```
服务器已启动
undefined
undefined
```

第 1 行代码输出表示服务器已经启动，后两行代码的输出表示 socket 已结束，可调用 end 事件绑定的回调函数。

5.2.3　发送数据到客户端

使用 Node.js 创建完成服务器后，需要在回调函数中使用 socket 参数的 write 函数进行相关的数据发送，其 API 如下：

```
socket.write(data);
```

使用创建服务器相关函数的回调函数参数中的 write 函数，传入要发送的数据，然后客户端将会接收到相应的数据。

其示例代码如下：

```
const net = require("net");

// 创建 TCP 服务
const server = net.createServer();

// 监听连接
server.on("connection", function(socket) {
    // 设置编码
    socket.setEncoding("utf8");

    // 读取请求报文
    socket.on("data", function(data) {
        console.log(data);
    });

    // 给浏览器返回响应报文
    socket.write('
HTTP/1.1 200 ok
Content-Length: 5

hello
    ');
});

server.listen(3000);
```

在上方代码中，先使用 require 函数引入 net 模块，再使用 createServer 函数创建相关的 TCP 服务器，然后使用 on 函数，绑定相关的连接事件。在连接事件的回调函数中，先设置发送的编码为 utf8，绑定 data 事件，并将获取的报文进行读取。然后使用 write 函数发送相关的报文，一共发送了 4 行报文，第 1 行报文表明 HTTP 的相关版本，以及状态码，这里 HTTP 的版本为 1.1，报文的状态码为 200，然后使用 Content-Length 确定发送报文内容的长度，这里的内容长度为 5，用一个空行把报文内容与其属性进行分割，报文的内容为 hello。最后绑定相关的端口为 3000。

打开浏览器，访问 http://localhost:3000 可以看到浏览器输出的内容，如图 5-4 所示。

图 5-4　浏览器输出

在控制台中输出内容如下：

```
GET / HTTP/1.1
Host: localhost:3000
Connection: keep-alive
DNT: 1
Upgrade-Insecure-Requests: 1
User-Agent: Mozilla/5.0 (Windows NT 10.0; Win64; x64)
AppleWebKit/537.36 (KHTML, like Gecko) Chrome/87.0.4280.88
Safari/537.36
Accept: text/html,application/xhtml+xml,application/xml;q=0.9,image/
avif,image/webp,image/apng,*/*;q=0.8,application/signed-
exchange;v=b3;q=0.9
Sec-Fetch-Site: none
Sec-Fetch-Mode: navigate
Sec-Fetch-User: ?1
Sec-Fetch-Dest: document
Accept-Encoding: gzip, deflate, br
Accept-Language: zh,zh-CN;q=0.9


GET /favicon.ico HTTP/1.1
Host: localhost:3000
Connection: keep-alive
User-Agent: Mozilla/5.0 (Windows NT 10.0; Win64; x64)
AppleWebKit/537.36 (KHTML, like Gecko) Chrome/87.0.4280.88
Safari/537.36
DNT: 1
Accept: image/avif,image/webp,image/apng,image/*,*/*;q=0.8
Sec-Fetch-Site: same-origin
Sec-Fetch-Mode: no-cors
Sec-Fetch-Dest: image
Referer: http://localhost:3000/
Accept-Encoding: gzip, deflate, br
Accept-Language: zh,zh-CN;q=0.9
```

可以看到浏览器发出 /favicon.ico 和 / 这两个请求，分别为 ico 图标请求和主页请求。将相关的请求头部信息进行输出，可以看到主机为 localhost:3000，HTTP 版本为 1.1，浏览器内核为 Chrome，以及相关的请求来源和请求的具体信息等。根据这些信息，服务器端可以进行相关的处理和判断。

> **注意**
>
> HTTP 是基于 TCP 的，只需要在 TCP 中加上相应的头信息就可以实现浏览器访问服务器端的相关信息。

5.3 TCP客户端构建

TCP 服务器端的创建已完成，其中使用浏览器模拟了 TCP 客户端的相关操作，下面将使用 Node.js 创建一个相关的 TCP 客户端，用于接收服务器端发送的数据。

同 TCP 服务器端最大的不同在于，TCP 服务器端创建的是服务器，而客户端创建的是连接，其他模块和 TCP 服务器端大致相同，包括事件绑定、发送数据及接收数据等。创建 TCP 连接 API 的代码如下：

```
var client = net.Socket();
client.connect(Port, ip,function)。
```

先通过 Socket 函数获得 Socket 对象，再使用 Socket 对象的 connect 函数进行连接，并在回调函数中完成相关的数据处理。

创建 TCP 服务器端和 Server.js 文件，输入代码如下：

```
/**
 * 发送和获取
 */

/* 引入 net 模块 */
var net = require("net");

/* 创建 TCP 服务器端 */
var server = net.createServer(function(socket){
    /* 获取地址信息 */
    var address = server.address();
    var message = "the server address is"+JSON.stringify(address);

    /* 发送数据 */
    socket.write(message,function(){
        var writeSize = socket.bytesWritten;
        console.log(message + "has send");
        console.log("the size of message is"+writeSize);
    })

    /* 监听 data 事件 */
    socket.on('data',function(data){
        console.log(data.toString());
        var readSize = socket.bytesRead;
        console.log("the size of data is"+readSize);
    })
})

/* 获取地址信息 */
```

```
server.listen(8000,function(){

    console.log("Creat server on http://127.0.0.1:8000/");
})
```

在上方代码中，先引入了 net 模块，再使用 createServer 方法创建相关的 TCP 服务器。在回调函数中获得地址，并设置要发送的消息，把要发送的消息进行 JSON 的 String 化。然后通过 write 方法发送给 message 信息，并用服务器端打印出发送成功的信息。再次监听相关的 data 事件，当客户端发送来数据后，获得数据大小，并进行打印。最后设置监听的地址信息，并打印。

编写 Server 端的代码后，在控制台中运行，控制台如果输出以下内容，则表明服务器端已经运行成功。

```
Creat server on http://127.0.0.1:8000/
```

可以看到这句话是在 server.listen 函数的回调函数中打印出来的。

服务器端代码编写完成后，继续创建 Client.js 文件，输入如下代码：

```
/**
 * 构建 TCP 客户端
 */

/* 引入 net 模块 */
var net = require("net");

/* 创建 TCP 客户端 */
var client = net.Socket();

/* 设置连接的服务器 */
client.connect(8000, '127.0.0.1', function () {
    console.log("connect the server");

    /* 向服务器发送数据 */
    client.write("message from client");
})

/* 监听服务器传来的 data 数据 */
client.on("data", function (data) {
    console.log("the data of server is " + data.toString());
})

/* 监听 end 事件 */
client.on("end", function () {
    console.log("data end");
})
```

在上方代码中，先使用 require 函数引入相关的 net 模块，再使用 net 模块中的 Socket 函数创建相关的连接客户端，并使用连接客户端的 connect 函数，传入 3 个参数，第 1 个参数为需要连接的服务器端口号，第 2 个参数为需要连接的服务器 IP 地址，第 3 个参数为连接服务器失败或成功后需要调用的回调函数。在回调函数中打印出连接成功的信息，使用 TCP 客户端对象的 write 函数方法，发送数据到服务器端。最后使用和服务器端相同的 on 方法绑定 data 事件，用于接收服务器传来的 data 数据，并在其回调函数中进行打印。绑定 end 事件，用于监听数据发送结果，并在回调函数中打印出相关的信息。

使用控制台运行 Client.js 文件，并打印如下信息：

```
connect the server
the data of server is the server address is{"address":"::","family":"
IPv6","port":8000}
```

可以看到打印出来的第 1 行代码表示连接成功，第 2 行代码表示监听到服务器发送的数据，并打印。其中服务器发送的信息为 IP 地址，以及监听的地址，这里由于是 IPv6 地址，所以没有打印出 IP 地址，只打印出端口信息。

在服务器端可以看到又打印出的信息：

```
the server address is{"address":"::","family":"IPv6","port":8000}has
send
the size of message is65
message from client
the size of data is19
```

其中第 1 行表示将要发送的信息，第 3 行表示发送的信息大小，第 4 行表示客户端发送数据，最后一行表示客户端发送的信息大小。

服务器端打印的完整信息如下：

```
PS C:\Users\Administrator\Desktop\test> node .\server.js
Creat server on http://127.0.0.1:8000/
the server address is{"address":"::","family":"IPv6","port":8000}has send
the size of message is65
message from client
the size of data is19
```

> **注意**
>
> 不能在编辑器中直接运行上述代码，否则会报错。需要在控制台中使用 node 文件路径运行 Node.js 文件，上述代码才能正常运行。

5.4 UDP服务构建

对于 Node.js 来说，数据传输不单有 TCP 连接，在同层中还有 UDP 连接。UDP 连接相比 TCP 来说，优点有如下几点。

◎ 应用层的控制更为精准

只要应用层把数据传输给 UDP，UDP 就会把数据打包传输给网络层。由于 TCP 具有一个拥塞控制，而 UDP 没有，所以当链路变得拥塞时，TCP 传输就会变慢，而 UDP 不会，所以 UDP 对于何时发送什么数据控制得更为精准。

◎ 无须连接建立

TCP 在传输前需要进行三次握手确认，而 UDP 不需要，所以，相对于 TCP 来说，UDP 连接的时延更小，因而 DNS 的底层选择 UDP。

◎ 无连接状态

TCP 需要维护连接状态，而 UDP 不需要维护连接，所以性能更高，如果服务器运行在 UDP 上，支持的活跃用户数会更多。

◎ 分组首部开销小

TCP 的分组首部开销为 20 字节，而 UDP 为 8 字节。

下面讲解在 Node.js 上创建 UDP 客户端、UDP 服务端，以及广播的实现。

1. UDP客户端

UDP 使用内置的 dgram 模块来完成相关操作，使用 on 函数进行事件绑定，使用 bind 函数把端口和 IP 地址完成绑定，其 API 如下：

```
dgram.createSocket(options[, callback])
```

其 API 为 dgram 模块的 createSocket 函数，options 可选型为 type，表示为 UDP 版本。它可选的参数为 udp4、udp6，这个参数为必选参数，reuseAddr 为可选参数。如果结果为 true 则表示 socket.bind 时将重新使用默认地址，即使这个默认地址已被使用。IPv6-Only 为布尔值，如果结果为 true 则会禁止双栈支持，即监听地址不会绑定到 0.0.0.0 IP 地址上。recvBufferSize 表示设置 SO_RCVBUF 套接字的值；sendBufferSize 表示设置 SO_SNDBUF 套接字的值；lookup 表示自定义查找功能；callback 表示附加 message 事件的监听器，当有消息返回时，将调用该回调函数。该 API 返回 server 对象，只有 type 为可选的参数。

server 对象有 on 方法，该方法可以绑定 close 事件、connect 事件、error 事件、listening 事件和 message 事件。

◎ close 事件

绑定 close 事件后，当使用 close() 关闭连接时会触发该事件调用相关的回调函数。

◎　connect 事件

绑定 connect 事件后，当远程连接建立后，会直接触发该事件调用相关的回调函数。

◎　error 事件

绑定 error 事件后，当连接发生错误时，会触发该事件调用相关函数。

◎　listening 事件

绑定 listening 事件后，Socket 可以绑定相关的 IP 地址和端口。

◎　message 事件

绑定 message 事件后，当接收事件已调用该函数时，该函数将会传入 msg 参数和 rinfo 参数，其中 msg 参数为发送的消息，类型为 Buffer 类型。rinfo 参数为远程地址信息对象，包含 address 发件人信息、family 地址信息、port 发送信息的端口信息，以及 size 发送信息的消息大小。

其 API 如下：

```
server.on(message, [.callback]);
```

代码中第 1 个参数为触发的事件名称，第 2 个参数为触发该事件后的回调函数。

其示例代码如下，创建 Server.js 文件，输入代码：

```
// 例子：UDP 服务端
var PORT = 33333;
var HOST = '127.0.0.1';

var dgram = require('dgram');
var server = dgram.createSocket('udp4');

server.on('message', function (message, remote) {
    console.log(remote.address + ':' + remote.port +' - ' + message);
});

server.bind(PORT, HOST);
```

在上方代码中，先设置基本的发送端口号为 33333，绑定的 IP 为 127.0.0.1，通过 require 函数获取 dgram 模块。然后创建相关的 UDP 服务器，通过 on 函数，绑定 message 事件，并通过回调函数，把接收到的 message 事件打印出来。最后把程序绑定到相应的端口和 IP 上。

在 Client 端，创建 Client.js 文件，输入代码如下：

```
// 例子：UDP 客户端
var PORT = 33333;
var HOST = '127.0.0.1';

var dgram = require('dgram');
```

```
var message = Buffer.from('My kung fu is Good!');

var client = dgram.createSocket('udp4');

client.send(message, PORT, HOST, function(err, bytes) {
    client.close();
});
```

在上方代码中，先定义绑定的端口和 IP，再通过 require 函数获取 dgram 模块。然后把当前要发送的信息 Buffer 化，通过 dgram 模块下的 createSocket 函数创建 UDP 服务器。最后通过创建服务器返回 client 对象的 send 方法发送相关的 UDP 信息，共传入 4 个参数，第 1 个参数为发送的信息，第 2 个参数为发送的端口，第 3 个参数为发送的 IP 地址，第 4 个参数为发送成功后的回调函数。

先启动 Server.js 文件，再启动 Client.js 文件，可以看到在启动 Server.js 文件的 PowerShell 窗口中输出的内容如下：

```
PS C:\Users\Administrator\Desktop\test> node .\server.js
127.0.0.1:56701 - My kung fu is Good!
```

表示从 127.0.0.1 主机的 56701 端口发送来的 UDP 信息为 "My kung fu is Good!"，这样就完成了最基本的使用 on 函数绑定 message 事件。

2. 广播

广播指一个主机向网络上的所有其他主机发送帧。广播有五种地址类型。

◎ 受限的广播地址：255.255.255.255，用于主机配置过程中 IP 数据包的地址。此时主机可能不知道网络掩码，以及 IP 地址。

◎ 指向网络的广播：主机号为 1 的地址。

◎ 指向子网的广播：主机号为 1，并且为特定子网号的地址。

◎ 指向所有子网的广播：所有子网的广播地址的子网及主机号都为 1。

实现广播只需要向 255.255.255.255 发送信号，就可以实现局域网内所有主机都能接收到信号，其示例代码如下：

接收端代码：

```
var dgram = require('dgram');
var server = dgram.createSocket('udp4');
var port = 33333;

server.on('message', function(message, rinfo){
    console.log('server got message from: ' + rinfo.address + ':' +
rinfo.port);
});

server.bind(port);
```

在上方代码中，先使用 require 函数引入 dgram 模块，再使用 dgram 模块下的 createSocket 创建相应的 UDP 服务器，最后使用 on 函数绑定 message 事件，并把接收的信号打印出来。

发送端代码：

```
var dgram = require('dgram');
var client = dgram.createSocket('udp4');
var msg = Buffer.from('hello world');
var port = 33333;
var host = '255.255.255.255';

client.bind(function(){
    client.setBroadcast(true);
    client.send(msg, port, host, function(err){
        if(err) throw err;
        console.log('msg has been sent');
        client.close();
    });
});
```

在上方代码中，先引入 dgram 模块，再使用 dgram 模块下的 createSocket 函数创建相应的服务器及相关的消息，使用 bind 函数绑定相应的端口号和主机号。最后向 255.255.255.255 主机发送相关的信息。

先运行接收端代码，再运行发送端代码，可以看到发送端的 PowerShell 输出如下内容：

```
PS C:\Users\Administrator\Desktop\test> node .\server.js
msg has been sent
```

表示局域网广播已发送完毕。

再次查看接收端的 PowerShell，可以看到其输出内容如下：

```
PS C:\Users\Administrator\Desktop\test> node .\client.js
server got message from: 10.1.1.141:63376
```

表示消息已从局域网发送，并接收到相应的广播信息。

5.5 Node.js 长连接构建

HTTP 连接最显著的特点就是，客户端每次发送请求都需要服务器响应，在请求结束后，会主动释放连接，从建立连接到关闭连接的整个过程被称为"一次连接"。

但是一次连接并不能满足日常的开发使用，进而诞生了长连接。它用于在一次请求完成后仍然不释放连接，可以不断来回发送数据。在 HTTP1.0 版本中只有一种"短连接"，

119

即客户端每次处理完成后都要释放该连接。在 HTTP1.1 版本中，只需要在请求头配置 keep-alive:true 就可以实现长连接，此外在服务器返回的请求头中会有 connection:keep-alive，表示这是长连接的请求头，其本质仍然是基于 TCP 的。直到 HTML5 中出现的一个崭新的标准 WebSocket。它的本质仍然是基于 TCP 而不是 Socket 的，下面将详细介绍 HTML5 中新的标准 WebSocket。

WebSocket 发送数据和 HTTP 请求发送数据的区别，如图 5-5 所示。

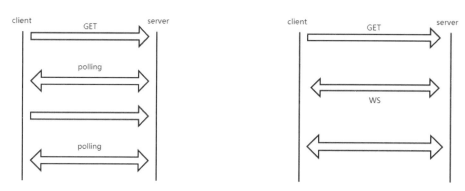

图 5-5　WebSocket 和 HTTP 连接的区别

注意

WebSocket 和 Socket 有本质区别，Socket 是应用层和传输层之间的抽象层，它是一套接口，所以 Socket 可以基于 TCP 连接，也可以基于 UDP 连接，只是单纯定义的一套抽象接口。而 WebSocket 是 Socket 具体的一种实现，是基于 TCP 的。

5.5.1　简单的长连接通信示例

在 Node.js 中，如果要使用 WebSocket，需要使用如下命令安装 WebSocket。

```
npm install ws
```

安装完成以后，就可以在代码中使用 WebSocket，其 API 如下：

```
const WebSocket = require("ws");
```

使用上述 API 可以把 ws 模块引入当前文件中。

```
const ws = new WebSocket.Server(object);
```

使用 ws 模块的 Server 函数，传入有端口号 port 的键值对 object，可以使用此 API 创建相关的 WebSocket 服务器。若传入的是连接的 ws 地址，就可以连接相关的 WebSocket 连接。根据传入的 object 类型不同，其作用也不同。

把上述两个 API 综合运用，外加使用 on 函数绑定相应的事件，就可以实现一个简单的通信。其示例代码如下：

先创建服务 Server.js 文件：

```
const WebSocket = require('ws');// 引入模块

const ws = new WebSocket.Server({ port: 8080 });// 创建一个 WebSocketServer
的实例，监听端口为 8080

ws.on('connection', function connection(wss) {
  wss.on('message', function incoming(message) {
    console.log('received: %s', message);
    wss.send('Hi Client');
  });// 当收到消息后，在控制台中打印出来，并回复一条信息

});
```

在上方代码中，先使用 require 函数引入 ws 模块，再使用其模块下的 Server 函数，传入相关的端口键值对，创建一个 WebSocketServer 实例，并监听端口 8080。然后使用 on 函数传入相关的参数 connection 函数，以及 message 函数。当这两个函数连接时就会调用 connect 事件和相关的回调函数。当发送信息时会触发 message 事件，调用相关的回调函数，在 message 回调函数中，打印当前的 message 信息，并发送 Hi Client 到客户端。

再次创建客户端文件和 Client.js 文件，输入代码如下：

```
const WebSocket = require('ws');

const ws = new WebSocket('ws://localhost:8080');

ws.on('open', function open() {
  ws.send('Hi Server');
});// 在连接创建完成后发送一条信息

ws.on('message', function incoming(data) {
  console.log(data.toString());
});// 当收到消息后，在控制台中打印出来
```

在上方代码中，先使用 require 函数引入相关的 ws 模块，再使用构造函数传入 ws 地址，用于连接 WebSocket。然后使用 on 函数绑定相关的事件，当连接建立时，将会触发 open 事件，向服务器端发送 Hi Server 信息。当对方发送信息时会触发 message 事件，并把接收到的信息在控制台中打印出来。

先运行 Server.js 文件，再运行 Client.js 文件。在 Client.js 文件中的 PowerShell 里输出内容如下：

```
PS C:\Users\Administrator\Desktop\test> node .\client.js
Hi Client
```

可以看到，Server 的信息已经发送到 Client 中，完成了一个简单的 WebSocket 模型。

◎ WebSocket

WebSocket 是一种网络传输协议，可以在单个 TCP 连接上完成较为困难的全双工通信，其位于 OSI 模型的应用层。WebSocket 能使服务器端和客户端数据相互发送变得更为容易，从原先的单向的变成双向的通信。

WebSocket 是一种与 HTTP 不同的协议，两者都位于 OSI 模型的应用层，并且都依赖传输层的 TCP，为了让其和 HTTP 接龙，WebSocket 使用了 HTTP Upgrade 头。

WebSocket 起源于 Web 浏览器与 Web 服务器之间的交互，具有较低的开销，实现了两者数据的传输，服务器可以通过标准化的方式来实现，而不需要客户端先行传输相关的内容，可通过 TCP 端口 80 或 443 完成。

其具体的客户端报文如下：

```
GET /chat HTTP/1.1
Host: server.example.com
Upgrade: websocket
Connection: Upgrade
Sec-WebSocket-Key: dGhlIHNhbXBsZSBub25jZQ==
Origin: http://example.com
Sec-WebSocket-Protocol: chat, superchat
Sec-WebSocket-Version: 13
```

在报文中可以看到，其基于的还是 HTTP，相关的 Host 及 Origin 和 Get 请求和 POST 都是类似的。

服务器回应的报文如下：

```
HTTP/1.1 101 Switching Protocols
Upgrade: websocket
Connection: Upgrade
Sec-WebSocket-Accept: s3pPLMBiTxaQ9kYGzzhZRbK+xOo=
Sec-WebSocket-Protocol: chat
```

从回应的报文中可以看到，其基于的同样是 HTTP，以及 Upgrade 值为 websocket，表示其发送和获取信息都是通过协议 WebSocket 实现的。

并且 WebSocket 支持多种类型的服务器，如 PHP、Python 等语言框架都支持 WebSocket。

5.5.2 Node.js创建长连接服务端

若要创建一个 WebSocket 连接的服务器端，就需要先使用 require 函数引入相关的 ws 模块，再使用 Server 类中的 WebSocketServer 函数，实例化相关的长连接服务端。

其具体的 API 如下：

```
WebSocketServer(object)
```

使用 require 函数在 js 文件中引入 ws 模块。需要传入 object 类型的参数，参数是键值对相关的类型，键值对 port 类型的键值对。

其示例代码如下：

```
// 导入 WebSocket 模块：
const WebSocket = require('ws');

// 引用 Server 类：
const WebSocketServer = WebSocket.Server;

// 实例化：
const ws = new WebSocketServer({
    port: 3000
});
```

在上方代码中，先使用 require 函数引入 ws 模块，再引用 ws 模块中的 Server 类，获取 Server 相关的类信息。最后使用该类的构造函数进行实例化，传入 Object 参数。参数是键值对相关的类型，类型为 port，端口键值对的值是 3000。

5.5.3　Node.js 长连接的事件绑定

使用 Node.js 创建服务器后，需要用 on 函数完成相关的绑定，当触发事件后调用相关的回调函数。

其 API 如下：

```
wss.on(event, function);
```

API 需要两个参数，第 1 个参数为需要触发的事件名称，第 2 个参数为触发事件后需要调用的回调函数。

触发以下 4 种服务端事件。

◎　connection 事件

connection 为连接事件。当连接发生时就会触发该事件调用定义好的回调函数。

其示例代码如下：

```
const WebSocket = require('ws');
const WebSocketServer = WebSocket.Server;
const wss = new WebSocketServer({
    port: 3000
});

wss.on("connection", (socket, request)=>{

});
```

在上方代码中，先引入 ws 模块，再使用 ws 模块中的 Server 类，创建监听端口为 3000 的 WebSocket 服务端。然后使用 on 函数绑定 connection 事件，在回调函数中传入两个参数，第 1 个参数为 socket，表示连接时的 socket 对象；第 2 个参数为 request，表示资源的请求。其中资源请求的类型为 http.IncomingMessage 类型。

◎ error 事件

error 事件指当 httpServer 出现错误时将被处罚。error 事件为 Error 类型，其示例代码如下：

```
const WebSocket = require('ws');
const WebSocketServer = WebSocket.Server;
const wss = new WebSocketServer({
    port: 3000
});
wss.on("error", (error)=>{

});
```

在上方代码中，先引入相关的 ws 模块，再创建服务器，并绑定 3000 端口，然后当触发该事件时将调用相关函数。

◎ headers 事件

headers 指在握手事件中，当服务器响应请求时会触发该事件，其示例代码如下：

```
const WebSocket = require('ws');
const WebSocketServer = WebSocket.Server;
const wss = new WebSocketServer({
    port: 3000
});
wss.on("headers", (headers, request)=>{

});
```

在上方代码中，先引入 ws 模块，再实例化相关的 WebSocket 服务器，然后使用 on 函数绑定 headers 事件，当握手事件发生和服务器响应请求时将会触发该事件。

◎ listening 事件

当创建服务器传入相关的监听端口号时，会触发 listening 事件，其示例代码如下：

```
const WebSocket = require('ws');
const WebSocketServer = WebSocket.Server;
const wss = new WebSocketServer({
    port: 3000
});
wss.on("listening", ()=>{

};
```

在上方代码中，使用 require 函数引入相关的 ws 模块，再使用 WebSocketServer 函数传入相关的端口号，创建 WebSocket 服务器，然后使用 on 函数绑定 listening 事件。

5.5.4　Node.js长连接的客户端

相比较服务器端而言，客户端只需要在原服务器端的基础上，更改创建服务器端的 API 为构建客户端的 API、更改相关事件，以及熟悉发送数据的相关 API，通过 3 个知识点，即可完成 Node.js 长连接的客户端的相关代码编写。

相比较而言，学习创建长连接客户端相关 API 更为简单，其 API 如下：

```
const ws = new WebSocket(address);
```

API 需要引入相关的 ws 模块，然后调用相关的 API 创建客户端，其传入的是 ws 开头的协议地址。

绑定事件仍然使用的是 ws 模块中 on 函数，具体有以下 7 个事件。

◎　message 事件

当客户端收到服务器端发送的消息后会触发该事件，其示例 API 如下：

```
websocket.on("message", (data)=>{});
```

◎　close 事件

当客户端连接关闭时会触发该事件，其示例 API 如下：

```
websocket.on("close", (code, reason)=>{});
```

◎　error 事件

同样的客户端也具有 error 事件，当发生错误时会触发该事件，其示例 API 如下：

```
websocket.on("error", (error)=>{});
```

◎　open 事件

当两方的连接建立时会触发该事件，其示例 API 如下：

```
websocket.on("open", ()=>{});
```

◎　ping 事件和 pong 事件

当收到 ping 消息时会触发该事件，当收到 pong 消息时也会触发该事件，ping 事件和 pong 事件都用于检测是否联通，一般由客户端发出一个 ping 事件，服务器端发送一个 pong 事件，反之亦可。其示例 API 如下：

```
websocket.on("pong", (data)=>{});
websocket.on("ping", (data)=>{});
```

◎ unexpected-response 事件

当服务器端返回的报文不是期待的结果时，如 401 时会触发该事件，其示例代码如下：

```
websocket.on("unexpected-response", (request, response)=>{});
```

◎ upgrade 事件

在连接过程中，当客户端收到服务器端回复信息时会触发该事件，其示例代码如下：

```
websocket.on("upgrade", (response)=>{});
```

最后需要学习的是发送数据相关的 API，其 API 如下：

```
ws.send(String);
```

它为 ws 模块中的 send 函数传入 String 类型的参数，调用此函数后会把数据发送到服务器端。

完整代码可以参考 5.5.1 节中简单 WebSocket 通信的示例。

5.5.5　socket.io框架示例

使用 Node.js 内置的 ws 模块，可以完成一些简单的功能，当使用内置的 ws 模块开发一些大型应用，如聊天应用时会处于一种力不从心的情况，所以迫切需要一款框架，能够支持其开发大型的 WebSocket 应用，这时 socket.io 框架就粉墨登场了。

Node.js 的 socket.io 框架具有代理和负载平衡器的功能，以及个人的防火墙和防病毒的功能。由于依赖 Engine.io，所以该引擎首先建立长轮询连接，再建立 WebSocket 连接，对于没有 WebSocket 功能的浏览器版本来说，其支持的范围更广。

socket.io 还具有自动重新连接功能。除非有另外的操作，否则断开连接的客户端将持续尝试重新连接，直到服务器可用为止。它还具有心跳机制，每隔一段时间会发送心跳连接，用于检测对方是否在线，若不在线将立刻重新连接。其还具有二进制支持，可以传输二进制信息，如图片，文字，视频等，并具有简单的 API 方便其使用。socket.io 是方便的跨越浏览器，目前已经支持 Android、Chrome、Edge 等多款市面上流行的浏览器，还具有多线路传输支持，即 socket.io 支持为多条线路创建一个单独的命名空间，互不干扰。最后还具有通道功能，即在每个单独的命名空间中，开发者可以自定义通道，由开发者决定这些套接字可以加入哪些通道，以相互共享之间的发送信息。

1. 创建基本模板

先使用 NPM 初始化基本项目，其 package.json 文件内容如下：

```
{
  "name": "socket-chat-example",
  "version": "0.0.1",
```

```
  "description": "my first socket.io app",
  "dependencies": {}
}
```

在上方配置文件中，其项目的名称为 socket-chat-example，版本为 0.0.1，描述为 my first socket.io app，所包含的依赖包为空。

其中，初始化命令如下：

```
npm init
```

由于能够使用基本 socket.io 框架，所以需要用 express 框架作为基础框架。它需要输入如下命令完成基本的依赖包安装：

```
npm install express@4
```

创建 index.js，并输入如下代码：

```
const app = require('express')();
const http = require('http').createServer(app);

app.get('/', (req, res) => {
  res.send('<h1>Hello world</h1>');
});

http.listen(3000, () => {
  console.log('listening on *:3000');
});
```

在上方代码中，先使用 require 函数引入 express 模块，并同时引入 http 模块，再创建相关的 server 服务器。然后把 express 对象作为参数传入，使用 get 函数传入两个参数，第 1 个参数为访问的链接地址，第 2 个参数为回调函数。用于访问该链接会回调的函数，其中在访问主页 / 页面时，将会输出 <h1>Hello world</h1> 内容。最后，使用 http 模块中的 listen 函数，把 3000 端口监听，彻底完成一个基于 express 框架的服务器构建。

打开 PowerShell，输入 node index.js 命令，如果正常则会输出内容如下：

```
PS C:\Users\Administrator\Desktop\test> node .\index.js
listening on *:3000
```

此时，如果读者访问 http://localhost:3000 时会输出如图 5-6 所示的内容。

图 5-6　访问页面

2. 书写服务端代码

更改 / 页面的回调函数为如下内容：

```
app.get('/', (req, res) => {
  res.sendFile(__dirname + '/index.html');
});
```

更改的内容表示访问 / 页面时，将把当前目录中的 index.html 页面内容输出给用户。

其中，index.html 页面的内容如下：

```
<!DOCTYPE html>
<html>
  <head>
    <title>Socket.IO chat</title>
    <style>
        body { margin: 0; padding-bottom: 3rem; font-family: -apple-
system, BlinkMacSystemFont, "Segoe UI", Roboto, Helvetica, Arial,
sans-serif; }

        #form { background: rgba(0, 0, 0, 0.15); padding: 0.25rem;
position: fixed; bottom: 0; left: 0; right: 0; display: flex; height:
3rem; box-sizing: border-box; backdrop-filter: blur(10px); }
        #input { border: none; padding: 0.1rem; flex-grow: 1; border-
radius: 2rem; margin: 0.25rem; }
        #input:focus { outline: none; }
        #form > button { background: #333; border: none; padding: 0.1
rem; margin: 0.25rem; border-radius: 3px; outline: none; color: #fff;
}

        #messages { list-style-type: none; margin: 0; padding: 0; }
        #messages > li { padding: 0.5rem 1rem; }
        #messages > li:nth-child(odd) { background: #efefef; }
    </style>
  </head>
  <body>
    <ul id="messages"></ul>
    <form id="form" action="">
      <input id="input" autocomplete="off" /><button>Send</button>
    </form>
  </body>
</html>
```

在上方代码中，创建一个输出框和一个按钮，此按钮为 button 标签。此时再次访问
http://localhost:3000 时，将输出如图 5-7 所示的页面。

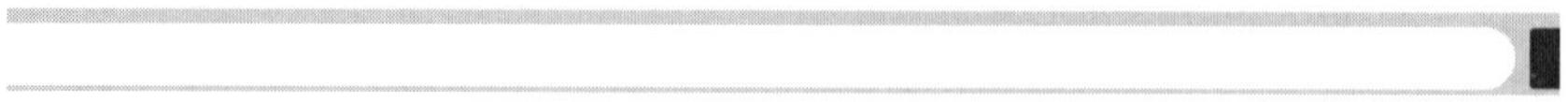

图 5-7　Chat 页面

3. 安装socket.io框架

输入如下命令，安装相关的 socket.io 框架：

```
npm install socket.io
```

更改新的 index.js 文件如下：

```
const app = require('express')();
const http = require('http').Server(app);
const io = require('socket.io')(http);

app.get('/', (req, res) => {
  res.sendFile(__dirname + '/index.html');
});

io.on('connection', (socket) => {
  console.log('a user connected');
});

http.listen(3000, () => {
  console.log('listening on *:3000');
});
```

在上方代码中增加了一个 connection 页面，访问 connection 时将在控制台中输出相关的日志。

在 index.html 的 body 标签中，添加如下内容：

```
<script src="/socket.io/socket.io.js"></script>
<script>
  var socket = io();
</script>
```

在上方代码中，表示将调用与初始化相关的 socket 连接。

此时访问主页，并发送相关的信息，可以看到 express 框架的 connection 链接已被调用，其输出内容如下：

```
PS C:\Users\Administrator\Desktop\test> node .\index.js
listening on *:3000
a user connected
a user connected
```

4. 获取发送的信息

更改 index.html 如下：

```
<script src="/socket.io/socket.io.js"></script>
<script>
  var socket = io();

  var form = document.getElementById('form');
  var input = document.getElementById('input');

  form.addEventListener('submit', function(e) {
    e.preventDefault();
    if (input.value) {
      socket.emit('chat message', input.value);
```

```
      input.value = '';
    }
  });
</script>
```

在上方代码中，增加了监听 input 的提交事件，当提交时，将把数据直接发送给 socket server。

修改 index.js 获取数据，修改代码如下：

```
io.on('connection', (socket) => {
  socket.on('chat message', (msg) => {
    console.log('message: ' + msg);
  });
});
```

此时再次运行 node .\index.js 文件，在 http://localhost:3000 的输入框中输入 ming，并发送信息，在控制台中输出如下信息：

```
PS C:\Users\Administrator\Desktop\test> node .\index.js
listening on *:3000
message: ming
```

可以看到消息 ming 已发送过来，表示系统已可以运行。

5.6 Node.js网络开发常用的API手册

下面列举一些关于 Node.js 网络开发常用的 API，如表 5-1 所示。

表 5-1　网络开发常用的 API

方　　法	相 关 描 述
socket.address()	获取 socket 地址信息
socket.bind([port][, address][, callback])	socket 绑定相关端口和主机
dgram	数据报模块
socket.close([callback])	关闭 socket 连接
socket.connect(port[, address][, callback])	用 socket 进行连接
dgram.createSocket(options[, callback])	创建 UDP 服务器
dns.getServers()	返回当前 dns 使用的解析服务器

续表

方　法	相 关 描 述
http.createServer()	创建每个 http 的单独请求
http.request()	发送 http 请求到服务器
new net.Server([options][, connectionListener])	创建 Server 服务器
server.address()	获取 server 绑定的地址
server.close([callback])	关闭服务器
server.getConnections(callback)	获取服务器的连接
server.listen()	启动一个服务器来监听连接
new net.Socket([options])	创建一个 Socket
socket.address()	获取 socket 连接的地址
socket.connect(options[, connectListener])	获取 socket 的连接
socket.setEncoding([encoding])	获取 socket 的字符集
socket.write(data[, encoding][, callback])	把数据写入 socket 连接中
net.connect()	连接 TCP
net.createConnection(options[, connectListener])	创建 TCP 连接
net.createServer([options][, connectionListener])	创建 TCP 连接服务端
net.isIP(input)	测试是否为 IP 地址

读者通过使用 Node.js 相关的网络开发 API，可以编写出更加高效和健壮的 Node.js 程序。

5.7 本章小结

本章着重讲解 Node.js 的网络开发部分，包括创建 TCP 服务器、发送数据到客户端、TCP 客户端构建。还讲解了 UDP 服务构建、创建长连接服务端、长连接的事件绑定、长连接的客户端、socket.io 等内容。通过本章的学习，读者可以轻松掌握 Node.js 的网络开发部分，编写出一个 Node.js 网络的基本程序。

第6章
Node.js访问MongoDB

本章将学习 MongoDB 数据库基本介绍、MongoDB 基本操作、mongoose 的基本操作等内容。

通过本章的学习，读者将掌握 Node.js 访问 MongoDB 的相关知识点，从而达到能够独立搭建 Node.js 访问 MongoDB 的系统，并编写相关的增、删、查、改代码。

6.1 MongoDB数据库介绍

MongoDB 是一种面向文档的数据库管理系统，由 C++ 语言编写。旨在为 Web 应用提供可扩展的高性能数据存储解决方案。

1. 主要功能

MongoDB 设计具有高性能、可扩展、易部署、易使用、存储数据方便的特点，其主要功能如下。

- 面向集合存储，在 MongoDB 中数据被分组存储到集合中，一个集合可以存储无限多的文档。

- 模式自由，MongoDB 采用无模式结构进行存储。该模式存储数据的方式是相对于结构化存储表的重要特征。

- 支持完全索引，MongoDB 可以在任意属性上建立索引，以提高查询速度。

- 支持查询和具有强大的聚合工具，使用这些工具可以方便 MongoDB 进行相关的数据处理。

- 支持复制和数据恢复，MongoDB 支持主从复制等多重复制方式。这种方式可确保集群数据不会发生丢失。

- 自动处理分片，支持进行更多层次的扩展，还可以实现更高效的负载均衡。

- 高效的二进制数据存储，如可以将视频都存储在 MongoDB 中。

- 支持多种语言的驱动程序，这里支持 Python、PHP、Java 等语言的驱动程序，通过这些语言的驱动程序可以轻松访问 MongoDB。

- 文件的存储格式为 JSON。

- 通过互联网可以在任何一个地方访问 MongoDB 服务器。

2. NoSQL

在学习 MongoDB 之前，先要了解 NoSQL 数据库。它是一个完全不同于关系型数据库的数据库。

◎ NoSQL 的概念

NoSQL 是一种非关系型的数据库，由于不需要固定的架构，所以被广泛引用。它适用于大数据和实时 Web 应用程序，如 Twitter 等。

传统的数据库使用 SQL 来存储和查询相关的数据，但是 NoSQL 中会保存多种不同的数据，如结构化数据、非结构化数据集、半结构化数据等。

◎ NoSQL 的使用方式

由于在处理大量数据时，传统的关系型数据库的响应会变慢，从而导致系统响应时间变长。至此，有两种方式可以解决由大量数据产生的问题，即横向扩展和纵向扩展。横向扩展指扩展单独的一台服务器资源，使其服务器资源增加，达到系统负载能力的提升，但是费用非常高。纵向扩展指让系统运行在多台服务器上，可有效降低服务器的资金。由于NoSQL 是非关系型数据库，所以更加容易扩展，如 ACID 等。

◎ NoSQL 数据库类型

NoSQL 数据库一共有 4 种类型，分别是基于键值对的数据库、基于列的数据库、面向文档的数据库，以及基于图形的数据库。

基于键值对的数据库：在这种设计中可以处理大量数据和繁重的工作。键值对保存的是哈希表，每个键都是唯一的，并且值可以是各种大对象等。它是 NoSQL 数据库的基本类型之一，最重要的应用场景是购物车的物品，如 Redis 数据库。

基于列的数据库：每列及单列数据库的值都能单独处理。这种数据库适用于各种聚合查询，常见的是图书馆的书籍目录就是这种基于列的数据库，如 HBase。

面向文档的数据库：面向文档的数据库的数据存储和数据检索都是键值对，但是值部分是文档，该文档以 JSON 格式或 XML 格式进行存储。它主要应用于博客系统等，如MongoDB。

基于图形的数据库：图形数据库是存储实体和这些实体关系的。实体存储为节点，关系为边，一条边描述了节点和节点之间的关系。这种数据库常引用于社交网络，如 Neo4J。

3. CAP定理

学习数据库之前，还要再接触一个和数据库有关的理论，即 CAP 定理。CAP 定理指出，分布式数据存储不可能同时满足 CAP，只能满足 CAP 中的任意两个。

CAP 指一致性、可用性、分区容错性。

◎ 一致性（Consistency）

一致性指在执行完操作后，数据也需要保持一致，如更新博文数据后，所有的客户端都能看到相应的数据。

◎ 可用性（Auailability）

读取数据库时响应速度应该迅速。

◎ 分区容错（Partition tolerance）

分区指即使服务器之间通信不稳定，系统也应继续运行，而不会发生宕机。

6.2 MongoDB基本操作

MongoDB 和其他数据库类似，也具有增、删、查、改的功能，下面将介绍 MongoDB 的基本操作，包括基本概念解析、基本的 CRUD 操作、高级查询、复制分片、监控与备份等功能。

6.2.1　MongoDB基本概念的解析

文档是 MongoDB 中的核心概念，下面介绍 MongoDB 的基本概念。

1. 数据库 Database

一个 MongoDB 中可以有多个数据库，其中默认的 MongoDB 数据库为 db。该数据库保存在磁盘的 data 目录中。

MongoDB 单个实例中，可以保存多个互不干扰的数据库，并且每个数据库都可以设置相应的权限和集合。不同的数据库也可以设置在不同的文件夹中进行保存。

需要查看所有的数据库时就可以使用如下命令：

```
> show dbs
DATA_RECOVERY  0.000GB
admin          0.000GB
config         0.000GB
local          0.000GB
>
```

使用 show dbs 命令，输出了当前服务器的所有数据库，有 DATA_RECOVERY 数据库、admin 数据库、config 数据库和 local 数据库，其中 DATA_RECOVERY 数据库用于数据恢复；admin 数据库为 root 用户专用的数据库；config 数据库用于进行分片信息的存储；local 数据库在进行集群配置时，不会存储相关的数据分片信息。

连接数据库后，可以使用 db 命令，查看当前数据库的对象或集合，其命令如下：

```
> db
test
>
```

可以看到，当前使用的是 test 数据库。

如果需要切换数据库，可以使用 use 命令切换到另一个数据库，其代码如下：

```
> use local
switched to db local
> db
local
>
```

上方输入了两条命令，其中第 1 条命令，表示选择 local 数据库作为当前要操作的数据库。第 2 条命令为 db 命令，表示获取当前选择的数据库。可以看到经过 use 命令，选择 local 数据库作为当前数据库后，输入 db 命令，就可以正确显示当前的 local 数据库了。

数据库的命令和变量命令规则是相同的。不允许有以下内容作为数据库的名称。

- 不能为空字符串。
- 不能含有 ' '、(空格)、.、$、/、\ 和 \0 (空字符)。

2. 文档 Document

文档是一组键值对的集合。这些键值对的集合不需要相同的数据类型就可以完成存储。举一个简单的文档例子，其代码如下：

```
{
     "name": "mingming",
     "type": "String"
}
```

> **注意**
>
> 1. 文档中的键值对是有序的。
> 2. 文档可以是任意类型的值，甚至可以嵌入整个 JSON 文档。
> 3. 键不能重复。
> 4. 键可以是任意的字符。
> 5. 键的命名不允许使用键作为结尾。
> 6. $ 只能在特定的意义下使用。
> 7. _ 是保留字符，不允许在特定意义上使用。

3. 集合

集合是对一组文档进行归类的统称。

集合存在于数据库中，没有固定的结构。但是所插入的集合都应当具有一定的关联性，当然没有关联性的文档也可以作为集合进行插入。

一个简单集合的全部数据如下：

```
{
     "name": "mingming",
     "type": "String"
}
{
     "name": "xiaoming"
}
{
     "type": "Number"
}
```

在代码中保存的是一类文档。这类文档都是关于名字和名字类型的，甚至集合的键不需要完全相同，也可以保存在同一个集合中。

但是，如果向集合中增加如下文档，集合也可以保存。因为对于集合来说，任何文档都可以归类，并不需要一组。

```
{
        "site": "www.baidu.com"
}
```

可以看到，上方文档是关于站点信息的，虽然和最开始集合中的文档没有任何关系，但是依旧能够保存。

4. 元数据

数据库的一些类似于 MySQL 的信息，也是保存在某个集合中的。通过查询这些集合可以知道数据库的一些信息。其集合的元数据信息如表 6-1 所示。

表 6-1　集合的元数据信息

集合命名空间	描　　述
dbname.system.namespaces	所有元数据名称
dbname.system.indexes	所有的索引
dbname.system.profile	数据库的概要信息
dbname.system.users	所有可访问数据库的用户
dbname.local.sources	主从服务器，这里是显示从服务器的相关信息

5. 数据类型

MongoDB 有多种数据类型，集合的数据类型如表 6-2 所示。

表 6-2　集合的数据类型

数据类型	描　　述
String	字符串类型
Integer	整型数值
Boolean	布尔值
Double	双精度浮点值
Min/Max keys	将一个 JSON 元素的最高值和最低值进行比较
Array	数组保存为一个键
Timestamp	时间戳
Object	内嵌文档
Null	空值
Symbol	符号类型

数据类型	描　述
Date	日期时间
Object ID	对象 ID
Binary Data	二进制数据
Code	代码类型
Regular expression	正则表达式类型

6.2.2　MongoDB的CRUD操作

MongoDB 同其他数据库一样，也具有基本的增、删、查、改的功能。下面将介绍 MongoDB 的 CRUD 操作。

1. 增加操作

文档插入分为插入一个文档或插入多个文档。插入一个 JSON 文档的 API 为 insertOne 函数，插入多个 JSON 文档的 API 为 insertMany 函数，以及使用最多的 insert 函数。

插入文档到示例集合中，其 API 如下：

```
> db.users.insertOne(
...      {
...          name: "sue",
...          age:26,
...          status:"pending"
...      }
... )
{
      "acknowledged" : true,
      "insertedId" : ObjectId("601123e12ece0f9669cb79bc")
}
>
```

在命令中，向 users 集合插入一条 JSON 数据，并返回操作成功的数据。在返回的数据命令中，acknowledged 值为 true，表示数据已写入磁盘。insertedId 表示插入的 ObjectId。

若需要查看这条插入的数据，可使用如下命令：

```
> db.users.find( {"name":"sue"} )
{ "_id" : ObjectId("601123e12ece0f9669cb79bc"), "name" : "sue", "age"
: 26, "status" : "pending" }
>
```

在命令中，使用 find 传入相关的 JSON 参数，可以查看到对应的文档。

插入多个文档到示例集合中，其示例代码如下：

```
> db.inventory.insertMany([
...     { item: "journal", qty: 25, size: { h: 14, w: 21, uom: "cm" },
status: "A" },
...     { item: "notebook", qty: 50, size: { h: 8.5, w: 11, uom: "in" },
status: "A" },
...     { item: "paper", qty: 100, size: { h: 8.5, w: 11, uom: "in" },
status: "D" },
...     { item: "planner", qty: 75, size: { h: 22.85, w: 30, uom: "cm" },
status: "D" },

...     { item: "postcard", qty: 45, size: { h: 10, w: 15.25, uom:
"cm" }, status: "A" }

... ]);
{
        "acknowledged" : true,
        "insertedIds" : [
                ObjectId("60112942e6dd30eb812f537d"),
                ObjectId("60112942e6dd30eb812f537e"),
                ObjectId("60112942e6dd30eb812f537f"),
                ObjectId("60112942e6dd30eb812f5380"),
                ObjectId("60112942e6dd30eb812f5381")
        ]
}
>
```

在命令中，使用 insertMany 函数传入 JSON 文档，并插入到 inventory 集合中。由于之前 inventory 没有创建，所以需要隐式的创建 inventory 集合。返回结果中，acknowledged 的值为 true，表示已成功写入磁盘。insertedIds 数组保存的是每个 JSON 文档创建后分配的唯一 _id 值。

创建完成后，输入如下命令，可查看创建成功的所有集合：

```
> db.inventory.find()
{ "_id" : ObjectId("60112942e6dd30eb812f537d"), "item" : "journal",
"qty" : 25, "size" : { "h" : 14, "w" : 21, "uom" : "cm" }, "status" :
"A" }
{ "_id" : ObjectId("60112942e6dd30eb812f537e"), "item" : "notebook",
"qty" : 50, "size" : { "h" : 8.5, "w" : 11, "uom" : "in" }, "status"
: "A" }
{ "_id" : ObjectId("60112942e6dd30eb812f537f"), "item" : "paper",
"qty" : 100, "size" : { "h" : 8.5, "w" : 11, "uom" : "in" }, "status"
: "D" }
{ "_id" : ObjectId("60112942e6dd30eb812f5380"), "item" : "planner",
"qty" : 75, "size" : { "h" : 22.85, "w" : 30, "uom" : "cm" }, "status"
: "D" }
{ "_id" : ObjectId("60112942e6dd30eb812f5381"), "item" : "postcard",
```

```
"qty" : 45, "size" : { "h" : 10, "w" : 15.25, "uom" : "cm" }, "status"
: "A" }
>
```

输入以上命令，可以看到，显示出的集合是所有创建成功的集合。

插入命令使用最多的是 insert 函数，其示例代码如下：

```
> db.col.insert({title: 'MongoDB 教程',
...    description: 'MongoDB 是一个 Nosql 数据库'
... })
WriteResult({ "nInserted" : 1 })
>
```

在代码中使用 insert 函数，插入一条文档数据到 col 集合中，并返回一条 WriteResult 结果，其中返回结果中，nInserted 表示插入的文档数。这里插入了一条文档，所以文档数为 1。

> **注意**
>
> 如果集合不存在将隐式的创建该集合。插入日期时，应该使用 new Date() 创建。如果没有指定 _ID 的值将自动生成键值对。如果有些字段没有值，可以赋值为 null，或者不写该字段。数值默认情况是 double 类型，如果要保存整数类型，必须使用 NumberInt 函数创建整型数值，否则数值出现的仍然为 double 类型。

2. 删除操作

删除数据共有 3 个 API，分别为 remove 函数、deleteOne 函数、deleteMany 函数。

◎ remove 函数

先插入数据：

```
> db.col.insert({title: 'MongoDB 教程',
...    description: 'MongoDB 是一个 Nosql 数据库'
... })
WriteResult({ "nInserted" : 1 })
>
```

使用 find 命令查询相关数据：

```
> db.col.find()
{ "_id" : ObjectId("60112e91429b57d54a7aa1b4"), "title" : "MongoDB 教
程", "description" : "MongoDB 是一个 Nosql 数据库 " }
>
```

可以看到数据已经完整插入。

使用 remove 函数移除已插入的文档：

```
> db.col.remove({'title':'MongoDB 教程'})
WriteResult({ "nRemoved" : 1 })
>
```

根据返回结果，已移除了一条数据。

使用db.repairDatabase()回收磁盘空间。因为使用remove函数并不是完全删除数据：

```
> db.repairDatabase()
{ "ok" : 1 }
>
```

再次查看：

```
> db.col.find()
>
```

可以看到数据已被完整删除。

◎　deleteOne 函数

插入数据：

```
> db.col.insert({title: 'MongoDB 教程 ',
... description: 'MongoDB 是一个 Nosql 数据库 '
... })
WriteResult({ "nInserted" : 1 })
```

使用 find 命令查询相关数据：

```
> db.col.find()
{ "_id" : ObjectId("601ad48db8cb7d733e3cce51"), "title" : "MongoDB 教
程", "description" : "MongoDB 是一个 Nosql 数据库 " }
```

可以看到数据已插入。

使用 deleteOne 函数删除已插入的文档：

```
> db.col.deleteOne({"_id":  ObjectId("601ad48db8cb7d733e3cce51")})
{ "acknowledged" : true, "deletedCount" : 1 }
>
```

再次查看 col 集合：

```
> db.col.find()
>
```

可以看到数据已完整的删除。

◎　deleteMany 函数

插入数据：

```
> db.col.insert({title: 'MongoDB 教程 ',
... description: 'MongoDB 是一个 Nosql 数据库 '
... })
WriteResult({ "nInserted" : 1 })
```

使用 find 命令查询相关数据：

```
> db.col.find()
{ "_id" : ObjectId("601ad48db8cb7d733e3cce51"), "title" : "MongoDB 教
程", "description" : "MongoDB 是一个 Nosql 数据库" }
```

可以看到数据已插入。

使用 deleteMany 函数删除已插入的文档：

```
> db.col.deleteMany({"_id":  ObjectId("601ad48db8cb7d733e3cce51")})
{ "acknowledged" : true, "deletedCount" : 1 }
```

再次查询相关数据：

```
> db.col.find()
>
```

可以看到数据已删除完毕。

3. 查询操作

这里介绍两种 MongoDB 的查询方式，即简单查询和聚合查询。

◎ 简单查询

初始化相关的数据库：

```
db.inventory.insertMany([
   { item: "journal", qty: 25, size: { h: 14, w: 21, uom: "cm" },
status: "A" },
   { item: "notebook", qty: 50, size: { h: 8.5, w: 11, uom: "in" },
status: "A" },
   { item: "paper", qty: 100, size: { h: 8.5, w: 11, uom: "in" },
status: "D" },
   { item: "planner", qty: 75, size: { h: 22.85, w: 30, uom: "cm" },
status: "D" },
   { item: "postcard", qty: 45, size: { h: 10, w: 15.25, uom: "cm" },
status: "A" }
]);
```

在初始数据库中插入 5 条数据，每个数据都对应 item 数据和 qty 数据，以及 size 对应的嵌套数据和 status 数据。

条件查询全部。如果要查询所有数据库，其代码如下：

```
db.inventory.find( {} )
```

指定字段。如果只显示 item 字段和 _id 字段的信息，其代码如下：

```
db.inventory.find( {} ,{item: 1})
```

如果不显示 _ID，其代码如下：

```
db.inventory.find( {} ,{item: 1, _id:0})
```

条件查询。如果查询 status 为 D 的记录，其代码如下：

```
db.inventory.find( { status: "D" } )
```

非条件查询。如果查询 status 不为 D 的记录，其代码如下：

```
db.inventory.find( { status: { $ne: "D" } })
```

条件查询并指定字段。如果查询 status 为 D 的记录，并只显示 status 的值，其代码如下：

```
db.inventory.find( { status: "D" }, {status: 1, _id:0})
```

包含查询。如果查询满足 status 记录中包含 A 和 D 的记录，其代码如下：

```
db.inventory.find( { status: { $in: [ "A", "D" ] } } )
```

大于条件查询。如果查询 qty > 50 的记录，其代码如下：

```
db.inventory.find( { qty:{$gt: 50} })
```

小于条件查询。如果查询 qty < 50 的记录，其代码如下：

```
db.inventory.find( { qty:{$lt: 50} })
```

大于或等于条件查询。如果查询 qty >= 50 的记录，其代码如下：

```
db.inventory.find( { qty:{$gte: 50} })
```

小于或等于条件查询。如果查询 qty <= 50 的记录，其代码如下：

```
db.inventory.find( { qty:{$lte: 50} })
```

模糊匹配。如果查询 item 为 j 开头的记录，其代码如下：

```
db.inventory.find({item: /^j/})
```

AND 条件查询。如果查询 status 为 A，qty 小于 30 的记录，其代码如下：

```
db.inventory.find( { status: "A", qty: { $lt: 30 } } )
```

OR 条件查询。如果查询 status 为 A，或者 qty 小于 30 的记录，其代码如下：

```
db.inventory.find( { $or: [ { status: "A" }, { qty: { $lt: 30 } } ] } )
```

OR 和 AND 联合使用。如果查询 status 为 A，并且 qty < 30 或 item 值的第一个字母为 p，满足其中一个条件即可，其代码如下：

```
db.inventory.find( {
    status: "A",
    $or: [ { qty: { $lt: 30 } }, { item: /^p/ } ]
} )
```

排序。将查询出来的结果按照 qty 正序排序，其代码如下：

```
db.inventory.find().sort({qty: 1})
```

排序。将查询出来的结果按照 qty 倒序排序，其代码如下：

```
db.inventory.find().sort({qty: -1})
```

统计数量。对查询结果统计数量，其代码如下：

```
db.inventory.find().count()
```

去重。显示所有记录中 status 去重后的值，其代码如下：

```
db.inventory.distinct( "status" )
```

限制数量。对集合中的结果取 11~15 条数据，即跳过 10 条取 5 条，其代码如下：

```
db.inventory.find().limit(5).skip(10)
```

◎ MongoDB 聚合查询

这里新建两个集合，分别是订单集合 orders 和订单详情集合 order_lineitem，通过 order_lineitem.order_id 和 orders.cust_id 进行 join 操作。

初始化 orders 集合的示例语句如下：

```
> db.orders.insert({
...     cust_id: "abc123",
...     ord_date: ISODate("2012-11-02T17:04:11.102Z"),
...     status: 'A',
...     price: 50,
...     items: [ { sku: "xxx", qty: 25, price: 1 },
...              { sku: "yyy", qty: 25, price: 1 } ]
... })
WriteResult({ "nInserted" : 1 })
>
```

统计数量。如果要统计订单的数量，其示例代码如下：

```
db.orders.aggregate( [
   {
     $group: {
       _id: null,
       count: { $sum: 1 }
     }
   }
] )
```

在上方代码中，使用了 aggregate 聚合函数对所有 orders 集合中的记录重新分组，并把结果以 _id 为 null，count 记录的总条数显示出来，其结果为：

```
{ "_id" : null, "count" : 1 }
```

表示输出的记录为 1。

计算总和，其示例代码如下：

```
db.orders.aggregate( [
   {
     $group: {
        _id: null,
        total: { $sum: "$price" }
     }
   }
] )
```

在上方代码中，通过 aggregate 聚合函数对 orders 集合进行分组，显示结果 _id 为 null，total 记录的值为所有记录 price 的和。

其运行的结果如下：

```
{ "_id" : null, "total" : 50 }
```

分组计算总和，其示例代码如下：

```
db.orders.aggregate( [
   {
     $group: {
        _id: "$cust_id",
        total: { $sum: "$price" }
     }
   }
] )
```

在上方代码中，_id 的值为分组值，这里分组的记录列表为 cust_id。在 total 记录中，将分别显示每个分组中 price 记录的和。

其运行的结果如下：

```
{ "_id" : "abc123", "total" : 50 }
```

分组计算总和并排序，其示例代码如下所示：

```
db.orders.aggregate( [
   {
     $group: {
        _id: "$cust_id",
        total: { $sum: "$price" }
     }
   },
   { $sort: { total: 1 } }
] )
```

在上方代码中，_id 的值表示分组的记录值，total 记录分组后所有组内的 price 总和。sort 进行分组，其中 1 表示正序排序。如果要进行倒序排序则使用 –1。

其运行的结果如下：

```
{ "_id" : "abc123", "total" : 50 }
```

条件分组。对分组后的结构按照一定条件进行筛选，其示例代码如下：

```
db.orders.aggregate( [
  {
    $group: {
       _id: "$cust_id",
       count: { $sum: 1 }
    }
  },
  { $match: { count: { $gt: 1 } } }
] )
```

在上方代码中的 _id 规定了按哪一条记录进行分组，并将 count 项用于输出记录值为 1 的记录。然后输出分组后 count 值大于 1 的记录。由于所有的分组 count 值都为 1，并不存在 count 值大于 1 的记录，所以输出的结果为空。

表关联。将两个集合进行关联，类似于 SQL 中的 join 关键字实现的功能，其示例代码如下：

```
db.orders.aggregate([
     {
         $lookup: {
             from: 'order_lineitem',
             localField: 'cust_id',
             foreignField: 'order_id',
             as: 'order_lineitem'
         }
     }
])
```

在上方代码中，$lookup 表示外键操作。其中 from 键值对表示需要关联的表；localField 表示关联表的原集合中需要 join 的字段；foreignField 表示关联表的新的 join 的字段，as 表示重新命名的新字段。

4. 更新数据

对于 MongoDB 来说，更新数据主要有两个 API，分别为 update 函数和 save 函数。下面介绍这两个函数。

◎ update 函数

插入示例数据，其数据如下：

```
db.classes.insert({"name":"c1","count":30})
db.classes.insert({"name":"c2","count":10})
```

插入完成后，查询相关数据：

```
> db.classes.find()
{ "_id" : ObjectId("601c4b7215c4dc14fe28b94c"), "name" : "c1",
"count" : 30 }
{ "_id" : ObjectId("601c4b8815c4dc14fe28b94d"), "name" : "c2",
"count" : 10 }
```

如果把 count 中大于 20 的 name 都修改为 c3，其示例代码如下：

```
db.classes.update({"count":{$gt:20}},{$set:{"name":"c3"}})
```

在上方代码中，使用了 update 函数，其中第 1 个对象表示筛选的条件，这里筛选的条件为大于 20；第 2 个对象表示要修改的值，$set 值的对象表示修改后的值。这里修改后 name 的值为 c3。

修改以后，将返回以下数据：

```
WriteResult({ "nMatched" : 1, "nUpserted" : 0, "nModified" : 1 })
```

返回的值中，nMatched 表示匹配的记录数为 1；nUpserted 表示合并的记录数，这里合并的记录数为 0；nModified 表示修改的记录数为 1。

修改完成后，再进行查询，其结果如下：

```
> db.classes.find()
{ "_id" : ObjectId("601c4b7215c4dc14fe28b94c"), "name" : "c3",
"count" : 30 }
{ "_id" : ObjectId("601c4b8815c4dc14fe28b94d"), "name" : "c2",
"count" : 10 }
>
```

可以看到，值已修改完毕。

◎ save 函数

这里使用 save 命令，其示例代码如下。

先查询数据库中遗留的数据：

```
> db.classes.find()
{ "_id" : ObjectId("601c4b7215c4dc14fe28b94c"), "name" : "c3",
"count" : 30 }
{ "_id" : ObjectId("601c4b8815c4dc14fe28b94d"), "name" : "c2",
"count" : 10 }
>
```

然后修改 _id 为 601c4b7215c4dc14fe28b94c 的数据，其示例代码如下：

```
db.classes.save({ "_id" : ObjectId("601c4b7215c4dc14fe28b94c"),
"name" : "c4", "count" : 30 })
```

修改完成以后，再次查询该数据。其查询出的数据如下：

```
> db.classes.find()
{ "_id" : ObjectId("601c4b7215c4dc14fe28b94c"), "name" : "c4",
"count" : 30 }
{ "_id" : ObjectId("601c4b8815c4dc14fe28b94d"), "name" : "c2",
"count" : 10 }
>
```

可以看到，数据已修改完毕。对于 save 函数来说，如果有和当前集合中 _id 相同的数据，则会自动进行修改。如果没有和 _id 相同的数据，则会进行保存当前记录的操作。

5. 常见数据更新操作符

◎　$inc

用法：$inc:{field:value}

作用：把一个数字字段的某个 field 增加 value 个值。

例子：把 name 为 chenzhou 的学生 age 增加 5。

插入示例数据：

```
db.students.insert({"name": "chenzhou", "age": 22})
```

查看插入的数据：

```
> db.students.find()
{ "_id" : ObjectId("601c539a5e8db5a662c24fea"), "name" : "chenzhou",
"age" : 22 }
>
```

可以看到数据已插入。

执行修改，把学生的 age 增加 5：

```
> db.students.update({name:"chenzhou"},{$inc:{age:5}})
WriteResult({ "nMatched" : 1, "nUpserted" : 0, "nModified" : 1 })
>
```

在上方代码中，update 传入了两个对象，第 1 个对象为条件，第 2 个对象为更改的数据。$inc 表示把原来的值增加 5。

返回结果中，第 1 个数据表示匹配的条数为 1，第 2 个数据表示更新的条数为 0，第 3 个数据表示修改的记录数为 1。

再次查看修改的数据：

```
> db.students.find()
{ "_id" : ObjectId("601c539a5e8db5a662c24fea"), "name" : "chenzhou",
```

```
"age" : 27 }
>
```

可以看到数据已成功加了 5。

◎ $set

用法：$set:{field:value}

作用：把文档中的某个字段 field 值更改为 value。

例子：把 chenzhou 的 age 设为 23 岁。

插入数据：

```
db.students.insert({"name": "chenzhou", "age": 22})
```

查看插入的数据：

```
> db.students.find()
{ "_id" : ObjectId("601c539a5e8db5a662c24fea"), "name" : "chenzhou",
"age" : 22 }
>
```

可以看到数据已插入。

修改 age 的值为 23：

```
> db.students.update({name:"chenzhou"},{$set:{age:23}})
WriteResult({ "nMatched" : 1, "nUpserted" : 0, "nModified" : 1 })
>
```

其中 set 表示修改值。

修改完成后再次查看值：

```
> db.students.find()
{ "_id" : ObjectId("601c539a5e8db5a662c24fea"), "name" : "chenzhou",
"age" : 23 }
>
```

可以看到值已修改成 23。

◎ $unset

用法：$unset:{field:1}

作用：删除 field 字段。

例子：把 chenzhou 记录中年龄字段删除。

在上一步数据的基础上，其示例代码如下：

```
> db.students.update({name:"chenzhou"},{$unset:{age:1}})
WriteResult({ "nMatched" : 1, "nUpserted" : 0, "nModified" : 1 })
>
```

其中 unset 表示删除 age 字段。

执行完命令后，再次查看集合中的记录：

```
> db.students.find()
{ "_id" : ObjectId("601c539a5e8db5a662c24fea"), "name" : "chenzhou" }
>
```

可以看到 age 字段已删除。

◎ $push

用法：$push:{field:value}

作用：把 value 追加到 field 后，将为数组类型保存其值。

例子：给 chenzhou 记录添加 ailas 字段，其中字段值为 Michael。

准备好集合 students 中的数据如下：

```
{ "_id" : ObjectId("5030f7ac721e16c4ab180cdb"), "name" : "chenzhou" }
```

插入相关的数据：

```
> db.students.update({name:"chenzhou"},{$push:{"ailas":"Michael"}})
WriteResult({ "nMatched" : 1, "nUpserted" : 0, "nModified" : 1 })
>
```

使用 push 把其值以数组形式保存到记录中。

使用 find 函数查看记录：

```
> db.students.find()
{ "_id" : ObjectId("5030f7ac721e16c4ab180cdb"), "name" : "chenzhou",
"ailas" : [ "Michael" ] }
>
```

可以看到，数据已经以数组的形式保存在数据库中。

◎ $addToSet

用法：$addToSet:{field:value}

作用：只有当这个值不在数组内时，才会增加这个值到数组中。

例子：给 chenzhou 增加 ailas 字段，增加的字段内容为 A1、A2。

准备集合 students 中的数据如下：

```
{ "_id" : ObjectId("5030f7ac721e16c4ab180cdb"), "ailas" : [ "Michael"
], "name" : "chenzhou" }
```

输入如下命令更新数据：

```
> db.students.update({name:"chenzhou"},{$addToSet:{"ailas":["A1","A2"]}})
WriteResult({ "nMatched" : 1, "nUpserted" : 0, "nModified" : 1 })
>
```

　　根据返回的结果，可以看到数据已更新完毕。

　　再次查看数据：

```
> db.students.find()
{ "_id" : ObjectId("5030f7ac721e16c4ab180cdb"), "name" : "chenzhou",
"ailas" : [ "Michael", [ "A1", "A2" ] ] }
>
```

　　可以看到已增加了一个新字段，字段的值为 A1、A2。

　　◎ $pop

　　用法：$pop:{field:-1} 表示删除数组内的第一个值。$pop:{field:1} 表示删除数组内的最后一个值。

　　作用：删除字段中的值。

　　例子：删除 name 字段为 chenzhou 记录的 alias 字段中的第一个别名。

　　准备如下数据：

```
{ "_id" : ObjectId("5030f7ac721e16c4ab180cdb"), "ailas" : [ "Michael",
"A1", "A2", [ "A3", "A4" ] ], "name" : "chenzhou" }
```

　　使用 update 函数更新数据：

```
> db.students.update({name:"chenzhou"},{$pop:{"ailas":-1}})
WriteResult({ "nMatched" : 1, "nUpserted" : 0, "nModified" : 1 })
>
```

　　在上方代码中，使用 update 函数进行数据的更新，其中第 1 个参数表示条件，第 2 个参数表示更新的数据。pop 表示将删除 alias 字段中的值，其中 -1 表示将会删除第一个值。

　　删除完成后，再次查看相关数据：

```
> db.students.find()
{ "_id" : ObjectId("5030f7ac721e16c4ab180cdb"), "ailas" : [ "A1",
"A2", [ "A3", "A4" ] ], "name" : "chenzhou" }
>
```

　　可以看到第一个别名已经删除。

　　◎ $pull

　　用法：$pull:{field:_value}

　　作用：在记录中删除字段为 field，值为 _value 的键值对。

　　例子：删除 chenzhou 记录中 alias 值为 A1 的键值对。

　　准备数据如下：

```
{ "_id" : ObjectId("5030f7ac721e16c4ab180cdb"), "ailas" : [ "A1",
"A2" ], "name" : "chenzhou" }
```

使用 update 函数更新数据：

```
> db.students.update({name:"chenzhou"},{$pull:{"ailas":"A1"}})
WriteResult({ "nMatched" : 1, "nUpserted" : 0, "nModified" : 1 })
>
```

在上方代码中，使用了 update 函数，其中第 1 个参数为条件，第 2 个参数为更新的值。pull 表示删除一个键值对为 alias:A1。

再次使用 find 函数查看更新后的集合数据：

```
> db.students.find()
{ "_id" : ObjectId("5030f7ac721e16c4ab180cdb"), "ailas" : [ "A2" ],
"name" : "chenzhou" }
>
```

可以看到 A1 已被删除。

◎ $pullAll

用法：$pullAll:value_array

作用：批量删除键值对，其中 value_array 传入的是需要删除的键值对。

例子：删除 chenzhou 记录中的所有 alias。

准备示例数据：

```
{ "_id" : ObjectId("5030f7ac721e16c4ab180cdb"), "ailas" : [ "A1",
"A2" ], "name" : "chenzhou" }
```

使用 update 函数更新数据：

```
> db.students.update({name:"chenzhou"},{$pullAll:{"ailas":["A1","A2"]}})
WriteResult({ "nMatched" : 1, "nUpserted" : 0, "nModified" : 1 })
>
```

在上方代码中，使用 update 函数，传入的第 1 个值为条件，表示更新的记录需要满足 name 值为 chenzhou；第 2 个值为更新后的数据，其中 pullAll 表示删除。

再次查看集合：

```
> db.students.find()
{ "_id" : ObjectId("5030f7ac721e16c4ab180cdb"), "ailas" : [ ], "name"
: "chenzhou" }
>
```

可以看到，集合中的键值对已被完全删除，只保留了字段名称。

◎ $rename

用法：$rename:{old_field_name:new_field_name}

作用：对字段重命名。

例子：把 name 为 chenzhou 记录中的 name 字段重命名为 sname。

准备数据如下：

```
{ "_id" : ObjectId("5030f7ac721e16c4ab180cdb"), "ailas" : [ ], "name"
: "chenzhou" }
```

使用 update 函数更新数据：

```
> db.students.update({name:"chenzhou"},{$rename:{"name":"sname"}})
WriteResult({ "nMatched" : 1, "nUpserted" : 0, "nModified" : 1 })
```

在上方代码中，使用了 update 函数，其中第 1 个参数为条件，表示需要更新满足 name 为 chenzhou 的键值对；第 2 个参数为更新的值。rename 表示对字段进行重命名，其中第 1 个参数为旧值，第 2 个参数为新值。

再次使用 find 函数查看更新后的数据：

```
> db.students.find()
{ "_id" : ObjectId("5030f7ac721e16c4ab180cdb"), "ailas" : [ ],
"sname" : "chenzhou" }
>
```

可以看到 name 已更改成了 sname。

6.2.3　MongoDB高级查询

介绍 MongoDB 的基本查询后，下面将讲解 MongoDB 高级查询的相关内容。

1. 覆盖索引查询

覆盖索引查询指查询时仅查询索引的一部分。返回的结果也只是索引的一部分。

由于索引做了优化，所以查询索引时会比全文档查询的速度更快。

示例如下：

先创建 users 集合，并插入一条数据：

```
> db.users.save(
... {
...     "contact": "987654321",
...     "dob": "01-01-1991",
...     "gender": "M",
...     "name": "Tom Benzamin",
...     "user_name": "tombenzamin"
... }
... )
WriteResult({ "nInserted" : 1 })
>
```

然后查看该集合及集合中的数据：

```
> db.users.find()
{ "_id" : ObjectId("6020ef6f9191060442f79f86"), "contact" :
"987654321", "dob" : "01-01-1991", "gender" : "M", "name" : "Tom
Benzamin", "user_name" : "tombenzamin" }
>
```

可以看到数据已装备完毕。

在 users 中创建一个联合索引，其代码如下：

```
> db.users.ensureIndex({gender:1,user_name:1})
{
        "createdCollectionAutomatically" : false,
        "numIndexesBefore" : 1,
        "numIndexesAfter" : 2,
        "ok" : 1
}
>
```

在上方代码中，使用 ensureIndex 函数创建了一个联合索引，该联合索引将会覆盖 gender 字段和 user_name 字段。在返回的结果中，createdCollectionAutomatically 表示在 MongoDB 中创建联合索引时，如果该集合不存在，则会创建一个新的集合，此时的值为 true。如果该集合存在，那么值为 false。numIndexesBefore 表示在执行该命令之前，已有一个联合索引，该索引为 _id 字段的索引。numIndexesAfter 表示在执行该命令之后，已有两个索引，将会包含新创建的索引。ok 表示创建索引状态为成功。

创建索引完成后，执行以下查询，MongoDB 将会先查询索引，再查询数据库。它的查询速度比未创建索引之前将会加快很多。

```
> db.users.find({gender:"M"},{user_name:1,_id:0})
{ "user_name" : "tombenzamin" }
>
```

在上方代码中，因为 _id 被默认返回了，如果查询 _id 将会进行全文搜索（_id 字段没有录入联合索引字段），所以在进行查询时 _id 不进行显示。此时会只在索引中搜索。此时搜索，其速度会大大加快。

使用下方代码将不会在索引中查询，因为已默认返回了 _id，而 _id 字段并没有录入联合索引。

```
> db.users.find({gender:"M"},{user_name:1})
{ "_id" : ObjectId("6020ef6f9191060442f79f86"), "user_name" :
"tombenzamin" }
>
```

2. 高级索引

以数组创建索引为例。

先执行如下代码，准备相关的 users 集合，以及对应的数据：

```
> db.users.save(
... {
...     "address": {
...         "city": "chengdu",
...         "province": "sichuan",
...         "pincode": "123"
...     },
...     "tags": [
...         "music",
...         "cricket",
...         "blogs"
...     ],
...     "name": "clound"
... }
... )
WriteResult({ "nInserted" : 1 })
>
```

可以看到，数据已插入，其中 tags 的值为数组。

在为 tags 创建索引时，会为 music、cricket、blogs 分别创建三个独立的索引，使其互不干扰。

使用如下代码创建索引：

```
> db.users.ensureIndex({"tags":1})
{
        "createdCollectionAutomatically" : false,
        "numIndexesBefore" : 2,
        "numIndexesAfter" : 3,
        "ok" : 1
}
>
```

在上方代码中，使用 ensureIndex 函数传入 tags 作为值，表示创建索引。

创建完成索引后，使用如下代码进行检索集合：

```
> db.users.find({tags:"cricket"})
{ "_id" : ObjectId("6020fd559191060442f79f87"), "address" : { "city"
: "chengdu", "province" : "sichuan", "pincode" : "123" }, "tags" : [
"music", "cricket", "blogs" ], "name" : "clound" }
>
```

此时使用索引完成了查询。

注意

如果为 address.city 类似的子文档建立索引，只需要传入子文档即可，如函数传入的值为 address.city:1。

155

3. 查询分析

查询分析包括两个函数，即 explain 函数和 hint 函数。

◎ explain 函数

explain 函数能够提供查询信息，如对索引的使用统计等。通过 explain 函数可以实现对查询的优化。

使用示例如下。

先初始化如下数据：

```
{
    "contact": "987654321",
    "dob": "01-01-1991",
    "gender": "M",
    "name": "Tom Benzamin",
    "user_name": "tombenzamin"
}
```

然后执行如下代码，可以看到详细的查询过程：

```
> db.users.find({gender:"M"},{user_name:1,_id:0}).explain()
{
        "queryPlanner" : {
                "plannerVersion" : 1,
                "namespace" : "test.users",
                "indexFilterSet" : false,
                "parsedQuery" : {
                        "gender" : {
                                "$eq" : "M"
                        }
                },
                "winningPlan" : {
                        "stage" : "PROJECTION",
                        "transformBy" : {
                                "user_name" : 1,
                                "_id" : 0
                        },
                        "inputStage" : {
                                "stage" : "IXSCAN",
                                "keyPattern" : {
                                        "gender" : 1,
                                        "user_name" : 1
                                },
                                "indexName" : "gender_1_user_name_1",
                                "isMultiKey" : false,
                                "multiKeyPaths" : {
                                        "gender" : [ ],
                                        "user_name" : [ ]
                                },
```

```
                                    "isUnique" : false,
                                    "isSparse" : false,
                                    "isPartial" : false,
                                    "indexVersion" : 2,
                                    "direction" : "forward",
                                    "indexBounds" : {
                                            "gender" : [
                                                    "[\"M\", \"M\"]"
                                            ],
                                            "user_name" : [
                                                    "[MinKey, MaxKey]"
                                            ]
                                    }
                            }
                    },
                    "rejectedPlans" : [ ]
            },
            "serverInfo" : {
                    "host" : "VM-29-131-centos",
                    "port" : 27017,
                    "version" : "4.0.10",
                    "gitVersion" : "c389e7f69f637f7a1ac3cc9fae843b635f20b766"
            },
            "ok" : 1
}
>
```

在上方代码中，使用 explain 函数实现查询分析。在返回的分析结果中，queryPlanner 表示描述当前计划。

plannerVersion 表示查询计划版本为 1。

namespace 表示要查询的集合为 test.users 集合。

indexFilterSet 表示 Filter 决定了查询优化器对于某个查询将如何使用索引，这里表示未设置。

parsedQuery 表示解析后的查询条件为符合 gender 字段，其值为 M 的记录。

winningPlan 表示在 winningPlan 中有 indexName 子文档，表示使用的索引为 gender_1_user_name_1 索引。

serverInfo 表示 MongoDB 服务器信息。

direction 表示搜索方法，其中 forward 表示正向搜索。

rejectedPlans 表示拒绝执行的计划。

◎　hint 函数

虽然 MongoDB 已经有了 explain 优化函数，但是可以在查询时强制让 MongoDB 使用一个索引，以提升 MongoDB 的性能。

示例代码如下。

先准备如下示例数据：

```
{
    "contact": "987654321",
    "dob": "01-01-1991",
    "gender": "M",
    "name": "Tom Benzamin",
    "user_name": "tombenzamin"
}
```

然后创建相关的 gender 索引和 user_name 索引。

```
> db.users.ensureIndex({gender:1,user_name:1})
{
        "numIndexesBefore" : 3,
        "numIndexesAfter" : 3,
        "note" : "all indexes already exist",
        "ok" : 1
}
>
```

最后强制使用 hint 相关的索引，并附带使用 explain 函数，查看是否使用了索引。

```
> db.users.find({gender:"M"},{user_name:1,_id:0}).hint({gender:1,user_
name:1}).explain()
{
        "queryPlanner" : {
                "plannerVersion" : 1,
                "namespace" : "test.users",
                "indexFilterSet" : false,
                "parsedQuery" : {
                        "gender" : {
                                "$eq" : "M"
                        }
                },
                "winningPlan" : {
                        "stage" : "PROJECTION",
                        "transformBy" : {
                                "user_name" : 1,
                                "_id" : 0
                        },
                        "inputStage" : {
                                "stage" : "IXSCAN",
                                "keyPattern" : {
                                        "gender" : 1,
                                        "user_name" : 1
                                },
                                "indexName" : "gender_1_user_name_1",
                                "isMultiKey" : false,
                                "multiKeyPaths" : {
```

```
                                        "gender" : [ ],
                                        "user_name" : [ ]
                                },
                                "isUnique" : false,
                                "isSparse" : false,
                                "isPartial" : false,
                                "indexVersion" : 2,
                                "direction" : "forward",
                                "indexBounds" : {
                                        "gender" : [
                                                "[\"M\", \"M\"]"
                                        ],
                                        "user_name" : [
                                                "[MinKey, MaxKey]"
                                        ]
                                }
                        }
                },
                "rejectedPlans" : [ ]
        },
        "serverInfo" : {
                "host" : "VM-29-131-centos",
                "port" : 27017,
                "version" : "4.0.10",
                "gitVersion" : "c389e7f69f637f7a1ac3cc9fae843b635f20b766"
        },
        "ok" : 1
}
>
```

在上方代码中，使用 find 执行查询并传入相关条件，以及筛选显示的字段。使用 hint 表示使用 gender、user_name 字段强制索引。最后使用 explain 进行查询计划分析。

在返回的结果中，通过 winningPlan 的子文档 indexName 可以知道使用了 gender_1_user_name_1 索引。

6.2.4　MongoDB的主从复制

MongoDB 主从复制是指将主 MongoDB 数据库的数据复制到一个或多个从 MongoDB 数据库中。其中一个是主节点，负责处理客户端的请求，其他的都是从节点，负责映射主节点的数据，这样可以实现当一个数据库宕机以后，另外一个从数据库可以迅速投入生产，实现 MongoDB 数据库的高可用。

其配置环境如图 6-1 所示。

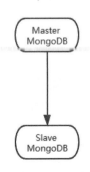

图 6-1　MongoDB 主从复制

图中有两个节点，第 1 个节点为 Master 节点，第 2 个节点为 Slave 节点，Master 节点将会同步复制数据到 Slave 节点。

需要拉取 MongoDB3.4.24 的镜像。

```
[root@VM-29-131-centos ~]# docker pull mongo:3.4.24
```

> **注意**
>
> 由于最新版本的 MongoDB 已经删除了 HTTP 接口和 REST API，所以只能使用 3.4.24 版本。

分别使用 docker run 命令启动两个镜像。

第 1 个镜像命令如下：

```
[root@VM-29-131-centos ~]# docker run -d -p 27018:27017 --name="mongo_master" -v $PWD mongo:3.4.24 --noprealloc --smallfiles --replSet rs
```

表示将会启动一个 mongo 镜像的容器，把主机的 27018 端口绑定在 27017 端口，并把容器重命名为 mongo_master，其中把 $PWD 变量的值作为工作目录。

noprealloc 表示使用预分配方式来保证写入性能的稳定。预分配在后台进行，并且每个预分配的值都会用 0 进行填充。这会让 MongoDB 始终保持额外空间和空余数据文件，从而避免数据增长过快导致分配磁盘的失败。

smallfiles 表示是否使用较小的默认文件，如果设置的值为 true，则表示使用较小的默认数据文件。如果数据库文件很大，则会导致 MongoDB 创建很多文件，从而影响性能。

replSet 使用此设置可配置复制的副本集，指定一个副本集作为参数，所有主机必须有相同的名称作为复制的副本集。

第 2 个镜像命令如下：

```
[root@VM-29-131-centos ~]# docker run -d -p 27019:27017 --name="mongo_slave" -v $PWD mongo:3.4.24 --noprealloc --smallfiles --replSet rs
```

将主机的 27019 端口绑定到 docker 的 27017 端口上。

使用命令查看 docker 容器是否启动：

```
[root@VM-29-131-centos ~]# docker ps
CONTAINER ID      IMAGE               COMMAND                   CREATED
STATUS            PORTS                      NAMES
69ae8392e146      mongo:3.4.24        "docker-entrypoint.s…"    3 seconds ago
Up 2 seconds      0.0.0.0:27019->27017/tcp   mongo_slave
037cbb375939      mongo:3.4.24        "docker-entrypoint.s…"    58 seconds ago
Up 57 seconds     0.0.0.0:27018->27017/tcp   mongo_master
43dc9c7229d5      redislabs/rebloom   "docker-entrypoint.s…"    3 months ago
Up 2 months       0.0.0.0:6380->6379/tcp     epic_kepler
667f2314b2d2      e0cc2b683fe5        "docker-entrypoint.s…"    4 months ago
Up 2 months       0.0.0.0:4000->4000/tcp     epic_curie
```

```
[root@VM-29-131-centos ~]#
```

可以看到有 4 个容器正在运行，其中有两个容器属于刚启动容器，是 mongo_slave 和 mongo_master。它们分别占用 27019 端口与 27018 端口。

先行配置主 MongoDB，即端口为 27018。

进入容器后，输入命令连接 MongoDB：

```
root@037cbb375939:/# mongo --port 27017
```

设置变量 myconf 保存配置文件的信息：

```
myconf = {
    "_id":"rs",
    "members":[{
        "_id":0,
        "host":"106.53.115.12:27018"
    },{
        "_id":1,
        "host":"106.53.115.12:27019"
    }]
}
```

在上方配置文件中，_id 需要与运行容器设置 replSet 参数的名称相同，均为 rs。

members 配置 MongoDB 的主从复制节点，这里有两个节点，所以配置两个。

使用如下命令，初始化主节点：

```
> rs.initiate(myconf)
{ "ok" : 1 }
rs:OTHER>
```

此时，使用 initiate 命令初始化主节点，就可以看到返回的参数中有 ok，表示初始化成功，且命令参数的前缀由 > 变成了 rs.OTHER>。

使用如下命令，查看主节点的配置信息：

```
rs:OTHER> rs.isMaster()
{
    "hosts" : [
        "106.53.115.12:27018",
        "106.53.115.12:27019"
    ],
    "setName" : "rs",
    "setVersion" : 1,
    "ismaster" : true,
    "secondary" : false,
    "primary" : "106.53.115.12:27018",
    "me" : "106.53.115.12:27018",
    "electionId" : ObjectId("7fffffff0000000000000001"),
```

```
        "lastWrite" : {
                "opTime" : {
                        "ts" : Timestamp(1612982248, 1),
                        "t" : NumberLong(1)
                },
                "lastWriteDate" : ISODate("2021-02-10T18:37:28Z")
        },
        "maxBsonObjectSize" : 16777216,
        "maxMessageSizeBytes" : 48000000,
        "maxWriteBatchSize" : 1000,
        "localTime" : ISODate("2021-02-10T18:37:30.860Z"),
        "maxWireVersion" : 5,
        "minWireVersion" : 0,
        "readOnly" : false,
        "ok" : 1
}
rs:PRIMARY>
```

使用 isMaster 命令可以查看配置信息，并在 hosts 文档中看到相关的主机信息，以及在 ismaster 文档中看到是否是主节点。

此时从节点 MongoDB 中，可以看到命令提示符变成了如下：

```
rs:SECONDARY>
```

使用如下命令：

```
rs:SECONDARY> rs.isMaster();
{
        "hosts" : [
                "106.53.115.12:27018",
                "106.53.115.12:27019"
        ],
        "setName" : "rs",
        "setVersion" : 1,
        "ismaster" : false,
        "secondary" : true,
        "primary" : "106.53.115.12:27018",
        "me" : "106.53.115.12:27019",
        "lastWrite" : {
                "opTime" : {
                        "ts" : Timestamp(1612982788, 1),
                        "t" : NumberLong(1)
                },
                "lastWriteDate" : ISODate("2021-02-10T18:46:28Z")
        },
        "maxBsonObjectSize" : 16777216,
        "maxMessageSizeBytes" : 48000000,
        "maxWriteBatchSize" : 1000,
        "localTime" : ISODate("2021-02-10T18:46:31.465Z"),
```

```
        "maxWireVersion" : 5,
        "minWireVersion" : 0,
        "readOnly" : false,
        "ok" : 1
}
rs:SECONDARY>
```

其中 ismaster 为 false，表示为从节点，hosts 表示为服务器 ip 地址与端口。

进入主 MongoDB 终端，插入一条数据：

```
> db.users.insert({"ming":"ming"})
WriteResult({ "nInserted" : 1 })
>
```

此时进入从服务器，也可以看到插入的一条数据：

```
> db.users.find()
{ "_id" : ObjectId("60242ab5e8ce398b081072aa"), "ming" : "ming" }
>
```

表示主从复制数据已搭建完成。

6.2.5　MongoDB的监控与备份

1. MongoDB监控

◎ mongostat 命令

在安装完 MongoDB 后，可以使用如下命令，查看 MongoDB 的运行状态。

```
[root@VM-29-131-centos ~]# mongostat
insert query update delete getmore command dirty used flushes vsize
res qrw arw net_in net_out conn               time
    *0     *0      *0      *0        0     2|0  0.0% 0.0%        0
348M 38.0M 0|0 1|0    167b    67.3k    1 Feb 11 04:04:46.634
    *0     *0      *0      *0        0     2|0  0.0% 0.0%        0
348M 38.0M 0|0 1|0    158b    63.4k    1 Feb 11 04:04:47.634
    *0     *0      *0      *0        0     1|0  0.0% 0.0%        1
348M 38.0M 0|0 1|0    157b    63.3k    1 Feb 11 04:04:48.635
    *0     *0      *0      *0        0     2|0  0.0% 0.0%        0
348M 38.0M 0|0 1|0    158b    63.5k    1 Feb 11 04:04:49.634
    *0     *0      *0      *0        0     1|0  0.0% 0.0%        0
348M 38.0M 0|0 1|0    157b    63.3k    1 Feb 11 04:04:50.636
    *0     *0      *0      *0        0     2|0  0.0% 0.0%        0
348M 38.0M 0|0 1|0    158b    63.5k    1 Feb 11 04:04:51.634
^C2021-02-11T04:04:52.060+0800  signal 'interrupt' received; forcefully
terminating
[root@VM-29-131-centos ~]#
```

根据以上结果，可以知道 MongoDB 某个时刻执行的命令条数。

◎ mongotop 命令

安装完 MongoDB 后，可以使用 mongotop 命令跟踪 MongoDB 的实例状态。

```
[root@VM-29-131-centos ~]# mongotop
2021-02-11T04:08:09.701+0800      connected to: 127.0.0.1

                          ns      total      read      write      2021-02-
11T04:08:10+08:00
  DATA_RECOVERY.README      0ms      0ms      0ms
  admin.$cmd.aggregate      0ms      0ms      0ms
    admin.system.roles      0ms      0ms      0ms
    admin.system.users      0ms      0ms      0ms
  admin.system.version      0ms      0ms      0ms
config.system.sessions      0ms      0ms      0ms
    local.startup_log      0ms      0ms      0ms
  local.system.replset      0ms      0ms      0ms
        test.classes      0ms      0ms      0ms
            test.col      0ms      0ms      0ms
```

在上方代码中，使用 mongotop 命令可以跟踪本地实例，其中每隔一段时间就会输出。ns 包含数据库命名空间，其结合了数据库名称和集合；total 表示 mongod 在这个数据库命名空间总共耗费的时间；read 表示 mongod 在这个命名空间读操作耗费的时间；write 表示在这个命名空间写操作耗费的时间。

2. MongoDB备份

◎ MongoDB 数据备份

对于 MongoDB 来说，数据备份是使用 mongodump 命令对数据进行备份，其命令格式为：

```
mongodump -h dbhost -d dbname -o dbdirectory
```

其中 -h 表示 MongoDB 服务器所在的地址，-d 表示需要备份数据库的实例，-o 表示备份数据库的位置。

例如，要对本地的服务器进行备份，以 root 用户登录进入工作目录，输入如下命令：

```
[root@VM-29-131-centos ~]# mongodump
2021-02-12T22:01:30.562+0800      writing admin.system.users to
...
```

备份完成后，进入刚备份目录的 dump 目录中，可以看到按照文件夹分门归类的目录。

```
[root@VM-29-131-centos dump]# ls
admin  DATA_RECOVERY  test
```

其中 admin、DATA_RECOVERY、test 表示已备份的数据库。进入 test 目录就可以看到按照集合分类的备份文件。

```
[root@VM-29-131-centos test]# ls
classes.bson                col.bson                inventory.bson
orders.bson        students.bson        users.bson
classes.metadata.json   col.metadata.json   inventory.metadata.json
orders.metadata.json   students.metadata.json   users.metadata.json
```

查看其中任意一个以 json 格式结尾的数据文件，可以看到数据库中数据已备份。

```
[root@VM-29-131-centos test]# cat ./classes.metadata.json
{"options":{},"indexes":[{"v":2,"key":{"_id":1},"name":"_
id_","ns":"test.classes"}],"uuid":"3639f75b2242485fab6f63ca3b94ede3"}
[root@VM-29-131-centos test]#
```

此时，MongoDB 数据库中的数据已备份完毕。

◎　MongoDB 数据恢复

MongoDB 数据恢复命令格式如下：

```
mongorestore -h <hostname><:port> -d dbname <path>
```

其中 -h 表示 MongoDB 服务器所在的 IP 地址和端口，-d 表示需要恢复的数据库实例，这个实例可以任意；path 表示备份数据库文件所在的路径。

之前的目录如下：

```
[root@VM-29-131-centos ~]# pwd
/root
[root@VM-29-131-centos ~]#
```

执行恢复命令如下：

```
[root@VM-29-131-centos ~]# mongorestore
2021-02-12T22:25:36.204+0800     using default 'dump' directory
......
```

再次进入数据库，查看数据：

```
> db.users.find()
{ "_id" : ObjectId("60242ab5e8ce398b081072aa"), "ming" : "ming" }
>
```

可以看到数据已恢复。

6.2.6　MongoDB常用的API手册

下面列举一些 MongoDB 常用的 API 手册，如表 6-3 所示：

表 6-3 MongoDB 常用的 API

API	相关描述
show dbs	获取所有数据库
db	获取数据库的所有集合
use local	选择 local 数据库
db.users.insertOne(JSON)	插入一条 JSON 数据到 users 数据库中
db.inventory.insertMany(JSON)	插入多条 JSON 数据到 inventory 数据库中
db.col.insert(JSON)	插入 JSON 数据到 col 数据库中
db.col.remove(JSON)	删除 col 数据库中的 JSON 记录
db.repairDatabase()	回收磁盘空间
db.col.deleteOne(JSON)	删除 col 数据库中的一条 JSON 记录
db.col.deleteMany(JSON)	删除 col 数据库中的多条 JSON 记录
db.inventory.find(JSON)	查询 inventory 数据库中的 JSON 记录
db.orders.aggregate(JSON)	聚合 orders 数据库中的数据,聚合的条件为 JSON
db.classes.update(JSON)	更新 classes 数据库中的 JSON 记录
db.classes.save(JSON)	更新或保存 JSON 数据到 classes 集合中
$inc:{field:value}	把一个数字字段的某个 field 增加 value 值
$set:{field:value}	把文档中的某个字段 field 值更改为 value
$unset:{field:1}	删除 field 字段
$push:{field:value}	把 value 追加到 field 后,将为数组类型保存其值
$addToSet:{field:value}	只有当这个值不在数组内时,才会增加这个值到数组中
$pop:{field:-1},删除数组内的第一个值,$pop:{field:1} 删除数组内的最后一个值	删除数组中的值
$pull:{field:_value}	在记录中删除字段为 field,值为 _value 的键值对
$pullAll:value_array	批量删除键值对,其中 value_array 传入的是需要删除的键值对
$rename:{old_field_name:new_field_name}	对字段重命名

续表

API	相 关 描 述
db.users.ensureIndex(JSON)	对 users 集合创建 JSON 索引
db.users.find(JSON).explain()	对 db.users.find(JSON) 查询的结果进行分析
db.users.find(JSON).hint(JSON1)	对 db.users.find(JSON1) 查询强制使用 JSON1 索引
rs.initiate(JSON)	使用 JSON 对 MongoDB 进行初始化
mongostat	查询 MongoDB 运行状态
mongotop	跟踪 MongoDB 实例状态
mongodump -h dbhost -d dbname -o dbdirectory	对 MongoDB 服务器进行备份
mongorestore -h <hostname><:port> -d dbname <path>	对 MongoDB 服务器进行数据恢复

通过对 MongoDB 相关 API 手册的列举，读者可以更方便地使用 MongoDB，开发出健壮的 MongoDB 程序。

6.3 mongoose基本操作

mongoose 是 MongoDB 和 Node.js 等应用程序连接的桥梁。通过 mongoose 可以实现对 MongoDB 的增、删、查、改等一系列操作，并学习 mongoose 特有的鉴别器、中间件、插件、填充等操作。最后实现通过 mongoose 操作对 MongoDB 的配置，完成基本的 mongoose 的学习。

6.3.1 mongoose 基本的CRUD

1. 基本环境准备

创建 Node.js 项目，并使用如下命令安装 mongoose npm 包：

```
npm install --save mongoose
```

新建 index.js 文件，引入 mongoose：

```
const mongoose = require("mongoose");
```

并使用 mongoose 连接数据库：

```
const mongoose = require("mongoose");
mongoose.connect("mongodb://root@106.53.115.12:27017/test")

mongoose.connection.on("connected", () => {
    console.log("mongodb 数据库连接成功 ")
});
mongoose.connection.on("error", (error) => {
    console.log("mongodb 数据库连接失败 ", error)
});
```

在上方代码中，先使用 require 函数，引入相关的 mongoose 模块，然后使用其模块中的 connect 函数，连接 mongodb://root@106.53.115.12 :27017/test，其中 mongodb 表示连接的协议为 mongodb；root 表示连接的用户名为 root，如果有密码则在 root 后加 : 和密码进行连接；@ 后面是主机 IP 地址；最后一项为连接的数据库，这里连接的是 test 数据库。

使用 connection 下的 on 函数，绑定 connected 事件，以及 MongoDB 数据库连接成功的回调函数，并输出连接成功的相关信息。

使用 connection 下的 on 函数，绑定 error 事件，以及 MongoDB 数据库连接失败的回调函数，并输出连接失败的相关信息。

至此基本环境已准备完毕。

2. mongoose Hello World

连接成功后，继续增加如下代码：

```
// 定义模型，该模型为猫
const kittySchema = new mongoose.Schema({
  name: String
});

const Kitten = mongoose.model('Kitten', kittySchema);

// 实例模型，实例化一只猫
const silence = new Kitten({ name: 'Silence' });
// 可以直接打印出猫的名字
console.log(silence.name); // 'Silence'

silence.save((err) => {
    if(err){
        return console.log(err);
    }
    console.log("success save");
})
```

使用 mongoose 下的 Schema 函数，传入键值对 name:String 对象，表示 MongoDB 存储的字段名称为 name，其值的类型为 String。

使用 mongoose 下的 model 函数，将 MongoDB 中 test 集合下的 Kitten 集合和 kittySchema 模型进行绑定，并导出模型对象 Kitten。

使用导出的模型对象 Kitten 传入记录值实例化对象，这里实例化后的对象为 silence 对象。

使用对象下的 save 函数，将该实例保存进数据库。

登录 MongoDB 数据库，查看保存的数据。

```
> db.kittens.find()
{ "_id" : ObjectId("6026ba30086a145bfc2e857b"), "name" : "Silence",
"__v" : 0 }
>
```

可以看到数据已保存。

3. 查询

使用 mongoose 可以非常方便地查询文档，支持 MongoDB 的查询方式，可以使用 find 函数、findById 函数、findOne 函数或 where 函数进行条件过滤。

初始化数据如下所示：

```
{ "_id" : ObjectId("6026ba30086a145bfc2e857b"), "name" : "Silence",
"__v" : 0 }
```

使用 find 函数查询文档：

```
// 回调函数方式
Kitten.find().exec((err, docs) => {
      console.log(docs)
});
```

在上方代码中，使用实例的 find 函数表示查询的条件，exec 表示进行查询。传入相关的回调函数，当查询成功时会回调该函数，输出相关的文档信息。

在控制台中，输出的内容如下：

```
mongodb 数据库连接成功
[ { _id: 6026ba30086a145bfc2e857b, name: 'Silence', __v: 0 } ]
```

其中第 2 行代码为 MongoDB 查询出的数据。

若需要设置查询条件，其实例代码如下：

```
Kitten.find({"name": "Silence"}).exec((err, docs) => {
      console.log(docs)
});
```

在上方代码中，使用 find 函数传入 name 和 Silence 键值对组成的对象作为查询条件，查询 name 为 Silence 的记录。exec 表示执行并把执行结果在回调进函数中显示出来。

若要单纯地使用 _id 作为查询条件，那么直接使用 findById 查询即可，示例代码如下：

```
Kitten.findById("6026ba30086a145bfc2e857b").exec((err, docs) => {
    console.log(docs);
})
```

在上方代码中，使用 _id 作为查询条件进行查询，并在回调函数中输出。

如果查询的结果有多条，但是程序只取第 1 条，则需要使用 findOnc 函数进行查询，其示例代码如下：

```
Kitten.findOne({"name": "Silence"}).exec((err, docs) => {
    console.log(docs);
})
```

在上方代码中，使用 findOne 函数传入 name 为 Silence 的键值对作为对象，并在回调函数中输出结果。

4. 删除

删除操作使用 deleteOne 函数和 deleteMany 函数实现。

使用 deleteOne 函数删除代码如下：

```
Kitten.deleteOne({"name": "Silence"}, (err) => {
    if(err){
        console.log(err);
        return;
    }
})
```

在上方代码中，deleteOne 函数的第 1 个参数需要传入 name 和 Silence 的键值对作为要删除记录的条件；第 2 个参数为回调函数，当删除完成后将会被调用。在该函数中，如果删除失败，则输出相关的信息。

5. 更新

使用 updateOne 函数实现对记录的更新，其示例代码如下：

```
Kitten.updateOne({"name": "Silence"}, {"name": "ming"}, (err) => {
    if(err){
        console.log(err);
    }
    Kitten.findOne({"name": "ming"}).exec((err, docs) => {
        console.log(docs);
    })
})
```

在上方代码中，使用 updateOne 函数将更新第 1 条符合要求的记录，其余的记录则不会更新。第 1 个参数传入的是更新记录的条件，即 name 字段值为 Silence 的记录；第 2 个参数传入的是更新后的值，即 name 字段的值，更新以后 name 的值为 ming；第 3 个参数为回调函数，其参数为错误信息。

在回调函数中，对刚更改后的记录进行查询。

上述代码执行后，输出结果如下：

```
{ _id: 602801ed310b3260c8c95df8, name: 'ming', __v: 0 }
```

可以看见只更改了一条记录，并把 name 更改成了 ming。

6. 增加

增加操作有 3 种方法，分别是 save、create 和 insertMany。

save 方法示例代码如下：

```
const silence = new Kitten({ name: 'Silence' });

silence.save((err) => {
    if(err){
        return console.log(err);
    }
    console.log("success save");
})
```

在上方代码中，先使用 new 关键字，新建一个包含 name:Silence 键值对的实例。使用该实例下的 save 方法进行保存，并输出错误信息。

执行代码，输出结果如下：

```
success save
```

create 方法示例代码如下：

```
Kitten.create({"name": "Silence"}, (err, docs) => {
    if(err){
        console.log(err);
        return;
    }
    console.log(docs);
})
```

在上方代码中，使用实例中的 create 函数传入需要在 MongoDB 中创建的键值对，第 1 个参数为需要保存的键值对，第 2 个参数为创建完成后的回调函数。

执行完上述代码后，在控制台中将会输出如下内容：

```
{ _id: 60280c15b5980326fc65414f, name: 'Silence', __v: 0 }
```

表示创建记录已成功。

insertMany 方法示例代码如下：

```
Kitten.insertMany({"name": "Silence"}, (err) => {
    if(err){
```

```
            console.log(err);
            return;
        }
})
```

在上方代码中，使用实例下的 insertMany 方法传入需要插入的记录。回调函数为第 2
个参数，在回调函数中将输出错误信息。

6.3.2　mongoose 的Schema

1. Schema

在 mongoose 中，所有数据都由一个 Schema 开始创建，每一个 Schema 都会映射到一
个 MongoDB 的集合，并定义该集合中文档的形式，包括字段名称和字段数据类型等信息。

2. 定义一个Schema

```
const mongoose = require("mongoose");
const kittySchema = new mongoose.Schema({
  name: String
});
```

在上方代码中，先引入 mongoose 模块，然后使用 mongoose 模块下的 Schema 函数，
创建 Schema。其中传入的是该集合中字段名称和字段的数据类型。

Schema 允许的字段类型有：String 类型、Number 类型、Date 类型、Buffer 类型、Boolean
类型、Mixed 类型、ObjectId 类型、Array 类型。

3. 实例方法

通过 Schema 创建 Model 构造出的实例，用于 Model 实例的调用。

在 methods 下添加定义好的方法。

示例代码如下：

```
kittySchema.methods.find = async function(){
    // this 这里指调用 Model 实例的对象
    return this.model("Kitten").find();
}
```

在上方代码中，函数前面需要加 async 关键字，表示将此异步方法改为同步方法。在
函数的返回值中，将先调用 Model 实例对象，然后绑定数据库中的集合，最后调用 find 函
数进行查询。

```
const Kitten = mongoose.model('Kitten', kittySchema);

const silence = new Kitten({ name: 'Silence' });
silence.find().then((res) => {
    console.log(res);
```

```
})
```

定义完方法后，调用 mongoose 的 model 方法将数据库中的集合和模型绑定，再实例化
对象。最后调用实例化后对象的 find 方法，这里的 find 方法为之前定义好的方法。在 find
方法后链式调用 then 方法，并在回调函数中获取输出的值。

执行完代码后，输出结果如下：

```
mongodb 数据库连接成功
{ _id: 602801ed310b3260c8c95df8, name: 'ming', __v: 0 }
```

可以看到调用了之前定义的 find 函数，并输出了相关的数据。

具体代码可以查看附件资源全书代码中的 6-1。

> **注意**
>
> 此方法定义的函数，调用者为 Schema 创建 Model 构造的实例。

4. 静态方法

通过 Schema 创建的 Model，可以创建静态方法供 Model 调用。

先准备定义好的 Schema。

示例代码如下：

```
// 定义 Schema
const kittySchema = new mongoose.Schema({
  name: String
});
```

定义静态方法：

```
// 定义实例方法
kittySchema.methods.find = async function(){
    // this 这里指调用 Model 实例的对象。
    return this.find();
}
```

相比示例方法而言，静态方法少了绑定的一环，即少了 model("Kitten") 函数的执行。

执行并获取结果如下：

```
const Kitten = mongoose.model('Kitten', kittySchema);

Kitten.find().then((res) => {
    console.log(res[0]);
})
```

在上方代码中，把 Schema 和数据库中的集合进行绑定后获取的对象，执行之前定义的
静态方法。

执行结果如下：

```
{ _id: 602801ed310b3260c8c95df8, name: 'ming', __v: 0 }
```

数据库中的数据已经取出。

> **注意**
>
> 此方法定义的函数，调用者为 Schema 创建的 Model。

5. 索引

MongoDB 为每个 Document 都设有一个 _id 的主键，即第 1 索引；同时也支持第 2 索引。

一般来说独立索引如下：

◎ 在定义 Schema 内创建。

◎ 根据单个 field 查找时使用。

其示例代码如下：

```
const kittySchema = new mongoose.Schema({
  name: {type: String, index: true}   // 独立索引
});
```

在代码中定义 Schema，其中有一个字段为 name，在其值类型上传入一个对象，该对象的第 1 个参数为 name 的类型，这里的类型为 String 类型；第 2 个参数为 name 是否为索引，如果为 true 则表示为独立索引，否则就不是独立索引。

组合索引包含以下内容。

◎ 由 Schema.index 创建。

◎ 当需要查找 field1 和 field2 时使用。

在设置组合索引时 1 为升序索引，-1 为降序索引。unique 选项如果为 true，则表示为唯一索引。

其示例代码如下：

```
// 组合索引
kittySchema.index({name: 1, age: -1}) // name 和 age 共同为组合索引
kittySchema.index({age: -1}, {unique: true})//  设置 age 为降序，unique 表
示该字段为唯一索引
```

在上方代码中，使用 Schema 下的 index 函数，第 1 行代码表示设置 name 和 age 为共同的组合索引；第 2 行的第 1 个参数表示设置 age 为降序排序，第 2 个参数 unique 表示该字段为唯一索引。

执行完成后，在数据库中查看索引：

```
> db.kittens.getIndexes();
[
```

```
        {
                "v" : 2,
                "key" : {
                        "_id" : 1
                },
                "name" : "_id_",
                "ns" : "test.kittens"
        },
        {
                "v" : 2,
                "key" : {
                        "name" : 1,
                        "age" : -1
                },
                "name" : "name_1_age_-1",
                "ns" : "test.kittens",
                "background" : true
        }
]
>
```

可以看到名称为 name_1_age_-1 的组合索引，其中索引的字段为 name 字段和 age 字段。

6.3.3　mongoose 的验证

mongoose 验证主要用于文档更新或保存时，对输入值进行验证。对于验证器来说，可以使用 mongoose 内置的验证器，也可以使用自定义的验证器。两种验证器都可以手动或自动化触发。

1. 验证器Hello World

验证一般定义于 SchemaType，并且验证属于中间件，mongoose 会在中间件处进行验证操作。验证属于异步递归验证，当调用 save 保存文档时，其保存的子文档也会被验证。

其示例代码如下：

定义一个基本的 Schema，此 Schema 将包含验证规则。

```
const kittySchema = new mongoose.Schema({
  name: {
      type: Number,
      required: true
  }
});
```

在上述定义的 Schema 中，定义字段 name 的类型必须为 Number 类型，并且不能为空。

将模型和数据库中的集合绑定：

```
const Kitten = mongoose.model('Kitten', kittySchema);
```

实例化模型：

```
const silence = new Kitten({ name: 'Silence' });
```

在上方代码中，将模型实例化并传入一个错误的 name 值，此 name 值的类型为 String 类型，而不是之前定义的 Number 类型。

最后，执行 save 命令，并将错误信息打印出来。

```
silence.save((err) => {
    if(err){
        console.log(err)
    }
})
```

执行代码，将会输出如下的错误信息：

```
Error: Kitten validation failed: name: Cast to Number failed for
value "Silence" at path "name"
    at ValidationError.inspect (C:\Users\Administrator\Desktop\
mongodb\node_modules\mongoose\lib\error\validation.js:47:26)
...
 errors: {
    name: CastError: Cast to Number failed for value "Silence" at
path "name"
        at SchemaNumber.cast (C:\Users\Administrator\Desktop\mongodb\
node_modules\mongoose\lib\schema\number.js:401:11)
...
```

以上表示信息 Kitten 实例验证失败，name 应该是 Number 类型，但是这里传入的是 String 类型。

2. 内置验证器

在 mongoose 中内置了几个验证器，分别是 required 验证器，用于验证非空。Number 内置了 mix 验证器和 max 验证器。String 内置了 enum 验证器、match 验证器、minlength 验证器和 maxlength 验证器。

定义一个 Schema，示例代码如下：

```
const kittySchema = new mongoose.Schema({
  name: {
      type: String,
      required: true
  },
  age: {
      type: Number,
      min: [10, 'Too few age'],
      max: 20
```

```
    },
    address: {
        type: String,
        enum: ["beijing", "tianjin"]
    }
});
```

在 Schema 中定义了三个字段，分别为 name 字段、age 字段、address 字段。其中 name 字段的限制类型为 String 类型，不允许为空。age 字段限制类型为 Number 类型，最小值为 10，如果超过了最小值，则会报错，报错信息为 Too few age，最大值为 20。address 字段限制类型为 String，表示为枚举类型，其类型只能在 beijing 和 tianjin 中选择。

绑定模型和数据库中的集合。

```
const Kitten = mongoose.model('Kitten', kittySchema);
```

按照要求实例化数据，并保存。

```
const silence = new Kitten({ name: 'Silence' , age: 11, address:
"beijing"});

silence.save((err) => {
    if(err){
        console.log(err)
    }
})
```

在上方代码中，由于 name 为 Silence，age 为 11，address 为 beijing 都符合要求的条件，使用 save 命令保存。

执行完成上方代码后，进入数据库查询可以看到刚保存进入的数据。

```
> db.kittens.find()
{ "_id" : ObjectId("602963516427a41f34a8b3a6"), "name" : "Silence",
"age" : 11, "address" : "beijing", "__v" : 0 }
```

6.3.4　mongoose 的中间件

mongoose 中间件又被称为前置钩子或后置钩子，它是指在执行异步功能时传递控制的函数。一般来说，在编写插件时会使用 mongoose 中间件功能。mongoose 中间件主要应用在文档、模型、聚合函数和查询这四个方面。

1. 前置中间件

前置中间件分为串行中间件和并行中间件，其中串行中间件是指按照书写顺序依次执行的。

先定义基本的 Schema。

其示例代码如下：

```
const kittySchema = new mongoose.Schema({
  name: String
});
```

在 Schema 中定义了一个字段，此字段为 name 字段，类型为 String 类型。

再定义一个前置钩子：

```
kittySchema.pre('find', function(next) {
  console.log("前置钩子")
  next();
});
```

在上方代码中，第 1 个参数 find 表示当实例执行 find 操作时，将会执行该中间件。第 2 个参数为回调函数，表示执行的函数。在执行的函数体内，第 1 行代码为执行的前置钩子内容，第 2 行代码必须有，表示跳转到下一个钩子执行。

如果要设置为并行中间件，只需要在 find 后再增加一个参数，该参数值为 true，表示中间件将会以并行方式执行，其示例代码如下：

```
kittySchema.pre('find', true, function(next) {
  console.log("前置钩子")
  next();
});
```

最后补充完成其余代码：

```
const Kitten = mongoose.model('Kitten', kittySchema);

Kitten.find().exec((err, docs) => {
    console.log(docs)
})
```

当完整代码运行后，在控制台中输出如下内容：

```
前置钩子
[{ _id: 602801ed310b3260c8c95df8, name: 'ming', __v: 0 }]
```

第 1 行代码输出"前置钩子"表示前置钩子已执行。

2. 后置中间件

后置中间件指钩子的方法和所有的前置中间件都已经执行完成后执行的方法。后置中间件不接受并行操作和串行操作。后置钩子只是一种传统的注册事件监听器的方式。

其示例代码如下：

```
schema.post('init', function(doc) {
  console.log('%s has been initialized from the db', doc._id);
});
```

```
schema.post('validate', function(doc) {
  console.log('%s has been validated (but not saved yet)', doc._id);
});
schema.post('save', function(doc) {
  console.log('%s has been saved', doc._id);
});
schema.post('remove', function(doc) {
  console.log('%s has been removed', doc._id);
});
```

在上方代码中，当进行初始化执行操作，或者 save 命令执行完毕，或者 remove 命令执行完毕后，都会执行其对应的回调函数，并输出相关内容。

其运行后结果如下：

```
602801ed310b3260c8c95df8 has been initialized from the db
...
```

3. 验证钩子

在进行 save 操作时，有一个保持验证钩子，可以在保存之前对需要保存的数据验证是否正确，再进行保存。

其示例代码如下：

```
schema.pre('validate', function() {
  console.log('this gets printed first');
});
schema.post('validate', function() {
  console.log('this gets printed second');
});
schema.pre('save', function() {
  console.log('this gets printed third');
});
schema.post('save', function() {
  console.log('this gets printed fourth');
});
```

在上述代码中，validate 和 save 都会在操作之前进行验证。

4. 异步后置钩子

如果在异步后置钩子中增加第 2 个参数（next 参数），则只会等到第 1 个 next 函数调用后，才会调用第 2 个中间件。

其示例代码如下：

```
schema.post('save', function(doc, next) {
  setTimeout(function() {
    console.log('post1');
    next();
  }, 10);
```

```
});

schema.post('save', function(doc, next) {
  console.log('post2');
  next();
});
```

在上方代码中有两个后置中间件，虽然第 1 个中间件使用了定时器，隔 10ms 后才会执行，但是 mongoose 一定会等待调用 next 后才调用第 2 个中间件。

其输出结果如下：

```
post1
post2
```

根据输出结果可以发现，即使第 1 个中间件调用 next 晚了 10ms，但是仍然会先执行第 1 个中间件，再执行第 2 个中间件。

6.3.5　mongoose 的插件

对于 mongoose 来说，插件是可插拔的，并且也允许使用预包装来扩展其功能。

如果要编写一个插件，具体功能是为每一个执行 save 的实例自动添加 lastMod 字段，表示修改的日期。

在根目录中新建 lastMod.js 文件，输入如下内容：

```
module.exports = exports = function lastModifiedPlugin (schema,
options) {
  schema.add({ lastMod: Date })

  schema.pre('save', function (next) {
    this.lastMod = new Date
    next()
  })

  if (options && options.index) {
    schema.path('lastMod').index(options.index)
  }
}
```

在代码中导出一个 lastModifiedPlugin 函数，此函数有两个参数，分别为 schema 和 options。其中 schema 参数表示需要修改的 schema，options 参数表示选项，可以对选型进行一些修改。这里的 options 参数如果为 true，则会在 lastMod 上添加索引。

在代码中使用了后置钩子，当为 save 时，将会获取当前时间，并添加到实例中，这里使用 schema.add 方法。

新建 index.js 文件，输入如下内容：

```
var lastMod = require('./lastMod');
var GameSchema = new mongoose.Schema({...});
GameSchema.plugin(lastMod, { index: true });
```

在上方代码中，先引入已编写好的插件文件，第 2 行代码表示定义了新的 Schema。然后使用新定义好的 Schema 对象下的 plugin 函数传入两个参数，第 1 个参数为使用插件的函数，第 2 个参数为插件的设置参数，这里设置参数 index 的值为 true。

补全代码并执行，最后查询数据库中的数据，其结果如下：

```
> db.games.find()
{ "_id" : ObjectId("602aa9792cae543694273f9d"), "name" : "myWorld",
"lastMod" : ISODate("2021-02-15T17:03:53.097Z"), "__v" : 0 }
>
```

在第 3 行代码中，可以看到由插件自动添加的日期字段。

具体代码可以查看附件资源全书代码中的 6-2。

如果不传值，其示例代码如下：

```
let lastMod = require('./lastMod');
let Player = new Schema({ ... });
Player.plugin(lastMod);
```

具体的值直接省去即可，不需要再次添加。

◎　全局 Plugin

使用全局 Plugin 只需要在 mongoose 下的 plugin 函数中传入编写好的插件函数即可。

其示例代码如下：

```
let mongoose = require('mongoose');
mongoose.plugin(require('./lastMod'));
```

◎　社区插件

读者可以访问如下网址直接搜索插件名称或描述，就可以快速获取社区贡献的插件。读者也可以自行的发布带有 mongoose 标签的 NPM 包到 NPM 社区。如果发布了带有 mongoose 标签的 NPM 包，则会自动在如下的搜索结果中显示。

https://plugins.mongoosejs.io/

推荐插件为 mongoose-int32。

NPM 项目地址：

https://www.npmjs.com/package/mongoose-int32

Github 项目地址：

https://github.com/vkarpov15/mongoose-int32

mongoose 插件项目地址：

https://plugins.mongoosejs.io/plugins/int32

插件介绍：

此插件主要用于存储 MongoDB int 32 类型的数据。

6.3.6　mongoose 的填充

mongoose 和其余 MySQL 不同的是没有 join 联表操作，但是如果需要引用其他文档的内容可使用 population 函数实现填充。

populate 函数会在文档中自动更换其他集合中指定的路径，它可以填充单一的文档、多个文档或普通对象。

先准备两个有关联关系的 Schema。

示例代码如下：

```
const mongoose = require("mongoose");
const Schema = mongoose.Schema;
mongoose.connect("mongodb://root@106.53.115.12:27017/test")

var personSchema = Schema({
  _id      : Number,
  name     : String,
  age      : Number,
  stories  : [{ type: Schema.Types.ObjectId, ref: 'Story' }]
});

var storySchema = Schema({
  _creator : { type: Number, ref: 'Person' },
  title    : String,
  fans     : [{ type: Number, ref: 'Person' }]
});

var Story  = mongoose.model('Story', storySchema);
var Person = mongoose.model('Person', personSchema);
```

在上方代码中，先引入 mongoose 模块，并获取 Schema 用于创建 Schema。然后使用函数创建两个具有关联关系的 Schema。关联关系使用 ref 实现。

保存相关的值到数据库中。

```
var aaron = new Person({ _id: 0, name: 'Aaron', age: 100 });

aaron.save(function (err) {
  if (err) return handleError(err);

  var story1 = new Story({
```

```
    title: "Once upon a timex.",
    _creator: aaron._id     // assign the _id from the person
  });

  story1.save(function (err) {
    if (err) return handleError(err);
    // thats it!
  });
});
```

在上方代码中，使用相关数据创建 Person 对象，然后使用实例下的 save 方法保存相关数据。在回调函数中再次保存数据到 Story 集合。

保存完毕，数据库数据如下。

Person 集合数据：

```
> db.people.find()
{ "_id" : 0, "stories" : [ ], "name" : "Aaron", "age" : 100, "__v" :
0 }
```

可以看到是记录 _id 为 0 的相关数据。

Story 集合数据：

```
> db.stories.find()
{ "_id" : ObjectId("602abebc62dc7336c8877cbb"), "fans" : [ ], "title"
: "Once upon a timex.", "_creator" : 0, "__v" : 0 }
>
```

可以看到 _creator 记录的值为 0，对应 Person 集合中的 _id 为 0 的数据。

最后执行如下代码，查询数据：

```
Story
.findOne({ title: 'Once upon a timex.' })
.populate('_creator')
.exec(function (err, story) {
  if (err) return handleError(err);
  console.log('The creator is %s', story._creator.name);
  // prints "The creator is Aaron"
});
```

在上方代码中，使用 populate 函数会自动填充 Person 集合中的数据到 Story 结果中。以至于结果可以在 _creator 字段中找到对应的 Person 集合中需要的记录。

上述代码完整执行后，输出结果如下：

```
The creator is Aaron
```

可以看到已自动填充了 Aaron 结果。

6.3.7　mongoose 的鉴别器

鉴别器是一种 Schema 继承机制。使用鉴别器可以实现在同一个基础上 MongoDB 拥有多个相似的 Schema。

例如，若要在单个集合中跟踪不同类型的事件，并且每个事件都有一个时间戳，有的需要点击 URL，但是有的不需要，此时只需要有 URL 的点击就可以通过 model.discriminator 函数来实现此目的。它共有两个参数，第 1 个参数为绑定的模型名称，第 2 个参数为增加鉴别器的 Schema。

设置鉴别器的相关参数，这里增加一个对象，用于设置鉴别器的参数。

其示例代码如下：

```
let options = {discriminatorKey: 'kind'};
```

创建 Schema，并完成绑定：

```
let eventSchema = new mongoose.Schema({time: Date}, options);
let Event = mongoose.model('Event', eventSchema);
```

在上述代码中，创建了一个模式 Schema，并在第 2 个参数中绑定了相关的参数，声明这是一个鉴别器。

使用普通方式创建实例，将获取不到模式之外的字段：

```
let genericEvent = new Event({time: Date.now(), url: 'google.com'});
console.log(genericEvent.url)
```

根据运行结果，可以看到未获取 URL 字段的内容。

通过鉴别器函数创建实例：

```
let ClickedLinkEvent = Event.discriminator('ClickedLink', new
mongoose.Schema({url: String}, options));
```

在上方代码中，第 1 个参数为绑定模式的名称，这里绑定的是之前创建的 ClickedLink 模式。第 2 个参数创建了一个新的模式，其字段为 url，存储点击的网址信息，创建模式的第 2 个参数声明这是一个鉴别器。

重新创建实例，获取 URL：

```
let clickedEvent = new ClickedLinkEvent({time: Date.now(), url:
'google.com'});
console.log(clickedEvent.url)
```

代码运行后输出的结果为：

```
google.com
```

已成功获取鉴别器保存的结果。

6.3.8　mongoose常用的API手册

下面列举一些 mongoose 常用的 API 手册，如表 6-4 所示。

表 6-4　mongoose 常用的 API

API	相关描述
mongoose.connect(URL)	连接 MongoDB
mongoose.connect.on(Event, Callback)	mongoose 连接事件绑定
mongoose.model(name, Schema)	模型和数据库中的集合绑定
Schema(JSON)	定义模型函数
model.save(Callback)	保存实例到数据库中
model.find().exec(Callback)	查询数据库数据
model.findById(ID).exec(Callback)	根据 ID 查询数据库记录
model.findOne().exec(Callback)	查询数据库，返回第 1 条数据
model.deleteOne(),exec(Callback)	删除数据库的第 1 条记录
model.updateOne(old,new,Callback)	更新数据库的第 1 条记录
model.create(JSON, Callback)	保存 JSON 数据到数据库中
model.insertMany(JSON, Callback)	插入 JSON 数据到数据库中
model.index(JSON)	创建数据库索引
model.pre(name, Callback)	前置钩子
model.post(name, Callback)	后置钩子
model.plugin(name, JSON)	mongoose 插件
mongoose.plugin(Function)	全局 mongoose 插件
mongoose.populate(name)	mongoose 填充
model.discriminator(name, model)	mongoose 鉴别器

通过手册中 mongoose 相关 API 的列举，读者可以更方便地使用 mongoose 开发出健壮的 mongoose 程序。

6.4 本章小结

本章主要介绍了 MongoDB 数据库及其基本操作，包括 MongoDB 基本概念的解析、MongoDB 的 CRUD 操作、MongoDB 的高级查询、MongoDB 的主从复制、MongoDB 的监控与备份和 MongoDB 常用的 API 手册。

还介绍了 Node.js 与 MongoDB 连接的框架（mongoose）、mongoose 基本的 CRUD、mongoose 的 Schema、mongoose 的验证、mongoose 的中间件、mongoose 的插件、mongoose 的填充、mongoose 的鉴别器和 mongoose 常用的 API 手册。

通过本章的学习，读者可以掌握 MongoDB 和 mongoose 的基本操作。由于使用 mongoose 搭建基础项目的操作，在 2.3 节中已经介绍，故在此不再赘述。

第7章

Node.js分布式

在本章将学习 Node.js 分布式、Node.js 负载均衡、Node.js 去状态化、Node.js 远程过程调用（RPC）、Node.js 中间件等内容。

通过对本章的学习，读者将逐步掌握 Node.js 分布式的相关知识，完成 Node.js 分布式的开发。

7.1 Node.js分布式概述

分布式指一组通过网络进行通信，为了完成共同任务而协调工作的计算机系统。分布式的出现是为了解决整台计算机无法完成的计算和存储任务。其目的在于利用更多的资源和存储空间，从而处理更多的数据，乃至上 T 的数据。

需要注意的是，只有单个节点无法满足日益增长的数据。当添加硬盘或加 CPU 仍然不能解决问题时，就要使用分布式系统了。

对于任务分发来说，先把全部计算的任务分布到多台服务器上进行分开处理，再由中心节点汇总一处，这就是分片的思想。当数据规模较大的时候，存储也可以这样使用。但是由于分布式系统之间是依靠网络进行连接的，因此会有网络之间的不稳定性，所以需要使用冗余确保系统能够正常运行。

1. 面临的挑战

分布式系统面临的挑战如下。

◎ 计算机和网络之间的协调。因为在分布式系统上，每个节点使用的计算机都不相同，甚至使用的编程语言都不相同。

◎ 节点故障导致系统不可用。由于分布式系统是由多个节点构成，因此极其容易出现故障，从而引发整个系统处于不可用的状态。

◎ 网络之间不稳定。由于分布式系统是由网络之间连接的，网络超时是分布式系统不易解决的问题。

2. 衡量标准

分布式系统的衡量标准如下。

◎ 可扩展性。可以随时进行扩展。

◎ 透明性。用户不需要关心内部如何使用，只要外部可用即可。

◎ 可用性和可靠性。系统需要大部分时间处于可用的状态，以及整个系统的可靠。

◎ 一致性。数据冗余存储后，多个节点的数据应当相同，不会出现同一时刻数据不同的问题。

3. 基本架构图

下面用一个简单的架构图表示分布式系统的基本架构，如图 7-1 所示。

在架构图中，当 PC 和 App 访问 Nginx 时，由 Nginx 作为网关发送信息到多台 WebServer 服务器。然后这些 WebServer 服务器全部实现 Session 分布式。

在每个 WebServer 服务器中，大部分通过 HTTP 实现各个应用之间的访问。各个应用之间通常使用 MQ 等消息中间件实现访问。

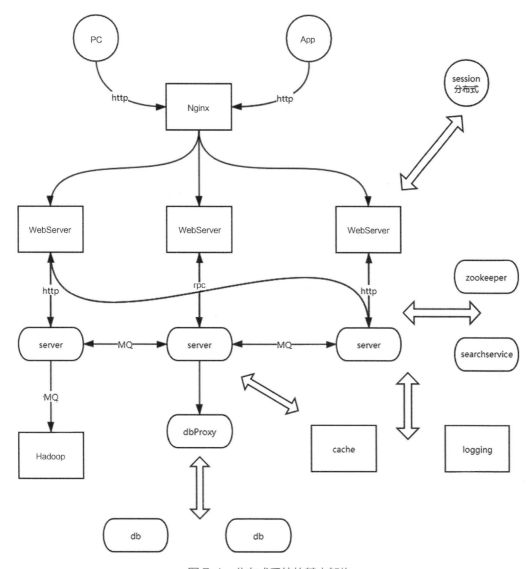

图 7-1　分布式系统的基本架构

系统中实现了多台数据库，并且使用 dbProxy 作为数据库的访问网关。还添加了 zookeeper 作为注册中心，实现应用的注册；添加 cache 作为缓存服务；添加 logging 作为日志系统；添加 Hadoop 作为数据处理中心。

4. 相关软件实现

在基本的网站架构中还需要软件来实现。

◎　负载均衡。一般由 Nginx、LVS 实现，其中 Nginx 的使用率较多。它的功能包括负载均衡、静态内容缓存、访问控制等。

◎　WebServer。指服务器，这里可以使用 Tomcat、Apache 等实现。

◎　Service。指 SOA、微服务等具体的实现。

◎ 容器。使用 Docker、Kubernets 来实现。

◎ Cache。一般使用 Memcache、Redis 来实现。

◎ 协调中心。一般有开源的，如 zookeeper、etcd 等。

◎ RPC 框架。一般由 Dubbo 框架等实现。

◎ 消息队列。一般由 Kafka、RabbitMQ、RocketMQ 等实现。

◎ 数据处理平台。可分为离线处理的 Hadoop、Spark。实时处理平台的 Storm、Akka 等。

◎ dbProxy。使用阿里的 cobar、myCat 等实现。

◎ 搜索。一般使用 Elasticsearch、Solr 等实现。

◎ 日志。一般有现成的框架，这里主要使用 RsyLog、Flume、ELK，其中 ELK 系列有 3 个软件，分别是 Elasticsearch、Logstash、Kibana。

7.2 Node.js负载均衡

负载均衡指一种计算机技术，用在多个计算机，或者计算机集群、网络连接、CPU、磁盘驱动器及其他资源进行集中的分配负载，以达到最优化的资源使用，使吞吐率最大化，响应时间最小，同时防止过载。通过负载均衡实现多个服务器组件，可以逐一取代单一的组件，最后达到冗余并提高可靠性。负载均衡一般是由专用的软件或硬件来完成的。它的主要目的是将作业合理分配到多个操作单元，并解决互联网中的高可用和高并发的问题。

负载均衡一般由 2 层、3 层、4 层、7 层进行负载均衡，并分为软负载均衡和硬负载均衡。

对于软负载均衡来说，其实现成本较低且操作灵活，但缺点也显而易见，容易受到服务器的影响。

对于硬负载均衡来说，性能将会比软负载均衡较好，但是成本较高。

1. Node.js多进程

Node.js 多进程是通过 cluster 模块来实现的。

示例代码如下：

```
const cluster = require('cluster');
const http = require('http');
const numCPUs = require('os').cpus().length;

if (cluster.isMaster) {
  console.log('Master ${process.pid} is running');
```

```
// Fork workers.
for (let i = 0; i < numCPUs; i++) {
  cluster.fork();
}

cluster.on('exit', (worker, code, signal) => {
  console.log('worker ${worker.process.pid} died');
});
} else {
// Workers can share any TCP connection
// In this case it is an HTTP server
http.createServer((req, res) => {
  res.writeHead(200);
  res.end('hello world\n');
}).listen(8000);

console.log('Worker ${process.pid} started');
}
```

在上方代码中，先引入 cluster 模块，用于 Node.js 的多进程服务。然后引入需要使用的 http 模块和 os 模块。

当为主进程执行该文件时，将打印出当前进程的信息。然后 Fork 和当前 CPU 数目相同的子进程，执行的程序为本段程序代码，并创建事件。当子进程触发 exit 事件时，将打印出相关的进程信息。

当为子进程执行该文件时，将执行 else 语句后段代码。创建一个 http 服务器，监听 8000 端口，并打印出相关的进程信息。

执行上方文件，输出内容如下：

```
Master 11316 is running
Worker 8592 started
Worker 17812 started
Worker 11800 started
Worker 13172 started
```

根据上方结果可以看到，主进程的 PID 为 11316。子进程的 PID 为 8592、17812、11800、13172。

此时由于多个进程监听同一个 8000 端口，Node.js 将起到负载均衡的作用，由主进程负责监听端口，子进程将 Fork 一个句柄给主进程，通过循环分发的方式，发送监听的消息。这里 Node.js 就起到一个负载均衡的作用。

2. 进程之间通信

进程之间主要使用 IPC 进行通信。

其示例代码如下：

```
const cluster = require('cluster');
const http = require('http');
const numCPUs = require('os').cpus().length;

if (cluster.isMaster) {
  console.log('Master ${process.pid} is running');

  // Fork workers.
  for (let i = 0; i < numCPUs; i++) {
    cluster.fork();
  }

  cluster.on('exit', (worker, code, signal) => {
    console.log('worker ${worker.process.pid} died');
  });

  cluster.on('listening', (worker) => {
    // send to worker
    worker.send({message: 'from master'})
  });

  for (const id in cluster.workers) {
    cluster.workers[id].on('message', (data)=>{
      // receive by the worker
      console.log('master message: ', data)
    });
  }

} else {
  // Workers can share any TCP connection
  // In this case it is an HTTP server
  http.createServer((req, res) => {
    res.writeHead(200);
    res.end('hello world\n');
  }).listen(8000);

  console.log('Worker ${process.pid} started');

  // send to master
  process.send({message: 'from worker'})

  process.on('message', (data)=>{
    // receive by the master
    console.log('worker message', data)
  })
}
```

在上方代码中，先引入 3 个需要使用的包，分别是 cluster、http、os。

当为主程序执行代码时，将打印出主程序的 PID，然后 Fork 和 CPU 核数相同的子进程。

绑定事件，当子进程触发 exit 事件后，将打印出当前进程的信息。当子进程触发 listening 事件后，将发送信息到子进程。最后循环绑定所有子进程的 message 事件，当发生 message 事件后，将会打印出子进程发送的信息。

其中主进程发送信息给子进程使用，子进程会通过句柄 send 函数发送，主进程会通过事件获取到信息 message。

当为子进程执行代码时，将创建多个子进程共同监听同一个端口，实现负载均衡，并使用 process.send 发送信息到主进程，使用 process.on 绑定 message 事件，获取主进程发送的信息。

7.3 Node.js去状态化

将应用拆分为微服务，主要目的是承载更大并发，但是通常一个进程承受不了这么大的流量，只能进行拆分。这里把应用拆分为多个进程，每个进程都承载特定的工作，共同承载更大的并发。

在单体变成分布式时，关键在于状态的处理。如果状态全部保存在本地，那么不管是本地内存，还是本地的硬盘都会出现瓶颈。

状态一般分为分发、处理、存储三个过程，如果一个用户的所有信息都保存在一个进程中，那么从分发开始，用户就只能在这个进程中，否则将需要重新赋予用户的状态。这样就导致多进程不能分担流量。

在整体的系统中，系统分为无状态和有状态两个部分，其中业务逻辑一般在无状态的部分，而有状态部分则保存在各种中间件中，如 Redis、MQ、Hadoop 等。

这样就可以顺利实现用户的分发。

无状态化分为会话数据无状态化、结构化数据无状态化、文件图片数据无状态化和非结构化数据无状态化。

1. 会话数据无状态化

会话数据无状态化主要包括 Session 无状态化、Cookie 无状态化，或者更换为 token 实现前后端分离。

这里主要讲解 Session 无状态化。使用 Token 实现前后端分离会在本书后面的章节中介绍。

◎ Session 的作用

在进行会话时，客户端会向服务器发送请求。首先 Cookie 会自动携带上次请求存储的数据到服务器，服务器根据请求中的数据，到服务器中的 Session 进行查询是否存在。如果存在，那么服务器就会知道此用户是谁，如果不存在，那么就会创建一个新的键值对其进行保存，并在本次结束后返回数据给客户端。同时该 Cookie 也会在客户端中进行保存。

◎ Session 一致性

客户端发送一个请求后，经过负载均衡后会被分配到任意一个服务器，由于是不同的服务器，因此所有的服务器都需要共享同一个 Scssion。

◎ 利用 Redis 存储 Node.js 中的 Session

这里利用 Redis 存储 Node.js 中的 Session，可以保证 Node.js 中 Session 的一致性。

先搭建基本的 Express 框架，输入如下命令，安装 Express 相关依赖：

```
npm install express --save
```

安装 Redis 相关模块。

```
npm install redis connect-redis --save
```

安装 Session 处理模块。

```
npm install express-session --save
```

在 index.js 文件中，引入相关模块。

```
var expressSession = require('express-session');
var redis = require('redis');
var RedisStore = require('connect-redis')(expressSession);
```

在上方代码中引入了三个模块，分别为 express-session 模块、redis 模块、connect-redis 模块。

对 Redis 连接进行配置。

```
// 创建 Redis 客户端
var redisClient = redis.createClient(6379, '106.53.115.12', {auth_pass: 'password'});
// 设置 Express 的 Session 存储中间件
app.use(expressSession({store:new RedisStore({client: redisClient}), secret:'password', resave:false, saveUninitialized:false}));
```

在上方代码中，先创建一个 Redis 客户端，并在客户端中，输入 Redis 服务器的 IP 地址、端口，以及连接密码。然后在代码中设置 Express 的 Session 中间件。

在路由的回调函数中，进行 Session 的读取设置。

```
app.get('/', (req, res) => {
  req.session.site = {name:' 小小 ', domain:'iming.info'};
  var site = req.session.site;
  res.send(site)
})
```

```
app.listen(port, () => {
  console.log('Example app listening at http://localhost:${port}')
})
```

在上方代码中，当有请求时，将设置键值对对象用于保存 Session 信息。然后在 Redis 中读取刚保存的 Session 信息，并把读取的 Session 信息返回给浏览器，最后绑定相关端口。

执行上方全部代码，并在控制台中输出：

```
Example app listening at http://localhost:3000
```

表示应用已启动完毕。

此时，在浏览器中输入如下网址进行访问：

http://localhost:3000/

若出现如图 7-2 所示的界面，就表示 Session 分布式已完成。

图 7-2　Session 分布式

2. 结构化数据无状态化

结构化数据无状态化包括对 MySQL 的水平分库、垂直分库、主从复制、读写分离等操作。这里主要介绍其间涉及的知识点，以及分布式 ID 生成的雪花算法。

雪花算法（SnowFlake）是一家 Twitter 公司采用的算法，它旨在解决全局唯一且趋势增长的 ID 生成问题。

其格式如图 7-3 所示。

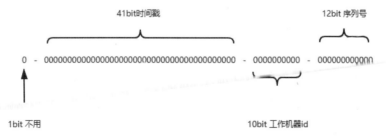

图 7-3　雪花算法

雪花算法由以下 4 个部分组成。

第一位：占用 1bit，其值始终为 0，并且没有实际作用。

时间戳：占用 41bit，精确到毫秒，可以容纳约 69 年的事件。

工作机器 id：占用 10bit，其中高位 5bit 是数据中心的 ID，低位 5bit 是工作节点 ID，最多可以容纳 1024 个节点。

序列号：占用 12bit，每个节点 / 每毫秒从 0 开始累加，最多累加到 4095，一共可以产生 4096 个 ID。

雪花算法在同一毫秒内可以生成 1024 * 4096 = 4194304 个 ID。

3. 文件图片数据无状态化

文件图片数据无状态化可以使用阿里云的 OSS、腾讯云的 COS 等云计算厂商的服务。这里不作详细介绍。

阿里云的 OSS 具体链接如下：

https://www.aliyun.com/product/oss

4. 非结构化数据无状态化

非结构化数据无状态化主要使用 MongoDB，以及实现 MongoDB 的无状态化。详见 MongoDB 的相关章节，这里不作详细介绍。

7.4 Node.js 远程过程调用（RPC）

RPC（远程过程调用）指调用其他进程或机器上的函数。即把本地调用逻辑处理的过程放在远程的机器上，而不是本地服务器进行处理。一个完整的 RPC 包括通信框架、通信协议、序列化和反序列化。

RPC 调用一共有 8 个步骤，下面依次进行解释。

- 调用方（client）将通过本地的 RPC 代理（Proxy）调用相对应的接口。
- 本地代理将 RPC 的服务名、方法名和参数等信息转换为一个符合 RPC 标准的对象，这里符合 RPC 标准的对象是 RPC Request 对象。
- RPC 框架采用之前定义好的协议，将 RPC Request 对象转换为二进制，通过 TCP 方法传送给 Server。
- Server 接收二进制数据后，根据已定义的规则，反序列化 RPC Request 对象。
- Server 根据反序列后的对象找到对应的方法，传入参数执行，获取结果，并把结果封装成 RPC Response。
- RPC 框架在获得 RPC Response 对象后，将其转换为二进制，并通过 TCP 传送给 Client。
- Client 在接收到消息后将解码 RPC Response 对象，并且把结果通过 Proxy 返回给业务层。

- Client 最终获得结果，并显示出来。

其中使用较多的框架有谷歌的 gRPC、阿里的 SOFAStack 等。

下面介绍 gRPC 框架。

1. 下载示例代码

gRPC 官方有一套示例代码，需要使用 git 下载，其命令如下：

```
git clone -b v1.35.0 https://github.com/grpc/grpc
```

执行以下命令，进入相关目录：

```
cd grpc/examples/node/dynamic_codegen
```

安装相关依赖：

```
npm install
```

2. 启动示例程序

启动 Server 端程序：

```
node .\greeter_server.js
```

启动 client 端程序：

```
node .\greeter_client.js
```

此时如果 client 端将输出如下内容，则表示 RPC 示例程序执行基本完成。

```
Greeting: Hello world
```

此时，示例程序已启动完毕。

下面增加一个方法供 RPC 进行调用。

编辑 examples/protos/helloworld.proto 文件，在 Server 服务里增加一个 SayHelloAgain 的 RPC 函数，编辑完成后的全文代码如下：

```
// The greeting service definition.
service Greeter {
  // Sends a greeting
  rpc SayHello (HelloRequest) returns (HelloReply) {}
  // Sends another greeting
  rpc SayHelloAgain (HelloRequest) returns (HelloReply) {}
}

// The request message containing the user's name.
message HelloRequest {
  string name = 1;
}
```

```
// The response message containing the greetings
message HelloReply {
  string message = 1;
}
```

在 Greeter 中增加了定义的 SayHelloAgain 原型的 RPC 函数, 其传入的参数为 HelloRequest, 返回值为 HelloReply。其中传入和传出的值均在下方定义为 message 原型的对象中, 其对象值分别为 name 值和 message 值。即传入对象需要的键值对是 name 为键的键值对。返回的对象是 message 为键的键值对。

打开 examples\node\dynamic_codegen 目录下的 greeter_server.js 文件, 在原先的 sayHello 位置再次增加 sayHelloAgain 函数, 增加后的完整文件如下:

```
function sayHello(call, callback) {
  callback(null, {message: 'Hello ' + call.request.name});
}

function sayHelloAgain(call, callback) {
  callback(null, {message: 'Hello again, ' + call.request.name});
}

function main() {
  var server = new grpc.Server();
  server.addService(hello_proto.Greeter.service,
                    {sayHello: sayHello, sayHelloAgain: sayHelloAgain});
   server.bindAsync('0.0.0.0:50051', grpc.ServerCredentials.
createInsecure(), () => {
    server.start();
  });
}
```

在上方代码中, 增加了 sayHelloAgain 函数, 分别传入两个参数, 第 1 个参数 call 为上方原型定义中的 HelloRequest; 第 2 个参数 callback 为 Server 端代为执行的函数, 这里为上方原型定义中的 HelloReply。其中 messgae 键值对将把消息返回给调用方。函数体为服务端代客户端执行的远程调用函数体。

更新客户端, 打开 greeter_client.js 文件, 在原先的 sayHello 函数下方再增加 sayHelloAgain 函数, 示例代码如下:

```
function main() {
  var client = new hello_proto.Greeter('localhost:50051',
                             grpc.credentials.createInsecure());
  client.sayHello({name: 'you'}, function(err, response) {
    console.log('Greeting:', response.message);
  });
  client.sayHelloAgain({name: 'you'}, function(err, response) {
```

```
    console.log('Greeting:', response.message);
  });
}
```

在上方代码中，sayHelloAgain 函数的第 1 个参数为服务端需要执行的 RPC 函数的参数，这里指之前定义的 HelloRequest；第 2 个参数为函数体，指执行完成后将调用的函数。这里需要两个参数，第 1 个参数 err 表示错误信息，第 2 个参数 response 表示获取执行的结果，这里指之前在原型中定义的 HelloReply。

先运行服务端：

```
node greeter_server.js
```

再运行客户端：

```
node greeter_client.js
```

此时客户端会输出如下信息：

```
Greeting: Hello you
Greeting: Hello again, you
```

表示远程调用已完成。

7.5 Node.js中间件

中间件指具体业务和底层逻辑进行解耦的相关软件。

目前使用较多的有 RabbitMQ、Kafka、ONS 等。这些中间件被称为消息中间件。

消息中间件主要用来解决分布式系统之间消息传递的问题。

如图 7-4 是一个最基本的中间件使用场景。

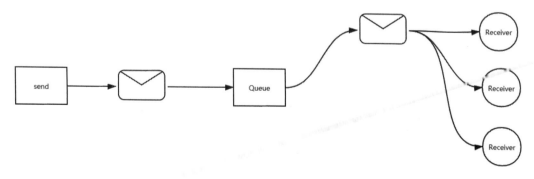

图 7-4　中间件使用场景

图中消息发送方 send 发送一份邮件到消息队列 Queue 中，再由 Queue 进行分发到单独的 Receiver 进行处理。在这其中 Queue 被称为中间件或消息队列。

在这个过程中，生产者和消费者之间通过某种方式实现绑定。生产者生产数据，并发送数据到消息中间件，再由消息中间件进行落库处理。如果消费者通过对中间件监听消息，就可以随时获取属于自己的消息。

下面简单介绍使用 Node.js 作为服务方，RabbitMQ 作为中间件的方法。

在 CentOS 上输入如下命令，使用 Docker 拉取 RabbitMQ 镜像。

```
[root@VM-29-131-centos ~]# docker pull rabbitmq:3.7.7-management
```

使用 docker run 命令启动 RabbitMQ。

```
[root@VM-29-131-centos ~]# docker run -d --name rabbitmq3.7.7 -p
5672:5672 -p 15672:15672 -v 'pwd'/data:/var/lib/rabbitmq --hostname
myRabbit -e RABBITMQ_DEFAULT_VHOST=my_vhost  -e RABBITMQ_DEFAULT_
USER=admin -e RABBITMQ_DEFAULT_PASS=admin rabbitmq:3.7.7-management
d6c5c00c19f02e45613fdb533c2b44b0b7adb5bd7a2c9da99102bee6f1a2bf2a
[root@VM-29-131-centos ~]#
```

在上方命令中，使用 RabbitMQ 镜像启动一个名称为 RabbitMQ 的实例，绑定实例的 15672 端口到本机的 15672 端口，绑定实例的 5672 端口到本机的 5672 端口，并且挂载本机目录 'pwd'/data 到目录 /var/lib/rabbitmq。创建节点名称为 myRabbit。创建默认虚拟机名 my_vhost。创建默认用户名为 admin，并创建默认用户名密码为 admin。

创建完成后，根据 IP 地址访问 15672，如果显示如图 7-5 所示的界面，则表示安装已完成。

图 7-5　RabbitMQ 安装成功界面

初始化项目，并输入如下命令，安装相关依赖。

```
npm install amqplib
```

新建 send.js 文件，输入如下内容，表示建立连接。

```
var amqp = require('amqplib/callback_api');
amqp.connect('amqp://admin:admin@106.53.115.12/my_vhost',
function(error0, connection) {});
```

在上方代码中，引入 amqplib 模块，使用模块的 connect 函数建立连接。第 1 个参数连接 URL 地址，其中连接 URL 地址分为 3 个部分，@ 之前的将保存用户名和密码，@ 之后的是主机和 Port，最后一部分是虚拟主机，这里使用之前创建 docker 容器的 RabbitMQ 的虚拟主机 my_vhost；第 2 个参数为连接成功后的回调函数，其有两个参数，即错误对象和连接对象。

建立连接完成后，在回调函数中创建一个通道。

```
amqp.connect('amqp://admin:admin@106.53.115.12/my_vhost',
function(error0, connection) {
      if (error0) {
    throw error0;
  }
  connection.createChannel(function(error1, channel) {});
});
```

在上方代码中，使用回调中的第 2 个参数 connection 的 createChannel 函数创建一个通道。

在通道的回调中，需要再声明一个队列，将所有消息都发送到新队列。

```
amqp.connect('amqp://admin:admin@106.53.115.12/my_vhost',
function(error0, connection) {
      if (error0) {
    throw error0;
  }
  connection.createChannel(function(error1, channel) {
        if (error1) {
      throw error1;
    }
    var queue = 'hello';
    var msg = 'Hello world';

    channel.assertQueue(queue, {
      durable: false
    });

    channel.sendToQueue(queue, Buffer.from(msg));
    console.log(" [x] Sent %s", msg);
  });
});
```

在上方代码中，使用通道回调函数的第 2 个参数 channel 的 assertQueue 函数，传入队列的名称 hello 完成消息队列的创建。再使用通道的 sendToQueue 函数发送经过 Buffer 化的二进制数据。

最后关闭连接。

```
setTimeout(function() {
    connection.close();
    process.exit(0);
}, 500);
```

运行代码，在控制台中会输出如下内容，表示消息已放入消息队列中。

```
[x] Sent Hello World!
```

创建完生产者后，需要编写消费者。对于消费者来说，需要监听生产者的生产消息。

创建一个新的 receive.js 文件，除发送消息部分外和 send.js 都相同，代码如下：

```
var amqp = require('amqplib/callback_api');
amqp.connect('amqp://admin:admin@106.53.115.12/my_vhost',
function(error0, connection) {
    if (error0) {
        throw error0;
    }
    connection.createChannel(function(error1, channel) {
        if (error1) {
            throw error1;
        }

        var queue = 'hello';
        var msg = 'Hello World!';

        channel.assertQueue(queue, {
            durable: false
        });

    });
});
```

最后添加监听部分，用于监听生产者投放到队列中的消息。

```
console.log(" [*] Waiting for messages in %s. To exit press CTRL+C",
queue);

channel.consume(queue, function(msg) {
    console.log(" [x] Received %s", msg.content.toString());
}, {
    noAck: true
});
```

在上方代码中，使用了通道的 consume 函数，传入 3 个参数，第 1 个参数表示队列名称。第 2 个参数为监听到投放消息后的回调函数。这里的回调函数值为 msg，即获取生产者投放的消息。第 3 个参数 noAck 表示发送确认信息到生产者。

再次运行 receive.js 文件，在控制台中输出如下内容：

```
[*] Waiting for messages in hello. To exit press CTRL+C
[x] Received Hello World!
```

其中，第一行代码的结果表示已经和队列 hello 建立连接。第二行代码的结果表示从队列 hello 中已经取得消息 Hello World!。

7.6　本章小结

在本章中介绍了 Node.js 分布式、Node.js 负载均衡、Node.js 去状态化、Node.js 远程过程调用（RPC）、Node.js 中间件等内容。

通过对本章的学习，读者可以掌握 Node.js 分布式相关的内容。至此，所有关于 Node.js 基础的部分已介绍完毕。从下一章开始介绍 Node.js 的经典框架。

第8章

Express.js框架基本使用

从本章开始学习 Express.js 框架的基本使用，包括 Express.js 框架基本介绍、Express.js 应用程序生成器、Express.js 路由、Express.js 中间件、Express.js 模板引擎、Express.js 错误处理、Express.js 调试、Express.js 静态文件，以及 Express.js 常用的 API 手册。

通过对本章的学习，读者将掌握 Express.js 框架的基本使用方法和原理，有能使用 Express.js 框架开发基本应用程序的能力。

8.1 Express.js框架介绍

Express.js 框架是一个高度包容且运行快速的 Node.js Web 框架。使用 Express.js 框架可以在极短的时间搭建出一个具有完整功能的网站。

8.1.1 Express.js框架

Express.js 框架是 Node.js 免费开源的 Web 应用程序框架，用于快速构建新一代的 Web 引用程序。它属于 Node.js 框架，可以使用 Express.js 框架构建单页、多页或混合 Web 应用程序。由于 Express.js 框架是轻量级的，因此可以将服务器端的 Web 应用程序能够相当快速的组织成为更有条理的 MVC 架构。

最为重要的是，由于 Express.js 框架是采用 JavaScript 语言编写的，基于 JavaScript 语言容易学习的特点，可以使管理、编写 Web 应用程序更加容易，并且也是 JavaScript 语言的一部分，该技术栈被统称为 MEAN 技术架构（MEAN software）。

与 Express.js 框架相关的 JavaScript 库可以帮助程序员构建更加高效的 Web 引用程序，并且 Express.js 框架也增强了 Node.js 的功能。实际上，如果没有 Express.js 框架的辅助，那么会需要很多复杂的编码才能构建相当高效且健壮的与 Node.js 相关的 API。正是由于 Express.js 框架的存在，才让 Node.js 变得易于编程，并且提供了相当丰富的功能。

1. Express.js框架的功能

Express.js 框架具有以下功能。

（1）更快的服务端开发速度。Express.js 用中间件的方式提供给 Node.js 许多常用的功能，并且这些功能可以在程序中任意位置进行使用，可节省大量的编码时间。

（2）丰富的中间件。中间件可成为程序的一部分，使用中间件能够访问数据库、完成各种请求及响应。

（3）定制先进的路由。Express.js 框架提供一套相当先进的路由管理，可以快速地管理大量的路由。

（4）先进的模板化系统。Express.js 框架提供了先进的模板化系统，允许开发人员在服务器端构建动态的 HTML 模板以实现内容的动态展示。

（5）使用极其方便的调试程序。调试程序对于能否开发出一个健壮的 Web 应用程序来说是至关重要的。使用 Express.js 框架可以使调试机制变得更为简便，并且使用调试程序可更为快速地定位程序出现 BUG 的位置。

2. 三大框架之间的对比

如表 8-1 所示，展示了 Express.js 框架、Node.js 框架、Angular.js 框架之间的区别。

表 8-1 Express.js 框架、Node.js 框架和 Angular.js 框架之间的对比

	Node.js	Express.js	Angular.js
1	能够构建 Web 应用程序的前端和后端	Node.js 的著名框架，主要用于构建 Web 应用程序的后端	主要用于构建 Web 应用程序的前端，Node.js 可作为其打包工具使用
2	是在 Google 的 V8 引擎上开发的	Node.js 热门框架	由 Google 开发，专为单页应用的开发框架
3	能够使用多种语言，如 C++、TypeScript、Ruby 等，是一个 JavaScript 运行环境	仅使用 JavaScript 语言编写，只能运行在 Node.js 端	仅使用 JavaScript 语言编写，编写的代码需要打包成适应浏览器专门环境的 JavaScript，才能在浏览器端运行
4	不是一个 Web 框架	一个著名的后端服务器框架	一个著名的前端框架
5	开发人员需要安装 Node.js 环境才可以使用	需要同时安装 Node.js 环境和 Express.js 环境的 NPM 包才能使用	开发人员需要安装 Node.js 框架、Angular.js 框架、WebPack 打包工具，使用者只需要安装浏览器即可使用
6	主要用于开发服务器端程序和网络应用程序	用于在 Node.js 上开发服务器端应用程序	用于构建适用于浏览器环境运行的前端单页应用
7	适用于开发小型项目	适用于开发中小型项目	适用于开发大型项目，以及前端交互复杂的应用
8	对于构建高效、可扩展，以及实时交流的应用程序相当有用	服务端可以直接使用	客户端可以直接使用
9	客户端和服务端都可以使用	只能在后端使用	经过 WebPack 打包后只能在前端浏览器 Duang 中使用
10	MVC 体系	MVC 体系	MVC 体系
11	主流操作系统 CentOS、Windows 都可以使用	兼容多个 Node.js 版本	兼容多款浏览器和多个 Node.js 版本
12	开发人员可以使用 Node.js 构建诸多 Web 应用程序	使用多种开源的中间件，可以定制化开发 Web 应用程序	使用组件化开发 HTML 前端应用，并且可以扩展前端的 HTML 应用
13	可以使用安装相关的连接包来编写数据库连接	可以安装 Express.js 专用的数据库连接，在 Express.js 框架中编写查询等数据库操作	前端不需要使用数据库进行查询
14	如 PayPal、Uber、Linkdin 等都在使用	PayPal、Fox 等多家企业都在使用	Google、Amazo 等多家企业在使用

3. 使用Express.js框架的意义

Express.js 框架支持 JavaScript。JavaScript 作为一门使用广泛的编程语言非常利于学习，并且是迄今为止唯一一个能跨平台和所有终端的语言。在掌握 JavaScript 编程语言的基础上再学习 Express.js 框架会变得更加轻松，易于学习。

通过 Express.js 框架。可以快速构建出各种 Web 应用程序，并且 Express.js 框架便于路由的使用，可以针对用户的请求及时做出响应。

如果没有 Express.js 框架，那么这些代码都需要自己编写，不仅工作量巨大，还容易出错，产生性能不稳定等问题。通过 Express.js 框架可以轻松代替这些重复底层代码的编写工作，让程序员从繁重的工作中解脱出来。

Node.js 在事件循环的帮助下可以快速执行大量的操作，从而避免效率低下的情况，发生其强大的性能以及使用率极高的 NPM 框架都是 Node.js 开发人员选择 Express.js 框架作为 Node.js 应用开发的原因。

4. Express.js框架的应用

如果需要在较短的时间内构建高效的 Web 应用程序，那么使用 Express.js 框架就是一个比较好的选择。

Express.js 框架可以把编码的时间减少一半，并且构建出的应用程序和原先的应用程序性能、健壮性都是相同的，所以 Express.js 不仅减少了时间，还减少了大量构建的工作量。

由于 Express.js 框架是使用 JavaScript 语言编写的，初学者也能在极短的时间进入 Web 应用的开发阶段，快速搭建起一个应用。

目前 Web 实时应用程序和实时服务器越来越受欢迎，而 Node.js 就是为实时网络应用而创建的。最重要的是，对于 Express.js 框架来说，这是一款完全免费的框架，可以使得相关的企业利润达到最大化，还不会受到授权和专利的干扰。

8.1.2 Express.js示例程序

创建 NPM 项目，输入如下命令安装 Express.js 框架依赖。

```
npm install express --save
```

为了创建程序能够正常运行，还需要安装以下相关的中间件和模块。

```
npm install body-parser --save
npm install cookie-parser --save
npm install multer --save
```

在上方代码中共安装了 3 个依赖：第 1 个是 body-parser 依赖，该依赖是 Node.js 中间件，主要用于处理 JSON、URL 编码表单数据等相关数据；第 2 个是 cookie-parser 依赖，该依赖主要用于解析 Cookie 标头，并且将 Cookie 名称作为键填充 req_cookies ；第 3 个是 multer 依赖，该依赖主要用于处理表单数据的中间件。

1. 输出Hello World

在已搭建项目的基础上，新建 index.js 文件，输入如下内容：

```
var express = require('express');
var app = express();

app.get('/', function (req, res) {
   res.send('Hello World');
})

var server = app.listen(8081, function () {
   var host = server.address().address
   var port = server.address().port

   console.log("Example app listening at http://%s:%s", host, port)
})
```

在上方代码中，先引入 express 模块，并新建 express 对象。然后使用 App 对象的 get 方法匹配路由，并绑定对应的回调函数，当匹配到路由将会获取当前请求，并通过 send 函数把 Hello World 发送给浏览器。最后使用 listen 函数绑定相对应的端口，并输出结果。

运行代码后，如果控制台输入如下内容，则表示系统已经运行。

```
Example app listening at http://:::8081
```

打开浏览器，访问图中的网址，如果出现如图 8-1 所示内容，则表示一个示例程序已搭建完毕。

2. 请求和回应

在 Express.js 框架的回调函数中，req 参数和 res 参数都是相对应的回调函数，其中 req 参数表示请求对象，res 参数表示响应对象。

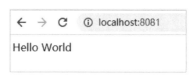

图 8-1　Hello World 示例程序

其示例代码如下所示：

```
app.get('/', function (req, res) {
   res.send('Hello World');
})
```

3. 路由

把原先的 index.js 文件继续扩展为如下部分：

```
var express = require('express');
var app = express();
```

```
// This responds with "Hello World" on the homepage
app.get('/', function (req, res) {
    console.log("Got a GET request for the homepage");
    res.send('Hello GET');
})

// This responds a POST request for the homepage
app.post('/', function (req, res) {
    console.log("Got a POST request for the homepage");
    res.send('Hello POST');
})

// This responds a DELETE request for the /del_user page.
app.delete('/del_user', function (req, res) {
    console.log("Got a DELETE request for /del_user");
    res.send('Hello DELETE');
})

// This responds a GET request for the /list_user page.
app.get('/list_user', function (req, res) {
    console.log("Got a GET request for /list_user");
    res.send('Page Listing');
})

// This responds a GET request for abcd, abxcd, ab123cd, and so on
app.get('/ab*cd', function(req, res) {
    console.log("Got a GET request for /ab*cd");
    res.send('Page Pattern Match');
})

var server = app.listen(8081, function () {
    var host = server.address().address
    var port = server.address().port

    console.log("Example app listening at http://%s:%s", host, port)
})
```

　　上方代码和原来代码相比，原来代码仅有一个路由，经过类似的扩展，可以扩展出多个不同路径的路由，如同为 get 的 list_user 路由，同为路径，但是请求类型则由 GET 变为 POST 的路由等。

　　保存代码并运行。访问如下网址：

　　http://127.0.0.1:8081/list_user

　　可以看到访问的界面如图 8-2 所示。对应于代码中的第 4 个路由，将会向浏览器输出 Page Listing 字符串。

　　如果此时访问另外一个网址，则会路由到 /ab*cd 路由，向浏览器发送 Page Pattern Match 字符串，其访问的页面如图 8-3 所示。

图 8-2　路由示例程序（1）　　　　图 8-3　路由示例程序（2）

4. 静态目录

Express.js 框架提供了 express.static 中间件实现如 PHP 服务器的静态目录功能。

只需要把静态文件，如图像、CSS、JavaScript 等放入名称为 public 的目录中，通过 URL 加文件名即可实现在浏览器中的访问。

其示例过程如下：

使用 express.static 中间件，并将 public 目录作为静态目录。

```
app.use(express.static('public'));
```

在 public 目录中放入文件，如下所示：

```
public/images/HelloWorld.png
```

访问如下链接，可以看到如果能显示刚放入的图片，则表示静态目录设置成功。

```
http://127.0.0.1:8081/HelloWorld.png
```

5. GET方法

在路由中可以规定 GET 请求的路由执行方式，其示例代码如下：

新建 index.html 文件，输入如下内容，并放入 public 目录中。

```
<html>
  <body>

     <form action = "http://127.0.0.1:8081/process_get" method = "GET">
       First Name: <input type = "text" name = "first_name">  <br>
       Last Name: <input type = "text" name = "last_name">
       <input type = "submit" value = "Submit">
     </form>

  </body>
</html>
```

在上方代码中，新建一个 form 标签，将请求提交给 action 设定的值，http://127.0.0.1:8081/process_get，以 GET 方式进行提交。

使用 input 标签定义两个输入框，作为提交请求时的两个参数。第 1 个参数值为 first_name，第 2 个参数值为 last_name。

新建 index.js 文件，输入如下内容：

```
var express = require('express');
var app = express();

app.use(express.static('public'));
app.get('/index.html', function (req, res) {
   res.sendFile( __dirname + "/" + "index.htm" );
})

app.get('/process_get', function (req, res) {
   // Prepare output in JSON format
   response = {
      first_name:req.query.first_name,
      last_name:req.query.last_name
   };
   console.log(response);
   res.end(JSON.stringify(response));
})

var server = app.listen(8081, function () {
   var host = server.address().address
   var port = server.address().port

   console.log("Example app listening at http://%s:%s", host, port)
})
```

在上方代码中，先使用 express.static 中间件，将 public 目录作为静态目录，使已编辑的 index.html 文件可以访问到。

首先定义一个访问静态文件 index.html 的 GET 请求路由，该路由在接收到请求后，会把文件发送给浏览器。

然后，又定义了一个处理 form 标签请求的 GET 路由，用于将处理完成后的结果在控制台打印出来，同时发送给客户端。

在回调函数中，通过 req.query 加参数名的方式获取请求的参数。然后以 JSON 信息输出。

最后，启动服务器。

访问如下链接，可以看到如图 8-4 所示界面。

http://127.0.0.1:8081/index.html

在输入框中分别输入 ming，单击 "Submit" 按钮，此时浏览器将会跳转到如图 8-5 所示的页面，可以看到输入的 ming ming 的 JSON 字符串，执行的逻辑是在代码 GET 路由 process_get 中定义的回调函数中定义的逻辑。此逻辑将会返回输入的内容，并以 JSON 形式输出。

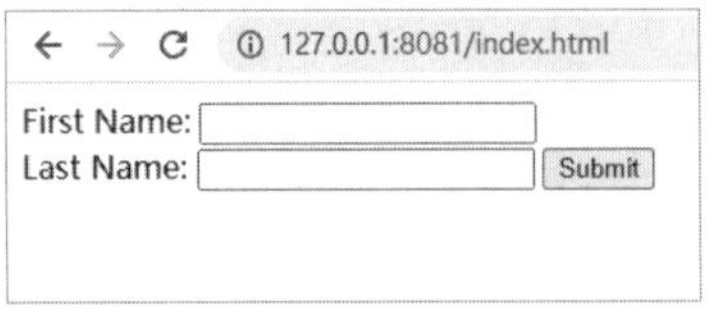

图 8-4　GET 请求示例程序（1）

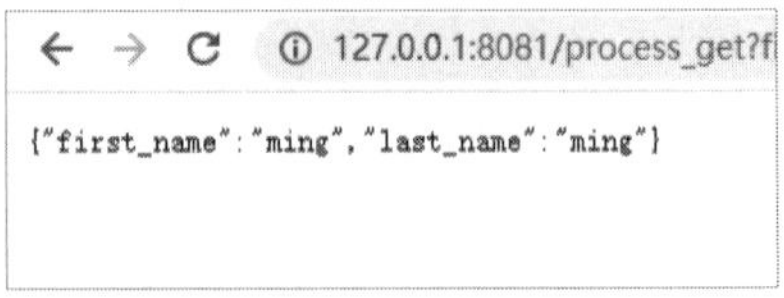

图 8-5　GET 请求示例程序（2）

6. POST方法

下面介绍路由的 POST 方法。

在 public 目录下新建 index.html 文件，输入如下内容：

```html
<html>
   <body>

      <form action = "http://127.0.0.1:8081/process_post" method = "POST">
         First Name: <input type = "text" name = "first_name"> <br>
         Last Name: <input type = "text" name = "last_name">
         <input type = "submit" value = "Submit">
      </form>

   </body>
</html>
```

在上方代码中，和 GET 请求的 HTML 文件相比，只修改了 method 的值，这里将 method 改为 POST，其余都未发生改变。

新建 index.js 文件，输入如下内容：

```javascript
var express = require('express');
var app = express();
var bodyParser = require('body-parser');

// Create application/x-www-form-urlencoded parser
var urlencodedParser = bodyParser.urlencoded({ extended: false })

app.use(express.static('public'));
app.get('/index.html', function (req, res) {
   res.sendFile( __dirname + "/" + "index.htm" );
})

app.post('/process_post', urlencodedParser, function (req, res) {
   // Prepare output in JSON format
   response = {
      first_name:req.body.first_name,
      last_name:req.body.last_name
   };
   console.log(response);
   res.end(JSON.stringify(response));
})
```

```
var server = app.listen(8081, function () {
   var host = server.address().address
   var port = server.address().port

   console.log("Example app listening at http://%s:%s", host, port)
})
```

在上方代码中 /index.html 路由主要起到返回 index.html 文件到请求端浏览器的作用。最重要的是在 process_post 路由中，使用 req.body + 参数名获取相关 POST 请求的参数值。

运行代码访问 http://127.0.0.1 :8081/index. html，出现页面后分别在两个输入框中输入 ming 并提交。页面就会输出如图 8-6 所示 的 JSON 信息，表示提交的 POST 参数已通过 Node.js 的 Express.js 框架处理完毕，然后返回。

图 8-6　POST 请求示例程序

7. 文件上传

对于 Web 应用来说，不仅是 GET 请求处理和 POST 请求处理，还包括对文件上传的处理。

新建一个 index.html 文件，输入如下内容：

```
<html>
   <head>
      <title>File Uploading Form</title>
   </head>

   <body>
      <h3>File Upload:</h3>
      Select a file to upload: <br />

      <form action = "http://127.0.0.1:8081/file_upload" method = "POST"
         enctype = "multipart/form-data">
         <input type="file" name="file" size="50" />
         <br />
         <input type = "submit" value = "Upload File" />
      </form>

   </body>
</html>
```

在上方代码中，提交文件上传和以普通的 GET 方式提交文件最大的区别在于，在 form 参数上增加了一个 enctype 键值对，表示将以二进制的形式上传请求内容，并在 input 标签中转换 type 类型为 file 类型。file 类型表示该标签是以文件类型上传的标签。

新建 index.js 文件，输入如下内容：

```
var express = require('express');
var app = express();
var fs = require("fs");

var bodyParser = require('body-parser');
var multer  = require('multer');

app.use(express.static('public'));
app.use(bodyParser.urlencoded({ extended: false }));
app.use(multer({ dest: './tmp/'}).single('file'));

app.get('/index.htm', function (req, res) {
   res.sendFile( __dirname + "/" + "index.htm" );
})

app.post('/file_upload', function (req, res) {
   console.log(req.file);
   let filename = "./tmp/" + req.file.filename;
   fs.rename(filename, filename + ".png", (err) => {
        if(err){
          console.log(err);
          return;
        }
   })
   res.end("Hello World");
});

var server = app.listen(8081, function () {
   var host = server.address().address
   var port = server.address().port

   console.log("Example app listening at http://%s:%s", host, port)
})
```

在上方代码中，先使用 body-parser 和 multer 两个中间件对文件上传进行处理。将上传文件自动保存到 multer 中间件的设置目录，这里设置目录是代码目录下的 tmp 目录。其中在 multer 中间件后跟的 single 则表示将对 POST 请求中的 file 参数进行处理。bodyParser. urlencoded 表示将对 POST 请求的参数进行处理，其 extended 设置项则表示是否支持扩展。

使用 body-parser 和 multer 中间件后，所有上传名称为 file 的 POST 请求参数的二进制数据都会被保存在 tmp 目录中。

在 file_upload 路由中，直接使用 fs.rename 函数为二进制文件增加后缀名。这里增加后缀名为 .png，表示增加的文件为图片文件。

运行文件，输入如下网址，进入如图 8-7 所示的页面。

图 8-7　文件上传示例程序

http://localhost:8081/

选择文件并上传，等待进入另外一个页面后，在项目根目录的 tmp 目录中，就可以看到以随机数 +.png 形式保存的文件。打开文件就能看到刚上传的图片。

上传后的文件目录形式如图 8-8 所示。上传的图片目录形式如图 8-9 所示。

图 8-8　上传后的文件目录形式

图 8-9　上传的图片目录形式

8. Cookie管理

如果要对 Cookie 进行管理，就需要使用中间件 cookie-parser。

其示例代码如下：

```
var express     = require('express')
var cookieParser = require('cookie-parser')

var app = express()
app.use(cookieParser())

app.get('/', function(req, res) {
   console.log("Cookies: ", req.cookies)
})
app.listen(8081)
```

在上方代码中，使用 cookieParser 中间件对所有请求的 Cookie 进行处理。

使用中间件处理的 Cookie 回调函数可以使用 req.cookies 获得。

运行代码，访问 http://localhost:8081 控制台可打印出 Cookie 信息。

```
Cookies: {
  'connect.sid': 's:W6CMpnYEp4TzubcmaMC1RdjEOejtS9Ok.kkJqjzE78Q71DSbv
f8BaZXUNLt6rUuLVNImgaG6Qgr8'
}
```

通过代码打印 localhost:8081 域名下的 Cookie 信息。

8.2 Express.js应用程序生成器

一般来说，Express.js 生成应用过程比较复杂，所以需要使用应用程序生成器工具（express-generator）来快速生成并搭建应用程序框架。

在 Node.js 应用程序中，使用 npx 命令运行应用程序生成器。

```
npx express-generator
```

运行命令后就会自动在当前目录中生成如图 8-10 所示的文件目录。

名称	修改日期	类型
bin	2021/2/25 2:06	文件夹
public	2021/2/25 2:06	文件夹
routes	2021/2/25 2:06	文件夹
views	2021/2/25 2:06	文件夹
app.js	2021/2/25 2:06	JavaScript 文件
package.json	2021/2/25 2:06	JSON 文件

图 8-10　应用程序生成器自动生成的文件目录

先安装依赖。

```
npm install
```

再使用如下命令，运行快速搭建起的应用程序。

```
PS C:\Users\Administrator\Desktop\ex\node.js> npm start

> node.js@0.0.0 start C:\Users\Administrator\Desktop\ex\node.js
> node ./bin/www
```

访问如下链接，如果看到如图 8-11 所示的界面，则证明应用搭建完毕，并已启动。

http://localhost:3000/

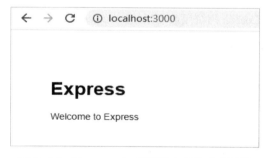

图 8-11　Express.js 示例程序启动成功页面

在早期的 Node.js 版本中，一般使用如下命令先全局安装 express-generator，再执行 express 命令创建项目。

全局安装 express-generator 依赖，其代码如下：

```
npm install -g express-generator
```

再使用 -h 选项就可以看到命令选项了。

```
PS C:\Users\Administrator\Desktop\ex\node.js> express -h

  Usage: express [options] [dir]

  Options:

      --version        output the version number
  -e, --ejs            add ejs engine support
      --pug            add pug engine support
      --hbs            add handlebars engine support
  -H, --hogan          add hogan.js engine support
  -v, --view <engine>  add view <engine> support (dust|ejs|hbs|hjs|
jade|pug|twig|vash) (defaults to jade)
      --no-view        use static html instead of view engine
    -c, --css <engine>    add stylesheet <engine> support
(less|stylus|compass|sass) (defaults to plain css)
      --git            add .gitignore
  -f, --force          force on non-empty directory
  -h, --help           output usage information
PS C:\Users\Administrator\Desktop\ex\node.js>
```

如果要在当前工作目录中创建名称为 myapp 的 Express.js 应用程序，并且视图引擎应该用 pug，其命令如下。其中项目创建完成后，myapp 文件目录内容如图 8-12 所示。

```
express --view=pug myapp
```

名称	修改日期	类型	
bin	2021/2/25 2:23	文件夹	
public	2021/2/25 2:23	文件夹	
routes	2021/2/25 2:23	文件夹	
views	2021/2/25 2:23	文件夹	
app.js	2021/2/25 2:23	JavaScript 文件	
package.json	2021/2/25 2:23	JSON 文件	

图 8-12　myapp 生成的文件目录

进入 myapp 目录，并安装相关的依赖：

```
cd myapp
npm insall
```

安装依赖完成后，如果在 Linux 系统上，则使用如下命令运行应用程序。

```
DEBUG=myapp:* npm start
```

如果在 Windows 系统的 PowerShell 中，则使用如下命令运行应用程序。

```
$env:DEBUG='myapp:*'; npm start
```

访问如下网址，如果出现如图 8-11 所示界面，则表示应用程序已启动完毕。

http://localhost:3000/

下面介绍生成目录的方法。

生成的目录完整结构如下所示：

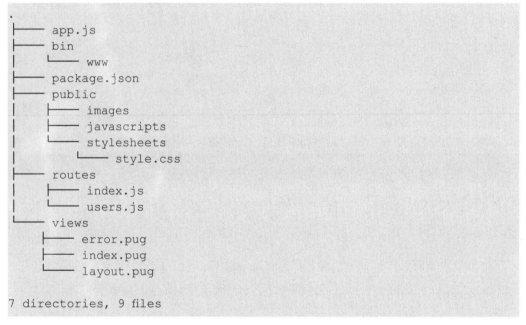

```
.
├── app.js
├── bin
│   └── www
├── package.json
├── public
│   ├── images
│   ├── javascripts
│   └── stylesheets
│       └── style.css
├── routes
│   ├── index.js
│   └── users.js
└── views
    ├── error.pug
    ├── index.pug
    └── layout.pug

7 directories, 9 files
```

在目录中，app.js 为应用程序的主逻辑文件，bin 目录为启动目录，www 为启动文件，执行 npm start 命令相当于执行 node ./bin/www 命令。

package.json 为依赖定义文件，所有安装的依赖都在该文件中定义。

public 为定义的静态资源目录，其中保存着可供浏览器直接访问的静态资源。

routes 为示例程序，放入的是 index.js 文件和 users.js 文件，routes 目录一般保存的是路由文件，其中定义的路由需要在项目根目录的 app.js 文件中使用 app.user 函数进行定义，才能在 index.js 文件或 users.js 文件中定义根路由规则和子路由规则。在示例程序中，定义了一个跟路由规则和子路由规则，它们都可以使用如下两个链接进行访问。

http://localhost:3000

http://localhost:3000/users

views 保存的是模板文件，默认使用 pug 模板。这里共定义了 3 个模板，第 1 个为 error.pug

模板，主要用于错误处理页面的展示。第 2 个为 index.pug 模板，index.pug 模板和 layout.
pug 模板相互关联，layout.pug 模板起到定义模板规则的作用，index.pug 模板则引入了
layout.pug 模板定义的规则，并对字符串 title 进行展示。最后由 router 目录中的 index.js 文件，
使用 res.render 函数引用 view 目录中的 index.pug 模板。

8.3 Express.js路由

路由主要用于确定应用程序之间和客户端请求是否匹配，一个路由包含一个 URL（路径）和一个特定的 HTTP 请求方法（GET、POST、DELETE 等）。每个路由都有一个或多个处理函数。

其定义的规则如下：

```
app.METHOD(PATH, HANDLER)
```

在定义的规则中，METHOD 表示定义的方法，这里的值可以为 GET、POST、DELETE 等。PATH 表示匹配的路径，这里匹配的路径可以是任意的，HANDLER 表示回调函数，用于处理匹配 URL 请求时执行的函数。

使用 Express.js 应用程序生成器已搭建的应用程序。

进入 router 目录，选择 index.js 文件，原文件内容如下：

```
var express = require('express');
var router = express.Router();

/* GET home page. */
router.get('/', function(req, res, next) {
  res.render('index', { title: 'Express' });
});

module.exports = router;
```

然后再定义如下请求：

```
router.get('/ming', (req, res, next)=>{
      res.send("ming ming");
})

router.post('/ming', (req, res, next) => {
      res.send("ming ming")
})

router.put('/ming', (req, res, next) => {
```

```
      res.send("ming ming")
})

router.delete('/ming', (req, res, next) => {
      res.send("ming ming")
})
```

此时访问如下链接，就可以看到如图 8-13 所生成的界面。

http://localhost:3000/ming

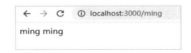

图 8-13　通过 router 定义的新路由

8.3.1　路由方法

路由方法是由 HTTP 方法派生而定，专门用于附加到 Express.js 实例中。

示例代码如下：

```
// GET method route
app.get('/', function (req, res) {
  res.send('GET request to the homepage');
});

// POST method route
app.post('/', function (req, res) {
  res.send('POST request to the homepage');
});
```

在上方代码中共演示了两种路由方法，分别是 HTTP 的 GET 方法和 POST 方法。

Express.js 支持多种 HTTP 方法，包括 GET、POST、PUT、HEAD、DELETE、OPTIONS、TRACE、PATCH、CONNECT 等。

除这些 HTTP 方法外，还有一种特殊的方法，即 app.all()，使用此方法后，在所有请求的方法路径中都会输入中间件函数。

其示例代码如下：

```
app.all('/secret', function (req, res, next) {
  console.log('Accessing the secret section ...');
  next(); // pass control to the next handler
});
```

在上方代码中使用了 app.all 函数，请求 secret 路径的所有 HTTP 请求都会经过后方的中间件函数。在中间件函数中，req 表示传入对象，res 表示传出对象，next 表示调用下一个中间件。

8.3.2　路由路径

路由路径和请求方法结合将定义出可以在其中使用的提出请求断点。路由的路径可以是字符串，也可以是字符串模式或正则表达式。

下面将介绍与 Express.js 路由路径相关的知识点。

Express.js 利用 HTTP 提供了相当多具有意义和表现力的 URL 映射的 API。如果想要获取 /user 连接请求，可以通过输入如下代码实现。

```
app.get( '/user' , function (req, res){
    res.send( 'user ');
});
```

如果想要获取 /user/12 匹配的路由，可以参考正则表达式，通过书写正则表达式来达到匹配路由的目的。

更改后的代码如下：

```
app.get( '/user/:id' , function (req, res){
    res.send( 'user '  + req.params.id);
});
```

在上方代码中，路由路径为 /user/:id，其将会匹配 /user/ + 数字的任何形式的路由，在回调函数中，可以使用 req.params + 占位符名获取传递的数字。

路由的 URL 映射是一个可以被内部简化为正则表达式的简单字符串，如 /user/:id 被编译后，其内部的正则表达式就会编译成如下的内容：

```
\/user\/([^\/]+)\/?
```

运行代码，使用 curl 命令测试路由。

```
$ curl http://localhost:3000/user
[null,null]
$ curl http://localhost:3000/users
[null,null]
$ curl http://localhost:3000/users/1
["1",null]
$ curl http://localhost:3000/users/1..15
["1","15"]
```

路由还可以有多种匹配规则，以下例子都是一些比较常见的路由匹配规则。

◎　路由路径和根路由 / 匹配

其示例代码如下：

```
app.get('/', function (req, res) {
  res.send('root');
});
```

◎ 路由路径和 /about 匹配

其示例代码如下：

```
app.get('/about', function (req, res) {
  res.send('about');
});
```

◎ 路由路径和 /random.text 匹配

其示例代码如下：

```
app.get('/random.text', function (req, res) {
  res.send('random.text');
});
```

◎ 路由路径跟 acd 和 abcd 匹配

其示例代码如下：

```
app.get('/ab?cd', function(req, res) {
  res.send('ab?cd');
});
```

在上方代码中，使用比较简单的正则，例如，"?"正则，则会匹配前方的表达式一次或零次。对于 acd 来说，由于前面有字符 a，所以会匹配 a 一次，同时由于前面字符中没有 b，所以会匹配 b 零次，匹配的结果为 acd。而对于 abcd 来说，由于前面的字符里有 ab，所以会匹配 ab 一次，匹配的结果为 abcd。

◎ 路由路径跟 abcd，abbcd，abbbcd 等匹配

其示例代码如下：

```
app.get('/ab+cd', function(req, res) {
  res.send('ab+cd');
});
```

在代码中，使用的是"+ 正则"。"+ 正则"会匹配前面的表达式一次或多次。由于前面的字符是 b，所以将会匹配 b 零次 abcd，匹配前面的字符一次 abbcd，匹配前面的字符多次，如 abbbcd 等。

◎ 路由路径跟 abcd、abxcd、abRABDOMcd、ab123cd 等匹配

其示例代码如下：

```
app.get('/ab*cd', function(req, res) {
  res.send('ab*cd');
});
```

在上方代码中，使用的是"* 正则"。"* 正则"会匹配前面的子表达式零次或多次。所以示例中匹配都会成立。

◎　路由路径跟 /abe 和 /abcde 匹配

其示例代码如下：

```
app.get('/ab(cd)?e', function(req, res) {
 res.send('ab(cd)?e');
});
```

在上方代码中，使用的是两种表达式的合体。其中 () 表达式标记一个子表达式的开始和结束的位置。子表达式可以供后续使用。"?"会匹配前面的表达式一次或零次，由于前面的子表达式为 cd，所以会匹配前面的子表达式 cd 零次和一次，并匹配 /abe 和 /abcde。

◎　路由路径跟名称中有"a"的路由匹配

其示例代码如下：

```
app.get(/a/, function(req, res) {
  res.send('/a/');
});
```

在上方代码中，使用 /a/ 进行匹配，表示只要含有 a 的路由都会匹配。

◎　路由路径跟 butterfly 和 dragonfly 匹配，但不匹配 butterflyman、dragonfly man 等

其示例代码如下：

```
app.get(/.*fly$/, function(req, res) {
  res.send('/.*fly$/');
});
```

在代码中能够使用多种匹配的集合。其中"."表示匹配除换行符 \n 之外的任何单子符。"*"表示匹配子表达式的零次或多次。两个组合".*"表示匹配除换行符 \n 外的任何字符串多次。"$"表示直接匹配到字符串结尾的位置。因此全部的表达式含义都是在 fly 之前匹配多次的任意字符，所有的字符串都会以 fly 结尾，如 butterfly 和 dragonfly 都将会匹配，而 butterflyman、dragonfly man 将会不匹配。

8.3.3　路由处理程序

当使用多个回调函数时，可以采用与中间件类似的方式来处理请求，但是它们最大的不同在于，可以调用 next("route") 来绕过剩下的路由直接调用 route 路由。

路由处理程序可以是一个函数或一组函数，或者是两者相结合。

如果路由的处理程序是单个回调函数，其示例程序如下：

```
app.get('/example/a', function (req, res) {
  res.send('Hello from A!');
});
```

在上方代码中，路由处理程序是单个回调函数，其参数为 req 和 res，req 参数表示

HTTP 请求包装成的对象。res 参数表示 HTTP 响应包装成的对象。

只有路由是多个回调函数，且一定要指定 next 参数，并调用，才能让其调用下一个回调函数。

其示例程序如下：

```
app.get('/example/b', function (req, res, next) {
  console.log('the response will be sent by the next function ...');
  next();
}, function (req, res) {
  res.send('Hello from B!');
});
```

在上方代码中，有两个回调函数，第 1 个回调函数有 3 个值，第 1 个值为 req，表示 HTTP 请求包装成的对象。第 2 个值为 res，表示 HTTP 响应包装成的对象。第 3 个值为 next，表示指向下一个应用程序的处理函数。

在第 1 个回调函数中，先对数据进行处理，再调用 next 函数调用下一个处理函数。

在第 2 个回调函数中，接收上一个回调函数的调用，并输出结果。

执行上方代码，在控制台将会输出：

```
the response will be sent by the next function ...
```

并在浏览器端返回数据为：

```
Hello from B!
```

一组回调函数可以处理一个路由。

其示例程序如下：

```
var cb0 = function (req, res, next) {
  console.log('CB0');
  next();
}

var cb1 = function (req, res, next) {
  console.log('CB1');
  next();
}

var cb2 = function (req, res) {
  res.send('Hello from C!');
}

app.get('/example/c', [cb0, cb1, cb2]);
```

在上方代码中共定义了三个函数，并以数组的形式传入回调函数中，调用的函数顺序为 cb0、cb1、cb2。

控制台输出的结果为：

```
CB0
CB1
```

控制台输出的结果表示调用的顺序，其调用顺序和数组传入的顺序是相同的。

浏览器端输出如下内容：

```
Hello from C!
```

其内容是由 cb2 返回的。

其中独立函数和一组函数也可以处理一个路由。

其示例代码如下：

```
var cb0 = function (req, res, next) {
  console.log('CB0');
  next();
}

var cb1 = function (req, res, next) {
  console.log('CB1');
  next();
}

app.get('/example/d', [cb0, cb1], function (req, res, next) {
  console.log('the response will be sent by the next function ...');
  next();
}, function (req, res) {
  res.send('Hello from D!');
});
```

在上方代码中定义了两个独立函数和两个以参数形式存在的回调函数，根据传入的顺序，调用的函数顺序为 cb0、cb1、第 1 个回调函数、第 2 个回调函数。

运行代码，控制台输出如下内容：

```
CB0
CB1
the response will be sent by the next function ...
```

浏览器端返回如下内容：

```
Hello from D!
```

该输出结果表示执行的调用顺序。浏览器端输出的结果由最后一个路由处理程序返回。

8.3.4　响应方法

回调函数中包括 res 对象。res 对象是包装的 HTTP 返回对象，其常用方法如表 8-2 所示。

表 8-2　res 对象的常用方法

方法	相关描述
res.download()	提示浏览器下载文件
res.end()	结束响应进程
res.json()	发送 JSON 字符串
res.jsonp()	发送 JSONP 响应
res.redirect()	重定向请求
res.render()	渲染视图信息
res.send()	直接发送响应
res.sendFile()	以 8 位元流的形式发送信息
res.sendStatus()	设置响应状态码，并以响应主体发送信息

通过这些方法可以更好地使用 res 对象。

下面详细介绍 5 种常用的响应方法。

1. res.json([body])

当 API 发送 JSON 响应时，该响应将使用 JSON.stringify() 转换的 JSON 字符串的参数。

该参数可以是任何 JSON 类型，包括对象、数组、字符串、布尔值、数字，以及 null，并且可以随意将其他值转换为 JSON。

其示例代码如下：

```
res.json(null)
res.json({ user: 'tobi' })
res.status(500).json({ error: 'message' })
```

代码中 null、{user:'tobi'}、{error:'message'} 都是会转换成 JSON 并发送到浏览器的。其中 {error:'message'} 还设置了 500 的状态码。

2. res.redirect([status,] path)

该方法用于重定向到指定的 URL path，其中整数和 HTTP 状态码相对应。如果没有指定将默认为以 302 的形式进行展示。

其示例代码如下：

```
res.redirect('/foo/bar')
res.redirect('http://example.com')
res.redirect(301, 'http://example.com')
res.redirect('../login')
```

在代码中可以对请求的值进行跳转。这里有一个跳转到 /foo/bar，http://example.com 网站，还有一个状态码为 301 的跳转到 http://example.com 网站。

重定向可以定向到其他站点的标准 URL。

其示例代码如下：

```
res.redirect('http://google.com')
```

在代码中，跳转到了标准的 URL http://google.com。

重定向可以相当于主机名的根，如下方内容将会跳转到 http://example.com/admin 链接。

```
res.redirect('/admin')
```

重定向还可以直接相当于当前的 URL，如下方内容将从 http://example.com/blog/admin/（注意结尾的斜杠）重定向到 URL http://example.com/blog/admin/post/new。

```
res.redirect('post/new')
```

但是，post/new 从重定向到 http://example.com/blog/admin（不带斜杠），将重定向到 http://example.com/blog/post/new。

同时相对路径重定向也是可以的。如果当前在 http://example.com/admin/post/new，则以下内容将重定向到 http://example.com/admin/post。

```
res.redirect('..')
```

如果参数为 back，则会直接重定向回 HTTP referer。

```
res.redirect('back')
```

3. res.send([body])

该方法用于发送 HTTP 响应。

body 参数可以是 Buffer 对象、String 对象、Boolean 对象或 Array 对象。

其示例代码如下：

```
res.send(Buffer.from('whoop'))
res.send({ some: 'json' })
res.send('<p>some html</p>')
res.status(404).send('Sorry, we cannot find that!')
res.status(500).send({ error: 'something blew up' })
```

一般来说，res.send() 方法用于非流式响应执行任务。例如，它会自动分配 Content-LengthHTTP 响应头字段，并提供自动的 HEAD 和 HTTP 缓存。

当参数为 Buffer 对象时，它会自动将 Content-Type 响应头字段设置为"application/octet-stream"。

res.send() 方法的作用等价于如下代码：

```
res.set('Content-Type', 'text/html')
res.send(Buffer.from('<p>some html</p>'))
```

当参数为 String 时，该方法会自动设置 Content-Type 为"text / html"。

其发送的代码如下：

```
res.send('<p>some html</p>')
```

当参数为 Array 或 Object 时，Express.js 框架将自动以 JSON 形式进行发送。

其代码如下：

```
res.send({ user: 'tobi' })
res.send([1, 2, 3])
```

4. res.sendFile(path [, options] [, fn])

该方法用于文件的传输。

其示例代码如下：

```
app.get('/file/:name', function (req, res, next) {
  var options = {
    root: path.join(__dirname, 'public'),
    dotfiles: 'deny',
    headers: {
      'x-timestamp': Date.now(),
      'x-sent': true
    }
  }

  var fileName = req.params.name
  res.sendFile(fileName, options, function (err) {
    if (err) {
      next(err)
    } else {
      console.log('Sent:', fileName)
    }
  })
})
```

在上方代码中，使用 sendFile 发送文件，其有 3 个参数，第 1 个参数为文件的名称，第 2 个参数传入的是一个对象，该对象有 3 个键值对，第 1 个值为 root，表示文件的根目录，第 2 个值表示是否允许点对点传输，第 3 个值表示 HTTP 头部信息，第 3 个参数为回调参数。

运行代码，访问 http://localhost/file/ + 文件名称就可以在浏览器端下载 public 目录中的文件。

5. res.end([data] [, encoding])

该方法用于结束响应，其示例代码如下：

228

```
res.end()
res.status(404).end()
```

在上方代码中，第一行代码表示正常结束响应，第二行代码表示设置响应的 404 状态码，并结束响应。

8.4 Express.js中间件

中间件函数能够访问请求对象和响应对象，以及应用程序的请求和响应的循环中执行下一个中间件函数。该中间件函数通常以 next 变量表示。

对于中间件来说，可以执行任何代码，对请求和响应的对象进行更改，结束请求和响应循环，以及调用堆栈下的下一个中间件。

如果其中间件没有函数结束循环，就必须调用 next 函数来循环至下一个中间件，否则会报错。

下面举一个简单的 myLogger 中间件例子。

先编写中间件函数。

```
var myLogger = function (req, res, next) {
  console.log('LOGGED');
  next();
};
```

中间件函数有 3 个参数，并执行了 1 个 console.log 的中间件逻辑，然后通过 next 函数调用下一个中间件。

最后使用该中间件。

```
var express = require('express');
var app = express();

var myLogger = function (req, res, next) {
  console.log('LOGGED');
  next();
};

app.use(myLogger);

app.get('/', function (req, res) {
  res.send('Hello World!');
});

app.listen(3000);
```

在上方代码中，通过 app.use 函数使用中间件，在每次发起请求时都会在控制台答复 LOGGED 信息。

运行代码访问 http://localhost:3000，控制台将输出如下内容，其内容是由中间件执行的。

```
LOGGED
```

还可以实现对请求的参数进行处理。

```
var requestTime = function (req, res, next) {
  req.requestTime = Date.now();
  next();
};
```

在上方代码中，先编写一个中间件，并对请求的参数进行处理，然后赋予一个时间值。最后将此中间件加入程序中。

```
var express = require('express');
var app = express();

var requestTime = function (req, res, next) {
  req.requestTime = Date.now();
  next();
};

app.use(requestTime);

app.get('/', function (req, res) {
  var responseText = 'Hello World!';
  responseText += 'Requested at: ' + req.requestTime + '';
  res.send(responseText);
});

app.listen(3000);
```

在上方代码中可以看到，在应用程序处理的函数中，已经获取到在中间件中进行处理的参数，并以字符串的形式返回给浏览器。

至此，已完成 Express.js 中间件的制作。

对于 Express.js 来说有以下 5 种类型的中间件：

1. 应用层中间件；

2. 路由器层中间件；

3. 错误处理中间件；

4. 内置中间件；

5. 第三方中间件。

8.4.1　应用层中间件

使用 app.use() 和 app.METHOD() 将应用层中间件绑定到应用程序实例，这样的使用方式被称为应用层中间件。

◎　安装全部路径的中间件函数

没有安装路径的中间件函数，在进行请求时都会执行该中间件。

```
var app = express();

app.use(function (req, res, next) {
  console.log('Time:', Date.now());
  next();
});
```

运行代码访问任意一个请求的 URL，将在控制台输出如下内容：

```
Time: 1614359994114
```

◎　安装路径的中间件函数

需要安装路径的中间件函数，在代码中，访问 /user/:id 请求时会自动在控制台中输出如下内容：

```
app.use('/user/:id', function (req, res, next) {
  console.log('Request Type:', req.method);
  next();
});
```

在代码中访问 /user/ + 参数，会自动使用该中间件。

此时访问请求 http://localhost:8081/user/2 会自动在控制台中输出如下内容：

```
Request Type: GET
```

◎　结束路由循环的中间件函数

此外还可以直接结束当前路由循环，其代码如下：

```
app.get('/user/:id', function (req, res, next) {
  res.send('USER');
});
```

在上方代码中，使用 res.send 函数结束了当前的访问请求循环。

此时，运行代码，浏览器访问 http://localhost:8081/user/2 会自动在浏览器端输出如下内容：

```
USER
```

◎　一系列中间件函数

如果需要一系列的中间件函数，其代码如下：

```
app.use('/user/:id', function(req, res, next) {
  console.log('Request URL:', req.originalUrl);
  next();
}, function (req, res, next) {
  console.log('Request Type:', req.method);
  next();
});
```

在上方代码中，app.use 函数使用了 3 个参数，第 1 个参数为需要加载中间件的安装路径，第 2 个参数为加载的第 1 个中间件，第 3 个参数为加载的第 2 个中间件。

其执行顺序为第 2 个参数位置设置的中间件、第 3 个参数位置设置的中间件。

运行上方的代码，输出结果如下：

```
Request URL: /user/2
Request Type: GET
```

由运行结果可知，执行的顺序和之前的预测是相同的。

◎ 路由处理程序可以定义多个子路由

路由处理程序可以定义多个子路由。下列代码针对 /user/:id 路径的 GET 请求定义了两个路由。其中，第 2 个路由处理程序将不会永远被调用，因为第 1 个路由处理程序已经结束循环。

其代码如下：

```
app.get('/user/:id', function (req, res, next) {
  console.log('ID:', req.params.id);
  next();
}, function (req, res, next) {
  res.send('User Info');
});

// handler for the /user/:id path, which prints the user ID
app.get('/user/:id', function (req, res, next) {
  res.end(req.params.id);
});
```

在上方代码中，定义了两个路由和三个路由处理程序，其中第 2 个路由处理程序已停止了循环。

执行代码，在浏览器端输入 http://localhost:8081/user/2 后，控制台输出如下内容：

```
ID: 2
```

浏览器端将会输出如下内容：

```
User Info
```

◎ 路由处理程序跳过应用层中间件函数

如果需要跳过应用层中间件剩余的中间件函数，则只调用 next('route') 即可。

并且该函数只能在 app.METHOD() 和 router.METHOD() 中起作用。

其代码如下：

```
app.get('/user/:id', function (req, res, next) {
  if (req.params.id == 0){
      next('route');
  }
  else {
      next();
  }
}, function (req, res, next) {
  res.render('regular');
});
```

在上方代码中，共定义了一个路由处理程序。在路由处理程序中，当请求的 id 参数为 0 时，会自动跳过其余的全部中间件，将控制权直接传递给下一个路由。

8.4.2　路由器层中间件

路由器层中间件需要绑定到 express.Router() 实例中才可以运行，这点和通过 app.use() 绑定的应用层中间件有很大的不同。

绑定之前，需要先获取 express.Router() 实例。

```
var router = express.Router();
```

然后使用 router.use() 和 router.METHOD() 装入路由器层中间件。

其示例代码如下：

```
var app = express();
var router = express.Router();

// a middleware function with no mount path. This code is executed
for every request to the router
router.use(function (req, res, next) {
  console.log('Time:', Date.now());
  next();
});

// a middleware sub-stack shows request info for any type of HTTP
request to the /user/:id path
router.use('/user/:id', function(req, res, next) {
  console.log('Request URL:', req.originalUrl);
  next();
}, function (req, res, next) {
  console.log('Request Type:', req.method);
  next();
});
```

```
// a middleware sub-stack that handles GET requests to the /user/:id
path
router.get('/user/:id', function (req, res, next) {
  // if the user ID is 0, skip to the next router
  if (req.params.id == 0) next('route');
  // otherwise pass control to the next middleware function in this
stack
  else next(); //
}, function (req, res, next) {
  // render a regular page
  res.render('regular');
});

// handler for the /user/:id path, which renders a special page
router.get('/user/:id', function (req, res, next) {
  console.log(req.params.id);
  res.render('special');
});

// mount the router on the app
app.use('/', router);
```

在上方代码中，先使用 express.Router 函数获取 router 实例对象。然后使用 use 函数传入中间件处理函数，处理第 1 个中间件后，把执行结果给下一个路由器层中间件使用，由于没有传入参数，所以使用的是全局路由器的中间件函数。

第 2 个路由器层中间件函数为安装处理路径的路由器层中间件函数。这里共安装了两个路由器层中间件函数，第 1 个处理完成后调用至下一个中间件函数进行处理。

最后，定义路由处理程序对请求进行路由处理。当为 GET 请求时会进入第 1 个路由处理程序。当参数为 0 时，会直接调用下一个路由，即最后定义的路由，将调用 view 安装目录下的 special 模板进行渲染并返回。当参数不为 0 时，会调用下一个中间件，调用 view 安装目录下的 regular 模板进行渲染并返回。由于没有 next 函数继续供路由调用，因而路由调用循环结束。

最后一行代码的作用是在应用程序上挂载路由器。

运行上方代码，访问 http://localhost:8081/user/2 链接，控制台输出如下内容：

```
Time: 1614364091813
Request URL: /user/2
Request Type: GET
```

其中第 1 行代码结果是第 1 个全局路由器层中间件输出，第 2 行代码结果是安装了 /user/ + 参数的路由器层中间件并进行输出，由于安装了两个路由器层中间件，所以输出了两行代码。再由进入路由处理程序进行判断，由于不为 0，所以继续调用路由处理程序，经过两个路由处理程序的调用，最后调用 view 目录下的 regular 模板进行渲染，应用结束。

运行上方代码，访问 http://localhost:8081/user/0 链接，控制台输出如下内容：

```
Time: 1614364296400
Request URL: /user/0
Request Type: GET
0
```

其中前三行代码的调用结果和之前 id 参数为 2 的调用结果是相同的，只有第三方的结果不同，原因在于由于参数为 0，直接调用最后 1 个路由处理程序，在控制台中输出 0 的结果，并调用 view 目录下的 special 模板，进行渲染。

运行上方代码，访问 http://localhost:8081/a 链接，控制台输出如下内容：

```
Time: 1614364651649
```

在上方代码中，只输出了一行，其原因在于由于访问的 /a 链接并未安装对应的路由器层中间件，只安装了全局的中间件，因此控制台只输出了全局中间件的结果。因为 /a 路由未定义全局路由处理程序，所以也不会有路由处理程序进行处理。

8.4.3　错误处理中间件

错误处理指 Express.js 在捕获和处理同步过程及异步处理过程中发生的错误。Express.js 有自己默认的错误处理中间件程序。

1. 捕获错误

如果是同步代码发生错误，其代码如下：

```
app.get('/', function (req, res) {
  throw new Error('BROKEN') // Express will catch this on its own
})
```

运行上方代码，访问链接 http://localhost:8081/ 会自动抛出错误，表示错误已处理，示例代码如下：

```
Error: BROKEN
    at C:\Users\Administrator\Desktop\ex\index.js:8:9
    at Layer.handle [as handle_request] (C:\Users\Administrator\
Desktop\ex\node_modules\express\lib\router\layer.js:95:5)
    ...
```

如果是异步处理发生错误，则需直接把错误信息通过 next 函数传递给 Express.js 框架。其示例代码如下：

```
app.get('/', function (req, res, next) {
  fs.readFile('/file-does-not-exist', function (err, data) {
    if (err) {
      next(err) // Pass errors to Express
    } else {
      res.send(data)
    }
  })
})
```

在代码中发生错误时，会通过 next 函数进行传递。

如果在使用 Promise 路由处理程序和中间件时，发生错误就会自动调用 next 函数。

其示例代码如下：

```
app.get('/user/:id', async function (req, res, next) {
  var user = await getUserById(req.params.id)
  res.send(user)
})
```

在上方代码中，如果由 getUserById 抛出错误，则会自动调用 next 函数。如果没有拒绝值，则会提供默认的错误进行处理。

如果向 next 函数传入任何错误内容，都会认为是错误，并且能够跳过所有剩余的非错误处理路由和中间件函数。但是传入 route 字符串除外。

2. 默认错误处理程序

Express.js 框架带有内置的错误处理中间件，可以自如地处理中间件遇到的各种问题。

在将错误处理信息通过 next 函数传递给 Express.js 框架时，会由内置的错误程序进行处理，并将错误信息和调用堆栈一同抛出。

如果在写响应后调用 next 函数时出错，如以流方式传输响应时遇到错误（此时响应头已经发送），Express.js 框架就会自动关闭连接，使其请求失败。

因此，在进行错误处理时，如果响应头已经发送到客户端，但传输时遇到错误，就需要使用 next 函数传入错误，并让 Express.js 框架代为结束响应。

其示例代码如下：

```
function errorHandler(err, req, res, next) {
  if (res.headersSent) {
    return next(err);
  }
  res.status(500);
  res.render('error', { error: err });
}
```

在上方代码中已经发送了响应头，但由于发生了错误，中间件直接返回 next 函数，并传入错误信息，让 Express.js 框架关闭连接并进行错误处理。

3. 自定义错误处理中间件

自定义错误处理中间件的示例如下：

```
app.use(function (err, req, res, next) {
  console.error(err.stack)
  res.status(500).send('Something broke!')
})
```

在代码中，和普通中间件不同的是，这里一共传入 4 个参数，第 1 个参数为错误信息，第 2 个参数为请求封装成的对象，第 3 个参数为结果返回封装的对象，第 4 个参数为使用 next 函数指向下一个中间件的句柄。

当定义完成错误处理中间件后，还需要使用 app.use 函数进行应用。

自定义错误中间件和其他中间件类似，还可以定义多个自定义的中间件错误处理程序，并且传递给下一个错误处理中间件进行处理。

其示例代码如下：

```
function logErrors (err, req, res, next) {
  console.error(err.stack)
  next(err)
}
```

如果没有调用 next 函数，就必须编写结束响应的程序，否则这些请求会一直执行，直到被超时关闭。

其示例代码如下：

```
function clientErrorHandler (err, req, res, next) {
  if (req.xhr) {
    res.status(500).send({ error: 'Something failed!' })
  } else {
    next(err)
  }
}
```

在上方函数中就关闭了请求。

同样，如果在路由处理程序中有多个回调函数，就可以使用 next 函数传入 route，直接跳入下一个路由处理程序。

```
app.get('/a_route_behind_paywall',
  function checkIfPaidSubscriber (req, res, next) {
    if (!req.user.hasPaid) {
      // continue handling this request
      next('route')
    } else {
      next()
```

```
  }
}, function getPaidContent (req, res, next) {
  PaidContent.find(function (err, doc) {
    if (err) return next(err)
    res.json(doc)
  })
})
```

在上方代码中，如果获取的参数 hasPaid 值为 false 时，会自动调用下一个定义的路由处理程序，而不会调用下一个回调函数。

8.4.4 内置中间件

最新版本的 Express.js 框架已经删除了大部分的中间件，只保留下一个 express.static() 中间件。

其中间件参数如下：

```
express.static(root, [options])
```

其中，参数 root 表示提供静态资源的根目录。options 参数属性列表如表 8-3 所示。

表 8-3 options 参数属性

属性	相关描述	类型	默认值
dotfiles	对外输出文件名以点开头的文件	String	Ignore
etag	启用或禁止 etag 生成	Boolean	true
extensions	后备文件扩展名	Array	[]
index	发送目录主页文件，设置为 false 可以禁止目录建立索引	String/Boolean	index.html
lastModified	将 lastModified 的头设置为操作系统上该文件上次修改的日期	Boolean	true
maxAge	设置 Cache-Control 头的 maxAge 属性	Number	0
redirect	当路径名是目录时，自动重定向到结尾的 /	Boolean	true
setHeaders	文件一起提供的 HTTP 头函数	函数	

使用上述选项的示例代码如下：

```
var options = {
  dotfiles: 'ignore',
  etag: false,
```

```
    extensions: ['htm', 'html'],
    index: false,
    maxAge: '1d',
    redirect: false,
    setHeaders: function (res, path, stat) {
      res.set('x-timestamp', Date.now());
    }
}

app.use(express.static('public', options));
```

在上方代码中，使用了 express.static 这个唯一的内置中间件，并将 public 目录作为静态资源文件夹传入之前定义好的 options 参数。此时，就完成了将 public 目录作为静态资源目录的作用。

例如，public 目录下有文件 example.jpg，那么访问 http://localhost:8081/example.jpg 就可以直接访问到在 public 目录下保存的 example.jpg 文件了。

8.4.5　第三方中间件

汇聚全世界程序员的力量，共同开发了适用范围更广的第三方中间件，从而繁荣了 Express.js 框架的中间件市场。

下面列举两个使用率比较高的第三方中间件。

1. Cookie解析中间件

该中间件的主要作用为解析 Cookie 标头，填充 req.cookies 一个由 cookie 名称作为键值对的对象，并且可以通过传递一个 secret 字符串来作为是否启用 Cookie 支持。该字符串会自动分配给 req.secret，让其他中间件使用。

NPM 项目地址如下：

https://www.npmjs.com/package/cookie-parser

Github 项目地址如下：

https://github.com/expressjs/cookie-parser#readme

安装命令如下：

```
$ npm install cookie-parser
```

其代码如下：

```
var express = require('express')
var cookieParser = require('cookie-parser')

var app = express()
app.use(cookieParser())
```

```
app.get('/', function (req, res) {
  // Cookies that have not been signed
  console.log('Cookies: ', req.cookies)

  // Cookies that have been signed
  console.log('Signed Cookies: ', req.signedCookies)
})

app.listen(8080)

// curl command that sends an HTTP request with two cookies
// curl http://127.0.0.1:8080 --cookie "Cho=Kim;Greet=Hello"
```

在上方代码中，先引入了 cookie-parser 中间件，并在 app.use 函数中进行挂载。

在应用程序处理函数中，当访问请求时，由于经过中间件处理，因此可以直接通过 req.cookies 和 req.signedCookies 的键值对获取 Cookie 值。

2. CSRF中间件

Node.js CSRF 保护总监级，为第三方中间件的一种。使用这个中间件时，必须先初始化 cookie-parser 中间件。

CSRF 攻击指攻击者可以在钓鱼网站下使用如下的 HTML 代码，对网站进行攻击，将信息代为用户提交给网站，实现网站被攻击，获取用户信息的效果。

NPM 项目地址如下：

https://www.npmjs.com/package/csurf

Github 项目地址如下：

https://github.com/expressjs/csurf

安装命令如下：

```
$ npm install csurf
```

以下是一些服务器端的代码，可生成需要 CSRF 令牌回发的表单。

其代码如下：

```
var cookieParser = require('cookie-parser')
var csrf = require('csurf')
var bodyParser = require('body-parser')
var express = require('express')

// setup route middlewares
var csrfProtection = csrf({ cookie: true })
var parseForm = bodyParser.urlencoded({ extended: false })

// create express app
var app = express()
```

```
// parse cookies
// we need this because "cookie" is true in csrfProtection
app.use(cookieParser())

app.get('/form', csrfProtection, function (req, res) {
  // pass the csrfToken to the view
  res.render('send', { csrfToken: req.csrfToken() })
})

app.post('/process', parseForm, csrfProtection, function (req, res) {
  res.send('data is being processed')
})
```

在上方代码中先引入相关的模块。这里引入了 3 个模块，共需要 3 个 NPM 包，分别是 cookie-parser 的 Cookie 解析 NPM 包、csurf 的 CSRF 的 NPM 包，以及 body-parser 的 POST 请求解析包。

在第 6~7 行代码中，对这些模块进行了设置，如设置相关的 Cookie 参数等选项。

开启 Cookie 中间件，这是 CSRF 中间件开启的必要条件。

在路由处理程序中，将 csrfToken 生成并返回给浏览器端。

新建一个 index.html 文件，在表单中输入如下代码：

```
<form action="/process" method="POST">
  <input type="hidden" name="_csrf" value="{{csrfToken}}">

  Favorite color: <input type="text" name="favoriteColor">
  <button type="submit">Submit</button>
</form>
```

在上方代码中，使用 form 标签内的名称为 _csrf 的 input 标签，把上一步相关的代码获取的 csrfToken 填入此处，并以参数名称为 _csrf 的值进行提交。

这样就半自动化地完成了 CSRF。

此外，还有更多 Express.js 框架的中间件供读者探索，在此就不作详述了，如果想要获取更多的内容，可以访问如下两个网站搜索相关内容即可。

https://www.npmjs.com/

https://github.com/

同时，读者如果对当前的 Express.js 中间件不满意，也可以直接开发一款 Express.js 中间件，上传到上述的两个网址中，供全球的用户使用。

8.5 Express.js模板引擎

在 MVC 三层架构中，模板是由控制器渲染生成的 HTML 文件，再返回给浏览器进行渲染的。

Express.js 有多种模板引擎，使用比较广泛的模板引擎有 pug、EJS、Jade。

其中，pug 模板引擎和 Jade 模板引擎的编译速度要快于 EJS 模板引擎。其很大程度上是由于 pug 模板引擎和 Jade 模板引擎书写时省去了 HTML 的标签，使模板引擎不需要对标签再次进行编译，从而提高了编译速度。

1. pug模板引擎

NPM 项目地址如下：

https://www.npmjs.com/package/pug

Github 项目地址如下：

https://github.com/pugjs/pug/tree/master/packages/pug

使用之前需要使用 NPM 安装相应的依赖：

```
$ npm install pug --save
```

安装完成依赖后，不用在控制器中引入相关的依赖，但需要在 app 函数中装载进入相应的模板文件。

```
app.set('view engine', 'pug');
```

在上方代码中表示设置模板引擎为 pug 模板引擎。

在 views 目录中新建 index.pug 的 pug 模板文件，输入如下内容：

```
html
  head
    title= title
  body
    h1= message
```

上方的模板代码等价于下方的 HTML 文件代码。

```
<!DOCTYPE html>
<html>
<head>
    <title>{{title}}</title>
</head>
<body>
    <h1>{{message}}</h1>
</body>
</html>
```

其中，title 标签的值和 h1 标签的值会替换为对应的变量。

创建路由处理程序，并引入对应的模板文件。

```
app.get('/', function (req, res) {
  res.render('index', { title: 'Hey', message: 'Hello there!'});
});
```

在上方代码中，对 / 路径进行处理，并渲染 view
目录下的 index 文件和传入 title 的值为 Hey，message
的传入值为 Hello there!。

运行代码，访问 http://localhost:8081/，如果出
现如图 8-14 所示的界面，则说明 pug 模板引擎运行
正常。

图 8-14　pug 模板引擎渲染的界面

2. EJS引擎

EJS 引擎由于需要解析 HTML 标签，导致其速度比较慢。

NPM 项目地址如下：

https://www.npmjs.com/package/ejs

Github 项目地址如下：

https://github.com/mde/ejs

在使用之前需要安装相关的依赖。

```
npm install ejs
```

在 app 函数中设置当前项目使用的模板引擎为 EJS。

```
app.set('view engine', 'ejs');
```

创建 views 文件夹，并新建 head.ejs 文件，输入如下内容：

```
<meta charset="UTF-8">
<title>Super Awesome</title>

<!-- CSS (load bootstrap from a CDN) -->
<link rel="stylesheet" href="//maxcdn.bootstrapcdn.com/
bootstrap/3.2.0/css/bootstrap.min.css">
<style>
    body    { padding-top:50px; }
</style>
```

以上内容为渲染模板的公用头部文件。

新建 header.ejs 文件，此文件也同样为公用头部文件。

```
<nav class="navbar navbar-default" role="navigation">
   <div class="container-fluid">
```

```
        <div class="navbar-header">
            <a class="navbar-brand" href="#">
                    <span class="glyphicon glyphicon glyphicon-tree-
deciduous"></span>
                EJS Is Fun
            </a>
        </div>

        <ul class="nav navbar-nav">
            <li><a href="/">Home</a></li>
            <li><a href="/about">About</a></li>
        </ul>

    </div>
</nav>
```

新建 footer.ejs 文件，此文件为公用尾部文件。

```
<p class="text-center text-muted">© Copyright 2021 The Awesome
People</p>
```

新建 index.ejs 文件，并使用 include 标签引入新建的公用模板。

```
<!DOCTYPE html>
<html lang="en">
<head>
    <% include ('./head') %>
</head>
<body class="container">

    <header>
        <% include ('./header') %>
    </header>

    <main>
        <div class="jumbotron">
            <h1>This is great</h1>
            <p>Welcome to templating using EJS</p>
        </div>
    </main>

    <footer>
        <% include ('./footer') %>
    </footer>

</body>
</html>
```

在 index.js 文件中增加相关的路由。当访问该链接时会把渲染完成的模板返回给用户。

此时访问 http://localhost:8081/，如果出现如图 8-15 所示界面，则证明 EJS 模板引擎运行正常。

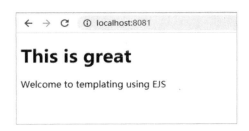

图 8-15　EJS 引擎渲染的界面

此时修改之前的路由，增加需要传递给模板引擎的数据：

```
app.get('/', function(req, res) {
    var drinks = [
        { name: 'Bloody Mary', drunkness: 3 },
        { name: 'Martini', drunkness: 5 },
        { name: 'Scotch', drunkness: 10 }
    ];
    var tagline = "Any code of your own that you haven't looked at
for six or more months might as well have been written by someone
else.";

    res.render('pages/index', {
        drinks: drinks,
        tagline: tagline
    });
});
```

在上方代码中，一共传入了两组需要传递给 EJS 模板的数据。

修改 index.ejs 文件，并通过 <%=%> 中间加变量来显示单个变量数据。

```
<p><%= tagline %></p>
```

使用 forEach 进行数据的遍历。

```
<h2>Loop</h2>
<ul>
    <% drinks.forEach(function(drink) { %>
        <li><%= drink.name %> - <%= drink.drunkness %></li>
    <% }); %>
</ul>
```

在上方代码中，通过 <%%> 中间件执行 JavaScript 脚本，实现对变量的遍历。

访问 http://localhost:8081/，如果出现如图 8-16 所示的界面，则说明 EJS 模板引擎数据已传递完成。

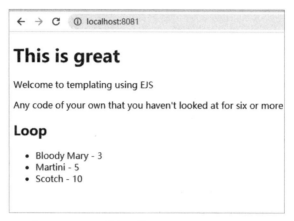

图 8-16　EJS 模板引擎传递数据渲染后的界面

8.6 Express.js错误处理

Express.js 框架的错误处理主要使用错误处理中间件来实现。错误处理中间件和其他中间件函数相差不多，只是多了一个变量。该变量为 err 用于接收错误信息。

错误处理中间件的代码如下：

```
app.use(function(err, req, res, next) {
  console.error(err.stack);
  res.status(500).send('Something broke!');
});
```

在上方代码中，使用了错误处理中间件，打印出错误信息，并结束了当前的请求循环。

> **注意**
>
> 错误处理中间件必须结束当前请求循环，否则浏览器超时后会自动关闭当前请求。

一般情况下，还可以使用 next 函数将错误信息传入，并由 Express.js 框架进行显示。

其示例代码如下：

```
function logErrors(err, req, res, next) {
  console.error(err.stack);
  next(err);
}
```

8.7 Express.js调试

Express.js 自带调试功能，在 Linux 平台上可以使用如下命令，开启 Express.js 框架的调试功能。

```
$ DEBUG=express:* node index.js
```

在上方命令中启动应用程序，并将环境变量设置为 express。

在 Windows 平台上，启动命令如下：

```
set DEBUG=express:* & node index.js
```

依照上方命令启动完成后，则会在控制台中输出 Express.js 框架内置的日志信息：

```
$ DEBUG=express:* node ./bin/www
  express:router:route new / +0ms
  express:router:layer new / +1ms
  express:router:route get / +1ms
...
```

向应用程序发起请求时，Express.js 框架会输出指定的日志信息。

```
express:router dispatching GET / +4h
  express:router query  : / +2ms
  express:router expressInit  : / +0ms
  express:router favicon  : / +0ms
...
```

同时，由于其内部使用了 debug 模块，因而可以设置环境变量名称为多个模块。

例如，使用 express sample-app 生成应用程序，其调试命令如下：

```
$ DEBUG=sample-app:* node ./bin/www
```

如果要对 http、mail、express 等模块进行调试，则调试命令如下：

```
$ DEBUG=http,mail,express:* node index.js
```

8.8 Express.js静态文件

Express.js 框架还有如 Nginx、Apache 服务器类似提供静态文件的功能。其使用的中间件为 Express.js 框架中唯一的内置中间件 express.static。

只需将静态资源目录名称传递给此中间件，就可以将此目录作为静态资源目录。

例如，将 public 目录作为静态资源目录，其代码如下：

```
app.use(express.static('public'));
```

如果目录中有文件 hello.html，那么直接通过如下的 URL 就可以访问该文件。

```
http://localhost:3000/hello.html
```

如果有多个静态资源目录，可以多次进行调用。

```
app.use(express.static('public'));
app.use(express.static('files'));
```

如果 public 目录和 files 目录中都有 hello.html 文件，由于查找是按照书写顺序的，因而会传递给浏览器 public 目录中的 hello.html 文件。

如果要对静态目录设置虚拟的目录，那么可以使用如下代码：

```
app.use('/static', express.static('public'));
```

假设 public 目录下有 hello.html 文件，那么此时的访问路径如下：

```
http://localhost:3000/static/hello.html
```

由于此中间件的目录是以代码目录的根目录为准，因而要使用绝对路径，就可以使用内置的 _dirname 变量。

其示例代码如下：

```
app.use('/static', express.static(__dirname + '/public'));
```

8.9 Express.js常用的API手册

下面介绍 Express.js 框架常用的 API，如表 8-4 所示。

表 8-4　Express.js 常用 API

API	相关描述
app.get()	GET 请求处理程序
res.send()	发送消息到浏览器
app.listen()	设置监听端口
app.post()	POST 请求处理程序

API	相关描述
app.delete()	DELETE 请求处理程序
app.use()	中间件处理程序
res.download()	浏览器提示用户下载
res.end()	发送 JSON 字符串
res.jsonp()	发送 JSONP 响应
res.render(0	渲染视图信息
res.sendFile(0	以 8 位元流的形式发送信息
res.sendStatus()	设置响应状态码，并以响应主体发送信息
router.use()	路由层中间件
express.static()	静态资源中间件

通过对 Express.js 框架常用 API 的列举，可以方便地使用 Express.js 框架开发出更健壮的 Express.js 框架程序。

8.10 本章小结

在本章中介绍了 Express.js 框架、Express.js 示例程序、Express.js 应用程序生成器、Express.js 路由、Express.js 中间件、Express.js 模板引擎、Express.js 错误处理、Express.js 调试、Express.js 静态文件等内容。

通过对本章的学习，读者可以基本掌握 Express.js 框架基础部分的知识，从而能够独立开发一个比较完善的小型 Web 应用程序。

第9章
Koa.js框架基本使用

在本章中，读者将学习 Koa.js 框架、Koa.js 应用程序生成器、Koa.js 应用程序、Koa.js 上下文、Koa.js 中间件和 Koa.js 路由等知识。

通过对本章的学习，读者可以掌握 Koa.js 框架的基本使用方法及其原理，有开发基本应用程序的能力。

9.1 Koa.js框架介绍

作为跨平台 Node.js 服务器端的运行环境，Node.js 能够使 Web 开发人员更轻松地使用 JavaScript 语言，构建快速且可扩展的网络应用程序。Koa.js 框架可以在 Node.js 中用 JavaScript 语言轻松编写 Web 应用程序的后端和前端，并且可以加速 Web 开发人员开发 API 接口的进度。

Koa.js 框架，是一个应用比较广泛的 Node.js 的 Web 应用程序框架。相比 Express.js 框架来说，Koa.js 框架更为轻量级，开发 API 接口更轻量化，并且其提供的工具可以帮助开发人员开发 Web 应用程序，使 API 进度进一步加快。

9.1.1　Koa.js框架的特点

Koa.js 框架是由 Express.js 框架的原班人马开发的 Node.js Web 框架，该框架的宗旨是成为 Web 应用开发和 API 开发中最小化、最轻量级的，以及更强大的基础创建能力的框架。Koa.js 框架使用了大量的异步功能来避免回调现象的出现，并且同时改进了错误处理方式。Koa.js 框架最大的优点在其内核中，没有任何的捆绑中间件，还提供了一套完整的方法可以加快 Web 应用程序的开发。

Koa.js 框架的特点如下。

1. 占用空间更小

Koa.js 框架是 Node.js 框架中最为轻量且灵活的框架。所以它的占用空间更小，更容易开发出轻便的 Koa.js 中间件，用于应对不同情况下对框架的扩展。

2. 使用现代化编程语言编写

Koa.js 框架使用 ES5 或 ES6 乃至更规范的 JavaScript 编程语言规范编写而成。在 ES5 或 ES6 中提供了不少新的类和模块用于简化开发，在 Koa.js 框架中都使用了这些最新的特性，可以帮助开发人员创建的应用具有更强的可用性。

3. Koa.js应用程序生成器

在 Koa.js 框架中通过使用 ES5 或 ES6，使同步编程得以简化，还通过生成器进一步达到控制代码规范的作用。开发人员通过生成器可以快速生成所需的 Koa.js 项目。通过生成器还可以实现对框架进行调试达到提高 Web 应用程序性能的目的。

4. 错误处理

Koa.js 框架具有更新错误处理的功能，通过更为有效的中间件来达到简化和改善错误处理的目的，并且使用内置的错误处理还可以防止 Node.js 程序进入崩溃状态。

5. 级联

在其他 Node.js 程序中，开发人员必须通过写相关代码以流的方式传输文件。而 Koa.js

框架却不需要这些额外的代码编写，只要使用 yield next 命令，就可以轻松实现相关功能。

6. 路由

Koa.js 框架可以通过 koa-router 模块为各种网站资源创建多个路由，只需安装并使用 koa-router 模块就可以达到类似的效果。

7. 请求和响应对象

Koa.js 框架在路由模块中封装了请求对象和响应对象，通过对这些对象的操作，从而达到对请求的各种属性的获取，如对标头、路径、方法及 URL 的获取。对响应对象的属性，如标头、正文、消息、状态等进行相关的设置。

8. 上下文

Koa.js 框架通过上下文将原始请求和请求对象封装到单个对象中，统一的对象更便于构建 Web 应用程序和对 API 的开发。开发人员可以为每个请求都创建一个上下文，并将其接入中间件进行处理。

总之，Koa.js 框架具有诸多优点，使用 Koa.js 框架将便于开发。

9. Koa.js框架的应用

现在有诸多企业已加入使用 Koa.js 框架的行列中，如 Paralect、Pubu、Bulb、Gapo、Clovis 等。

9.1.2　Koa.js框架示例程序

使用 npm init 初始化项目，并安装 Koa.js 依赖，其安装命令如下：

```
npm install --save koa
```

在根目录中，新建 index.js 文件，输入如下代码：

```
var koa = require('koa');
var app = new koa();

app.use(function* (){
  this.body = 'Hello world!';
});

app.listen(3000, function(){
  console.log('Server running on http://localhost:3000')
});
```

在代码中引入 Koa 模块，创建 Koa 应用，并通过中间件的形式，使用匿名函数，对所有请求上下文的 body 属性都设置 Hello World!。

使用 app 模块中的 listen 函数，创建监听端口和服务器。

保存文件后，执行如下命令，即可启动 Koa.js 示例程序。

```
node index.js
```

启动项目完成后访问如下链接，如果出现如图 9-1 所示的界面，则说明 Hello World 示例程序已启动完成。

http://localhost:3000/

Koa.js 框架，不单有这种方式，还可提供另外一种 Web 应用方式，其示例代码如下：

图 9-1　访问页面

```
const Koa = require('koa');
const app = new Koa();

app.use(async ctx => {
  ctx.body = 'Hello World';
});

app.listen(3000);
```

这是基于同步方式的代码，使用 app.use 函数传入 async 关键字标明的路由处理程序函数，并将 ctx 上下文作为参数进行调用或修改。

9.2 Koa.js 应用程序生成器

koa2-generator 为 Koa.js 框架的应用程序生成器，使用之前要采用 npm 命令进行全局安装。

安装命令如下：

```
npm install -g koa-generator
```

使用如下命令生成 test Koa.js 项目。

```
koa2 test
```

进入 test 目录，安装相关依赖。

```
npm install
```

使用如下命令启动项目。

```
npm start
```

访问链接 http://localhost:3000，如果出现如图 9-2 所示的界面，则表示 Koa.js 应用程序生成器生成的项目已启动完成。

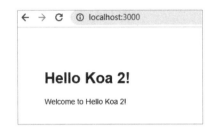

图 9-2　Koa.js 框架示例项目

Koa.js 应用程序生成器的项目功能远不止这些，还具有如下功能：

```
-h, --help          帮助
-V, --version       版本号
-e, --ejs           添加 ejs 模板引擎支持（默认是 jade）
    --hbs           添加 hbs 模板引擎支持（默认是 hbs）
-H, --hogan         添加 hogan.js 支持
-c, --css <engine>  添加 css 样式 支持 less sass styus css（默认是 css）
    --git           添加 .gitignore
-f, --force         force on non-empty directory
```

如果需要修改项目代码，则应用程序能够自动更新，即需要热重载功能可使用 node-dev。使用如下命令安装 node-dev。

```
npm i node-dev
```

使用如下命令启动热重载项目。

```
node-dev ./bin/www
```

在命令中直接使用 node-dev 命令，通过项目 bin 目录下的 www 文件，对项目进行启动。

在目录中生成了如图 9-3 所示的目录结构。

bin 目录中的 www 文件为示例项目的启动文件。node_modules 为项目的依赖文件。public 目录为项目的静态资源文件。在静态资源文件中，保存有 images 图片文件夹。javascripts 文件夹用于保存 JavaScript 文件。stylesheets 文件夹用于保存 css 样式文件，该目录为静态资源目录可以直接在浏览器端访问该目录下的文件。

routes 文件夹为路由文件夹，用于保存示例项目的路由。views 文件夹为模板文件夹，用于保存模板文件。app.js 文件为项目的主文件。

图 9-3　koa-generator 生成目录结构

9.3 Koa.js应用程序

9.3.1 级联

中间件具有访问上游下游的功能。在 Koa.js 框架中，基于中间件或访问上游下游的情况被称为级联。

示例代码如下：

```
var koa = require('koa');
var app = new koa();


app.use(function* (next) {
   console.log("A new request received at " + Date.now());

   yield next;
});

app.listen(3000, function(){
   console.log('Server running on http://localhost:3000')
});
```

在上方代码中，先引入 Koa 模块，创建了 Koa 项目，再通过 use 函数创建一个中间件，并且每次请求时都会回应当前的日期，最后使用 yield next 引导至下一个路由。

启动该项目，访问任意一个 URL，如访问 http://localhost:3000/ 就会在控制台中输出如下内容：

```
A new request received at 1615914355286
```

如果对特定的路由启用中间件，则需要先执行如下命令安装路由模块。

```
npm install --save koa-router
```

关于中间件的调用顺序如下：

```
var koa = require('koa');
var app = new koa();

//Order of middlewares
app.use(first);
app.use(second);
app.use(third);

function *first(next) {
   console.log("I'll be logged first. ");
```

```
  //Now we yield to the next middleware
  yield next;

  //We'll come back here at the end after all other middlewares have ended
  console.log("I'll be logged last. ");
};

function *second(next) {
  console.log("I'll be logged second. ");
  yield next;
  console.log("I'll be logged fifth. ");
};

function *third(next) {
  console.log("I'll be logged third. ");
  yield next;
  console.log("I'll be logged fourth. ");
};

app.listen(3000);
```

在上方代码中，先引入相关的模块，通过 app.use 函数使用 3 个中间件，分别是 first、second 和 third 中间件。在第 1 个中间件 first 中间件中，使用 yield 调用下一个 second 中间件，第 2 个中间件同理，第 3 个中间件也是如此。

在调用时，当执行到第 1 个中间件的 yield next 语句时，会执行下一个中间件，当执行下一个中间件遇见 yield next 语句时，会继续执行下一个中间件。直到执行完成最后一个中间件时，再次遇见 yield next 语句，由于没有下一个中间件，因此不会跳转到下一个中间件，直到把最后一个中间件执行完毕。最后一个中间件执行完毕后，将会执行第 2 个中间件 yield next 语句后的语句，依次直到执行完成第 1 个中间件。

访问任意一个 URL 都会在控制台输出如下内容：

```
I'll be logged first.
I'll be logged second.
I'll be logged third.
I'll be logged fourth.
I'll be logged fifth.
I'll be logged last.
```

用一张图解释调用的过程，如图 9-4 所示。

在图 9-4 中详细介绍了每个中间件的调用顺序。

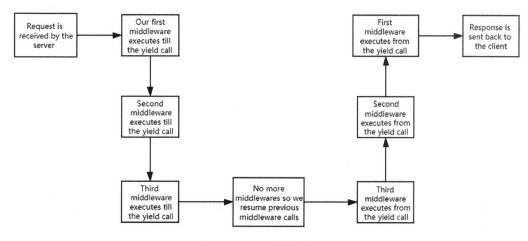

图 9-4　中间件的执行顺序

当请求发送到服务器以后，将会调用第 1 个中间件 Our first，然后再将请求发送到第 2 个中间件 Second，最后再将请求发送到第 3 个中间件 Third，完成一半的中间件请求传递。此时请求会发现已经没有中间件可以再执行传递，它会将请求继续返回到 Third 中间件，再到 Second 中间件，最后到 First 中间件处理完成，返回给用户。

除了使用 yield next 调用下一个中间件，还可以使用 await next() 语句执行下一个中间件。

其示例代码如下：

```
const Koa = require('koa');
const app = new koa();

// logger

app.use(async (ctx, next) => {
  await next();
  const rt = ctx.response.get('X-Response-Time');
  console.log('${ctx.method} ${ctx.url} - ${rt}');
});

// x-response-time

app.use(async (ctx, next) => {
  const start = Date.now();
  await next();
  const ms = Date.now() - start;
  ctx.set('X-Response-Time', '${ms}ms');
});

// response
```

```
app.use(async ctx => {
  ctx.body = 'Hello World';
});

app.listen(3000);
```

在上方代码中，先引入 Koa 相关的模块，使用 app.use 函数引入了一个同步函数。该同步函数使用 async 关键字标识为同步函数，然后在函数中使用 await next() 执行下一个中间件。

Koa.js 框架的访问过程有一个专业的名称叫作洋葱模型。

洋葱模型指在 Koa.js 框架的中间件中，通过 next 函数或 next 关键字将中间件分为两部分，next 上一部分会在请求的时候完成相关的执行。next 下一部分会在响应阶段完成执行。

其执行过程如图 9-5 所示。

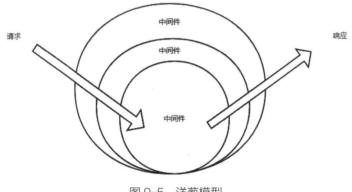

图 9-5　洋葱模型

在 Koa.js 框架中，NPM 包提供了不少基于第三方的中间件，主要有：

1. koa-bodyparser；

2. koa-router；

3. koa-static；

4. koa-compress。

9.3.2　设置

对应用程序的请求和响应可以进行全局的设置。

其目录支持的设置如下。

● app.env：指对应用的环境变量进行设置，默认没有环境变量，NODE_ENV 或是 development。

● app.keys：指签名的 cookie 密钥数组，用于对 cookie 进行加密。

- app.proxy：指代理头被信任的字段。
- app.proxyIpHeader：指代理的 ip 消息头，默认为 X-Forwarded-For。
- app.maxIpsCount：指代理的 ip 消息头，可读取最大的 IPS。

此时设置需要通过构造函数传递给 app 函数。

```
const Koa = require('koa');
const app = new Koa({ proxy: true });
```

或是动态的方式。

```
const Koa = require('koa');
const app = new Koa();
app.proxy = true;
```

9.3.3　错误处理

对于 Koa.js 来说，通常会有一个中间件用于进行错误处理，其示例代码如下：

```
var koa = require('koa');
var app = new koa();

//Error handling middleware
app.use(function *(next) {
   try {
      yield next;
   } catch (err) {
      this.status = err.status || 500;
      this.body = err.message;
      this.app.emit('error', err, this);
   }
});

//Create an error in the next middleware
//Set the error message and status code and throw it using context
object

app.use(function *(next) {
   //This will set status and message
   this.throw('Error Message', 500);
});

app.listen(3000);
```

在上方代码中，先引入相关的模块，再使用 app.use 函数引入一个中间件，在这个中间件中使用 try-catch 包裹 yield next，在下一个中间件中引发错误，此时洋葱模型会直接抛出错误，并传递到 catch 语句进行处理。

若访问任意一个 URL 都会在控制台中抛出如下错误，则表示应用已发生错误。

```
http-errors deprecated non-first-argument status code; replace with
createError(500, ...) node_modules\koa\lib\context.js:97:11

  InternalServerError: Error Message
      at Object.throw (C:\Users\Administrator\Desktop\k\node_modules\
koa\lib\context.js:97:11)
      ......
```

同时，所有的错误都会引发一个 error 事件，可以先在 app.on 函数中监听该事件，再进行错误的打印。

```
app.on('error', err => {
  log.error('server error', err)
});
```

在这个过程中出现错误时，上下文还会在中间件进行传递，直到出现无法传递的情况，才会通过返回 500 来告知浏览器端应用发生错误。

9.4 Koa.js上下文

Koa.js 框架中的上下文指将 request 和 response 单独封装到同一个对象的操作中。Web 应用程序通过这种方式实现中间件的通用功能。

在 Koa.js 框架中，每个请求都会创建一个 Context，并且在中间件中进行接收并引用。一般使用 ctx 字符进行标识。

其示例代码如下：

```
app.use(async ctx => {
  ctx; // 这是 Context
  ctx.request; // 这是 koa Request
  ctx.response; // 这是 koa Response
});
```

在上方代码中，通过中间件函数的 ctx 参数标识请求上下文，使用 ctx.request 可以获取 Koa Request 请求，使用 ctx.response 可以获取 Koa Response 响应。

ctx 参数具有如下的 API：

- ctx.request：指 Koa.js 框架的 Request 对象。
- ctx.response：指 Koa.js 框架的 Response 对象。
- ctx.state：指 Koa.js 框架的命名空间，用于保存命名信息。

- ctx.app：指获取应用程序实例应用。
- ctx.cookies：指对请求的应用进行 Cookies 的获取和设置。
- ctx.throw：指抛出一个错误。
- ctx.assert：指抛出错误的帮助方法。

9.5 Koa.js中间件

Koa.js 框架一共有两种开发方式：一是 yield next 和无名函数方式；二是 async 方式。下面对这两种方式进行介绍。

1. yield next 和无名函数方式

在同级目录中新建 generator.js 文件，作为中间件文件，输入代码如下：

```
function log( ctx ) {
    console.log( ctx.method, ctx.header.host + ctx.url )
}

module.exports = function () {
    return function * ( next ) {

        // 执行中间件的操作
        log( this )

        if ( next ) {
            yield next
        }
    }
}
```

在上方代码中，新建一个 log 函数用于打印 log 日志，导出一个函数并返回一个无名函数，在无名函数中调用 log，传入 this 表示当前请求的上下文。如果 next 仍然有值，则继续调用下一个中间件，否则将不再调用。

在 index.js 文件中，输入代码如下：

```
const Koa = require('koa')
const convert = require('koa-convert')
const loggerGenerator  = require('./generator')
const app = new Koa()

app.use(convert(loggerGenerator()))

app.use(( ctx ) => {
```

```
    ctx.body = 'hello world!'
})

app.listen(3000)
console.log('the server is starting at port 3000')
```

首先引入相关的依赖，需要注意的是，中间件函数需要使用 koa-convert 封装后才能使用，然后在最后一个 app.use 中输出相关信息给前端浏览器。

启动 index.js 文件，再访问任意一个 URL，此时会在控制台中输出如下代码：

```
the server is starting at port 3000
GET localhost:3000/
```

其中第 1 行代码输出表示启动的链接信息，第 2 行代码表示为访问的请求信息进行打印。

2. async方式

在根目录中新建 logger-async.js 文件，输入代码如下：

```
function log( ctx ) {
    console.log( ctx.method, ctx.header.host + ctx.url )
}

module.exports = function () {
  return async function ( ctx, next ) {
    log(ctx);
    await next()
  }
}
```

在上方代码中，先创建一个 log 函数用于承担记录日志的作用，再导出一个匿名函数，并返回一个匿名函数，这个匿名函数需要使用 async 关键字标明表示这是一个同步函数。然后在同步函数中调用 log 函数，并传入上下文对象，最后使用 await next() 调用下一个中间件。

在 index.js 文件中，输入代码如下：

```
const Koa = require('koa') // koa v2
const loggerAsync  = require('./logger-async')
const app = new Koa()

app.use(loggerAsync())

app.use(( ctx ) => {
    ctx.body = 'hello world!'
})

app.listen(3000)
console.log('the server is starting at port 3000')
```

在代码中，先引入 Koa 模块和已写好的中间件函数，然后使用 app.use 函数载进中间件，最后编写路由处理函数，并启动服务器。

使用 Node.js 启动服务器，访问任意一个 URL，此时在控制台中输出如下代码：

```
the server is starting at port 3000
GET localhost:3000/
```

其中第 1 行代码表示 Node.js 启动服务器时输出的内容；第 2 行代码表示访问 URL 时，中间件输出的内容。

9.6 Koa.js路由

在 Koa.js 框架中，一般是通过 koa-router 中间件实现 Koa.js 路由的。

安装路由依赖。

```
npm install --save koa-router
```

新建 index.js 文件，输入代码如下：

```
var koa = require('koa');
var router = require('koa-router');
var app = new koa();


var _ = router();                 //Instantiate the router
_.get('/hello', async (ctx) => {
    ctx.body ="hello world!"
});   // Define routes



app.use(_.routes());            //Use the routes defined using the router
app.listen(3000);
```

在上方代码中，先引入 Koa 模块和 koa-router 模块，再新建 Koa 实例和 router 实例。获取 router 实例后，调用 get 方法传入两个参数，第 1 个参数为路由路径，第 2 个参数为路由处理程序，路由处理程序需要使用 async 函数标明，表示这是一个同步函数。

启动服务器，访问 URL http://localhost:3000/如果出现如图 9-6 所示的界面，则表示创建路由成功。

图 9-6　hello 路由

同样，还可以在同一个路径上使用不同的方法，其示例代码如下：

```
var koa = require('koa');
var router = require('koa-router');
var app = new koa();

var _ = router();                   //Instantiate the router
_.get('/hello', async (ctx) => {
     ctx.body ="Hello World"
});   // Define routes
_.post('/hello', async (ctx) => {
     ctx.body = "Hello World"
})
app.use(_.routes());                    //Use the routes defined using the
router
app.listen(3000);
```

在上方代码中，先引入相关的模块，并初始化对应的实例。然后创建两个路由，分别是 GET 路由和 POST 路由。最后装载路由并启动服务器。

使用 node 启动服务器，打开 POST，配置 POST 请求，其 URL 为 http://localhost:3000/hello，POST 的配置测试如图 9-7 所示。

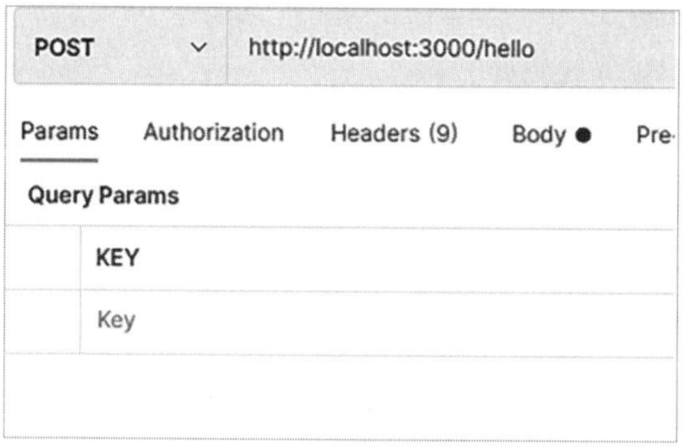

图 9-7　POST 的配置测试

单击"Send"按钮发送 POST 请求，在响应栏中可以看到对应的响应信息。POST 请求返回结果如图 9-8 所示。

图 9-8　POST 请求返回结果

9.7 Koa.js常用的API的介绍

下面介绍 Koa.js 常用的 API，如表 9-1 所示。

表 9-1　Express.js 常用 API 的相关描述

API	相 关 描 述
app.use	装载中间件函数
app.listen	启动服务器，并监听对应端口
ctx.body	设置响应结果体
yield next	调用下一个中间件
app.env	对应用的环境变量进行设置
app.keys	签名的 cookie 密钥信息
app.proxy	代理头被信任的字段
app.proxyIpHeader	代理的 ip 消息头
app.maxIpsCount	代理 ip 消息头，可读取最大的 IPS
ctx.status	设置返回状态码
ctx.throw	抛出错误
app.on	监听事件
ctx.request	获取被 Koa.js 封装的 Koa Request 请求
ctx.response	获取被 Koa.js 封装的 Koa Response 响应
ctx.app	获取应用程序实例应用
ctx.cookies	获取请求的 Cookies 信息
ctx.assert	获取抛出错误的帮助方法
await next	调用下一个中间件
_.get	设置对 GET 请求的路由处理程序
_.post	设置对 POST 请求的路由处理程序

通过对 Koa.js 常用的 API 的列举，读者可以方便地使用 Koa.js 开发出更完善的 Koa.js 程序。

9.8 本章小结

本章主要介绍 Koa.js 框架、Koa.js 应用程序生成器、Koa.js 应用程序、Koa.js 上下文、Koa.js 中间件及 Koa.js 路由。

通过对本章的学习，读者可以基本掌握 Koa.js 的基础知识，独立开发出一个比较完善的小型 Web 应用程序。

第10章

个人博客项目实践

在本章，读者可以通过一个小型项目，将学习的知识进行串联，开发一个小型的个人博客项目。

10.1 项目需求分析

下面对项目需求进行分析。

1. 个人博客介绍

博客（Blog）是用一种特定的软件，可以在网络上出版和发表个人文章的方式。它是由个人管理进行不定期更新文章的网站。博客上的文章一般以网页的形式出现，并且通常具有 RRS 订阅功能。建立博客的主要目的是能够和当前的受众建立联系，同时也能增加流量，并将高质量的潜在客户发送到网站。

如果博客的更新文章频率比较高，那么网站目标受众发现和访问的机会就会大大增加，就能够有效地将目标受众转化为自己的客户，并同时为自己的品牌进行推广宣传。

目前较受欢迎的 Blog 有开源的 WordPress、Hexo、Ghost 等平台。

2. 项目需求分析

对于个人 Blog 项目来说，应具有以下基本功能。

- 发表文章。这是 Blog 最基本的功能。
- 文章前端页面展示。将发表的文章在前端页面进行展示。
- 基本的评论功能。用户可以对文章进行评论。
- 文章的第三方分享。用户可以将文章分享到第三方平台，如微信平台、QQ 空间平台。
- 前端最新文章、最新评论，以及关键词的推荐。用户可以随时查看最新的文章。
- 搜索功能和对搜索的记录。用户可以进行全文的检索。
- 具有一定管理权限。用户可以进行登录。
- 完善的后台管理界面。管理员可以在后台管理界面，并对整个系统进行管理。
- 其他功能。如踩、赞、阅读计数等功能。

当然，Blog 系统功能还有 WordPress、Ghost 等，以及相关的 API 安全认证、权限管理、关站、插件、模板等较为复杂的功能。这些功能在后期都可以进行迭代开发。

3. 项目架构

该项目主要为前后端分离项目，即 Vue.js 为前端框架，Node.js + Express 为后端框架，MongoDB 为项目的数据库，mongoose 为 Node.js 和 MongoDB 之间的连接层，JWT 为前后端通信的基础。

其项目将使用 Docker 部署在阿里云或腾讯云的 ECS 上，或者本地的 CentOS 系统，Ubuntu 系统。

它涉及的编程语言为 JavaScript，数据库为 MongoDB，部署运维环境为 Linux + Docker。

4. 模型设计

个人 Blog 的模型设计，如图 10-1 所示。

个人 Blog 系统分为 6 个模块，分别为文章模块、评论模块、搜索模块、推荐模块、后台管理模块和其他功能模块。

图 10-1 个人 Blog 的模型设计

5. 开发意图

该系统是一款主要作为个人 Blog 开发的系统，希望能够通过开发个人 Blog 建设站点，实现对个人生活的记录，以及对个人品牌的建立，最终达到客户等其他人可以通过该 Blog 了解到本人，甚至进行经济交往。

6. 总体描述

该系统主要面向有记录需求的用户，能够通过简单的文字、照片就可以实现对日常的记录，对生活的记录。

7. 产品前景

该产品虽然是传统的 Blog 形式，但是它改变了原先纸质记录生活的方式，节省了日常书写的耗时。由于喜欢写日记的人比较多，需求非常大，因此该产品的前景非常好。

8. 部分测试用例

对于项目开发来说，虽然开发是最重要的一环，但通过测试保证产品可以正常交付，也是较为重要的一环。个人 Blog 部分测试用例如表 10-1 所示。

表 10-1 个人 Blog 部分测试用例

用例分类	用例名称	优先级	测试条件	用例执行过程
文章	文章发布	P1	用户登录	1. 编写文章 2. 单击"发布"按钮 3. 查看前台是否出现文章
	文章删除	P1	用户登录，文章已经发布	1. 选择需要删除的文章 2. 单击"删除"按钮 3. 查看前台是否还有该文章 4. 查看该文章是否进入回收站
评论	增加评论	P1	文章发布，用户登录	1. 选择文章 2. 增加评论 3. 查看评论是否出现
	删除评论	P2	文章发布，用户登录，评论发布	1. 选择文章 2. 选择评论 3. 删除评论 4. 查看评论是否出现

9. 验收标准

系统基本部署完毕，并执行完测试用例可以正常运行，符合相关的行业规范，此时系统就可以交付给用户进行使用。

10.2 项目数据库设计与创建

我们已完成了基本需求分析的书写，下面将根据需求实现相关的数据库设计和创建。

数据库需求分析如下：

数据库结构设计的第一个阶段是数据库需求分析。在这个过程中，主要收集基本数据并对数据进行处理，为进一步设计打下基础。数据库需求分析应解决两个问题。

◎ 内容要求：调查该系统用户所需要操作的数据，以及将要在数据库中存储什么数据。

◎ 处理要求：需要调查应用系统用户对数据如何处理，彻底厘清数据库中各种数据之间的关系，为处理数据之间的流转打下基础。

根据上方的要求，对个人 Blog 进行这两个问题的解决。

◎ 内容要求：个人 Blog 需要存储文章数据、评论数据、搜索记录数据、管理员信息数据，以及其他数据 5 项内容。

◎ 处理要求：在处理要求方面，需要对文章数据进行存储和处理。

开发人员需要根据所有的结果汇总，进行统计分析，并保证信息收集的完整性。

在完成基本的准备工作以后，将得到一个数据库字典文档，包括 3 个方面的内容。

◎ 数据项：能够描述其数据项之间的逻辑关系，包括名称、含义、类型、取值范围、长度等。

◎ 数据结构：指根据相关有意义的数据项集合统计出来的数据结构。

◎ 数据流：指若干数据的处理过程，包括何时输入、何时处理、何时输出，以及以何种形式输出。

数据字典会在开发过程中，随着开发流程不断发生变化。根据整理结果、相关统计信息，以及再次收集的信息，统计的设计数据项和数据结构具体如下。

◎ 文章部分：需要存储文章标题、文章内容、文章标签、文章阅读次数、文章发布时间、作者姓名、文章状态、踩人数、赞人数等。

◎ 评论部分：需要存储评论内容、评论所属文章、回复评论、评论所属时间、评论状态、评论作者姓名、评论作者邮箱、评论作者网站 URL 等。

◎　搜索部分：需要存储搜索记录相关内容，包括搜索关键字、搜索时间、搜索用户 IP。

◎　管理员用户部分：包括管理员登录用户名、管理员登录密码、管理员最后登录时间、管理员用户账号创建时间、管理员账户状态等。

◎　操作记录部分：包括操作项目名称、操作时间、操作人等。

最后，通过数据结构和数据项的基础就可以实现对个人 Blog 进行数据设计了。

个人 Blog 详细数据库设计如表 10-2 所示。

表 10-2　个人 Blog 详细数据库设计

集　合	集合字段	类　型	含　义
文章 （articles）	id	Number	文章 ID
	title	String	文章标题
	content	String	文章内容
	label	String	文章标签
	frequency	Number	文章阅读次数
	time	Date	文章发布时间
	author	String	作者姓名
	flag	Number	文章状态
	dislikes	Number	踩人数
	likes	Number	赞人数
评论 （comment）	id	Number	评论 ID
	content	String	评论内容
	commentsAreComments	Number	回复评论
	commentOnTheArticle	Number	评论所属文章
	time	Date	评论所属时间
	flag	Number	评论状态
	authorName	String	评论作者姓名
	authorEmail	String	评论作者邮箱
	authorURL	String	评论作者网站 URL

集　　合	集合字段	类　　型	含　　义
搜索 （search）	token	String	搜索关键字
	time	Date	搜索时间
	authorIP	String	搜索用户 IP
管理员用户 部分 （admin）	id	Number	管理员 ID
	userName	Sting	管理员登录用户名
	userPassword	String	管理员登录密码
	lastTime	Date	管理员最后登录时间
	createTime	Date	管理员用户账号创建时间
	flag	Number	管理员账户状态
操作记录 部分 （log）	id	Number	Log 记录 ID
	name	String	操作项目名称
	time	Date	操作时间
	author	String	操作人

统计并设计数据库完成后，再登录其数据库执行命令，这里创建名字为 Blog 的数据库。

```
> use blog
switched to db blog
>
```

这里选择 Blog 数据库就表示已创建完成了 Blog 数据库。

再执行相关命令创建数据库。

```
db.createCollection("articles")
db.createCollection("comment")
db.createCollection("search")
db.createCollection("admin")
db.createCollection("log")
```

使用上方命令，创建相关的数据库。

此时基本的数据库就已准备完成了。

10.3 项目架构分析

我们已对整体的系统设计了数据库，并进行基本的数据流分析。下面将根据需求文档，对项目进行基本的架构设计。

1. 架构

架构（也称软件架构）指有关软件整体结构与组件的抽象描述，专门用于大型软件的各个方面的设计。软件架构是一系列相关的抽象模式。软件结构是一个系统的基本草图。软件架构描述的是构成系统的抽象组件、各个组件之间的连接，以及描述组件之间的通信方式。

一般来说，软件架构由两个部分组成。

◎ 从一个更高的层次对软件架构进行划分。一个系统通常由诸多元件组成，而这些元件之间如何组成，以及如何相互发生作用，则是关于这个系统最重要的信息部分。

◎ 建造一个系统，尤其是设计架构图时，需要对实际需求进行反复的调研和总结，经过慎重的决定后，再对系统进行设计。这些决定系统架构的因素是极其重要的，也是有必要进行相关记录的。

一般来说，软件架构需要达到如下标准。

◎ 可靠性：设计出的软件草图应根据软件架构图搭建可靠且稳定的架构方式。

◎ 安全性：当架构涉及基本的交易数据时，系统的安全性是非常重要的。它涉及软件的基本核心利益和对用户资产的保护。

◎ 可扩展性：软件基本设计时，需要考虑用户数量的增加问题，当用户数量发生井喷式增长时，如何快速对系统进行扩容，以使软件快速占领市场，获得相应的经济效益。

◎ 可定制化：根据不同的客户要求进行快速调整。

◎ 可伸缩性：在新技术出现时，可以快速导入新技术，并对当前软件系统的技术进行革新。

◎ 可维护性：能够对当前软件存在的错误进行排除和基本维护，以及将新的需求加入现有的软件中，逐渐减少技术革新需要的开销成本。

◎ 客户体验：一个良好的软件可带来良好的客户体验。

◎ 市场时机：在面临同类产品的市场竞争，一个良好的软件可以用最快的速度抢占当前市场。

2. 个人Blog项目架构设计图

根据架构的基本定义与设计原则，从而设计出一个符合基本要求的架构设计图。

个人 Blog 项目架构如图 10-2 所示。

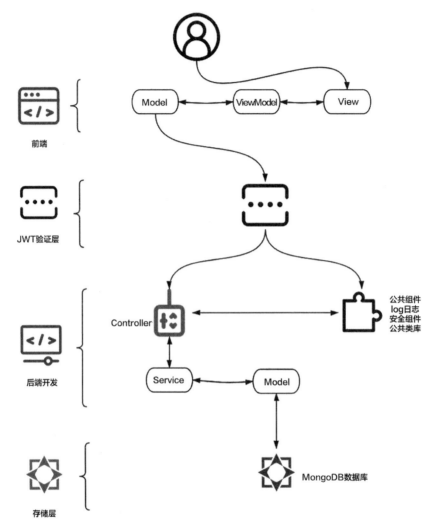

图 10-2 个人 Blog 项目架构

个人 Blog 项目架构分为前端部分和后端部分，以及 JWT 验证层和存储层。

前端部分：主要使用 MVVM 架构。这里使用 Vue.js 框架作为 ViewModel，实现 Model 和 View 之间的相互交互。这样就完成了前端部分数据的展示。

JWT 验证层：这里前后端交互主要使用 JWT 实现，这里 JWT 起到验证的作用。

后端部分：抽出公共组件、log 日志、安全组件和公共类库作为额外组件供其余层调用。其余代码通过 Model、Service 和 Controller 实现分类。

存储层：这里主要使用 MongoDB 数据库存储相关的数据。

3. 架构设计的原因

虽然仅一个 app.js 文件就可以完成基本网站的搭建，但是当代码过于复杂庞大时，就需要对代码进行分层，以方便代码管理、Bug 寻找，以及功能的快速迭代等。

这时就需要一套完善的代码文件管理机制，于是 MVVM、MVC、MVP 等架构方式就诞生了。本项目就是基于 MVVM、MVC 代码架构方式进行基本代码设计的。

随着移动端的出现，一套系统可能会有安卓端、IOS 端、网页端等共用的后端逻辑，这时就可以将后端独立出来，共同处理三端的数据。

在这个过程中，前后端交互使用 Restful API 实现交互，使用 JWT 进行验证。

由于存储的数据多为非结构化数据，并不需要严格的关系型，因而这里使用 MongoDB 数据库进行存储，而不使用 MySQL 数据库。

10.4 前端Vue.js部分

本节将介绍前端 Vue.js 的相关知识，包括 Vue.js 框架、Vue.js 框架的核心原理 MVVM，以及以 Vue.js 为基础框架的前端部分代码编写。

10.4.1　Vue.js

Vue.js 是一套快速构建用户界面的渐进式框架。它的核心库只关心视图层，用户不仅容易上手，还可以与第三方库或已有项目进行深度整合。同时它拥有丰富的用户界面库，可以快速构建出相应的用户界面。当 Vue.js 和前端构建工具链时，就可以实现复杂单页应用的搭建和驱动，如使用 Webpack 进行整合。

Vue.js 项目搭建有多种方式，下面使用较为简单的 script 标签引入 Vue.js 项目 js 文件。

创建一个 index.html，输入如下代码：

```
<!DOCTYPE html>
<html>
<head>
        <title>Hello Vue.js</title>
<!-- 开发环境版本，包含了有帮助的命令行警告 -->
<script src="https://cdn.jsdelivr.net/npm/vue/dist/vue.js"></script>
</head>
<body>
        <h1></h1>
</body>
</html>
```

在代码中，创建一个普通的 HTML5 的 html 文件。此文件有 html 标签、head 头部标签，以及 body 内容部分的标签，并在 html 标签前，引入了一个在线 Vue.js 的 js 文件。

此时在 Chrome 浏览器中，安装 Vue.js devtools 扩展。

> **注意**
>
> 如果打开的是本地文件，就需要在 Chrome 浏览器扩展中设置页面允许访问本地文件。

打开浏览器进入 DevTools，就可以看到对 Vue.js 进行调试的界面，如图 10-3 所示。

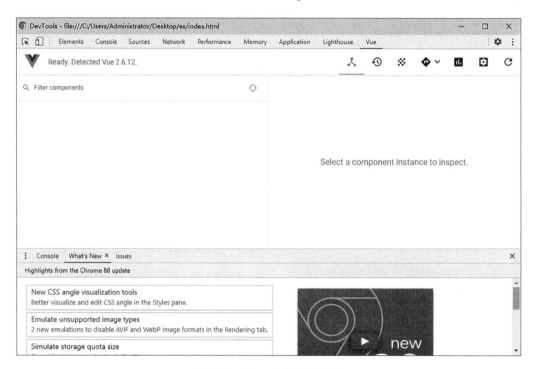

图 10-3　Vue.js 的调试界面

由于之前未在标签内输入相关内容，所以页面显示空白。

在 Vue.js 核心将快速创建一个数据渲染的 DOM。

创建 div 标签，空出数据插入的位置。

```
<div id="app">
  {{ message }}
</div>
```

在上方代码中，message 作为占位符将会被替换为以下变量数据。

再次新建 script 标签，并输入相关的 script 脚本。

```
var app = new Vue({
  el: '#app',
  data: {
    message: 'Hello Vue!'
  }
})
```

在上方代码中，新建一个 Vue.js 项目，并把 message 赋值为 Hello Vue!。

用浏览器打开该文件，如果在浏览器中显示如下内容，则表示示例程序运行正常。

Hello Vue!

如果要允许一个元素在页面中显示，可以在 html 标签上添加 v-if 属性，其代码如下所示：

```
<div id="app-3">
  <p v-if="seen"> 现在看到我了 </p>
</div>
```

在代码的 p 标签中，添加 v-if 属性，并通过 seen 变量控制标签 p 的显示与否。

在脚本文件中，输入如下代码：

```
var app3 = new Vue({
  el: '#app-3',
  data: {
    seen: true
  }
})
```

在上方代码中，创建一个 Vue.js 项目，并将 seen 变量赋值为 true，表示允许显示。此时在浏览器中打开页面就可以显示出该标签中的内容。如果将变量的值改为 false，则不会在浏览器中显示。

Vue.js 框架还实现了用户和数据之间的交互。使用 v-on 指令添加事件监听器，当发生事件监听时，将会在 Vue.js 框架中进行相关事件处理程序的调用。

输入如下代码，绑定相关事件。

```
<div id="app-5">
  <p>{{ message }}</p>
  <button v-on:click="reverseMessage"> 反转消息 </button>
</div>
```

在上方代码中，先创建 div 标签，并在 div 标签中创建 p 标签，用于显示相关的变量信息。然后将 button 标签绑定上 reverseMessage 函数处理程序。

在 script 标签中，输入如下代码：

```
var app5 = new Vue({
  el: '#app-5',
  data: {
    message: 'Hello Vue.js!'
  },
  methods: {
    reverseMessage: function () {
      this.message = this.message.split('').reverse().join('')
    }
  }
})
```

277

在上方代码中，定义 message 变量，并存储相关的 String 类型的字符串信息，用于展示 div 标签中的 p 标签。

定义名称为 reverseMessage 函数方法，并将 message 变量的字符串内容进行处理，然后再次赋值给 message 变量。

访问该页面，将会在页面中显示 Hello Vue.js! 字符串内容，与一个 button 类型的按钮。

单击按钮，其上方的字符串会进行自动的反转。

组件是 Vue.js 一个相当重要的概念。通常复杂的大型应用都会使用多个组件进行搭建。

在 Vue.js 框架中，组件就是拥有自定义选型的 Vue 实例，其组件注册如下：

```
// 定义名为 todo-item 的新组件
Vue.component('todo-item', {
  template: '<li>这是个待办项 </li>'
})

var app = new Vue(...)
```

在上方代码中，使用 Vue.component 函数创建一个名称为 todo-item 的组件，并在 template 变量中，赋值此组件 Vue.js 的代码文件。

使用该组件时，相当于将组件中 template 变量的代码值复制过来。

其使用代码如下：

```
<ol>
  <!-- 创建一个 todo-item 组件的实例 -->
  <todo-item></todo-item>
</ol>
```

在上方代码中，ol 标签使用了 todo-item 标签作为引入组件。

由于篇幅有限，更多 Vue.js 的相关知识请读者参考其官网以供学习。

10.4.2　Vue.js的核心原理

Vue.js 中最核心的部分是组件化和数据驱动视图。

组件化是指将重复的代码进行不断提取，最终合并成为一个大型的组件。组件能够进行复用，将位于框架的最底层，其他功能都将依赖于此，组件可供不同功能进行使用，独立性较强。

数据驱动是指不需要通过修改 DOM 就可以轻松实现数据驱动视图，当 Model 层数据发生修改时，其视图层数据也会自动修改。

数据驱动过程如图 10-4 所示：

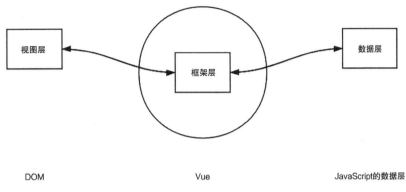

DOM　　　　　　　　　　　　　　Vue　　　　　　　　　　　JavaScript的数据层

图 10-4　数据驱动过程

1. 响应式原理

在 Vue.js 框架中，底层实现响应式 API 为 Object.defineProperty。

Vue.js 框架会遍历 data 所有的 propery，使用 Object.defineProperty，并把这些 property 全部转换为 getter/setter。每个组件实例都对应一个 Watcher 实例，它会在组件渲染的过程中把之前所有 "接触" 过的数据全部转化为 property 记录，当 setter 触发时就会通知 Watcher，从而实现对组件的再次渲染。

响应式原理如图 10-5 所示。

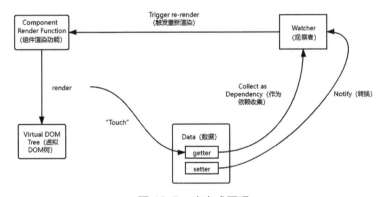

图 10-5　响应式原理

2. 虚拟DOM

虚拟 DOM（visual dom，vdom）是构成 Vue.js 框架最重要的核心力量。

浏览器在渲染网页时，会生成对应的 DOM 树，以下面的 HTML 为例：

```
<div>
  <h1>My title</h1>
  Some text content
  <!-- TODO: Add tagline -->
</div>
```

其对应的 HTML 树，如图 10-6 所示。

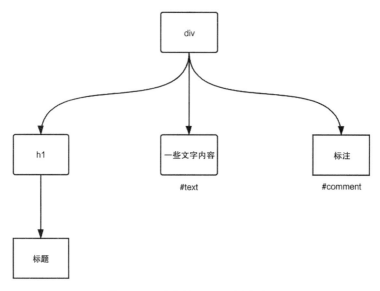

图 10-6 对应的 HTML 树生成

在 HTML 中，每个元素、注释、文字都是一个节点，由于每次执行操作都需要对 DOM 进行重新渲染，于是就出现了 vdom。

vdom 有一个著名的库，即 snabbdom 库。Vue.js 框架参考的是 vdom 算法和 diff 算法。其 Github 地址如下：

https://github.com/snabbdom/snabbdom

Vue.js 框架通过建立一个虚拟 DOM 进行跟踪，使用 createElement 函数生成一个虚拟节点，即 vNode。它能够告诉浏览器应该如何渲染和显示。

在初次渲染时，由虚拟 DOM 生成的节点将会被存储起来，当监听到数据有所改变时，就会被用来和跟踪的 vdom 进行 diff 算法的对比。

3. 组件渲染与更新

初次渲染时将执行如下操作：

- 解析模板为 render 函数；
- 触发响应式操作，监听 data 属性；
- 执行 render 函数，生成 vnode、patch；

对组件进行更新时执行如下操作：

- 修改 data，并触发 setter，此前在 getter 中已被监听；
- 重新执行 render 函数，再次生成 newVnode；
- patch（vnode，newVnode）。

10.4.3　编写项目Vue.js的前端部分

下面开始编写项目 Vue.js 的前端部分。

前端界面包括两个部分：第一部分是前端用户访问界面的开发；第二部分是后端管理员界面的开发。

1. 前端用户访问界面的开发

◎　下载原型文件，搭建基础项目

这里使用目前开源的项目进行开发，可以加快项目开发的速度。

从下方链接中下载已经开发好的原型文件。

https://www.creative-tim.com/product/vue-material-kit?ref=vuematerial.io

安装相关依赖：

```
npm install
```

运行项目：

```
npm run serve
```

访问如下链接，如果出现如图 10-7 所示的界面，则表示项目已启动完毕。

http://localhost:8080/#/

图 10-7　Vue Material Kit 界面

该主题的界面库是基于 Vue Material 的，其界面库 UI 的官网地址如下：

https://vuematerial.io/

下面将搭建主页页面、文章详情页面、使用原有项目文件的登录页面、个人介绍页面 4 个页面。其余的搜索页面、文章评论页面等都不再涉及，读者只需类比进行开发即可，或参与本项目的 Github 开源项目，共同将此部分开发完成。

◎　主页页面开发

由于原先项目已开发了主页界面，链接 URL 为 http://localhost:8080/#/landing，文件 src 目录中的 Landing.vue 文件。

修改项目目录 src 中的 router.js 文件，修改 / 的 URL 和 /landing URL 如下所示：

```
utes: [
    {
      path: "/landing",
      name: "index",
      components: { default: Index, header: MainNavbar, footer: MainFooter },
      props: {
        header: { colorOnScroll: 400 },
        footer: { backgroundColor: "black" }
      }
    },
    {
      path: "/",
      name: "landing",
        components: { default: Landing, header: MainNavbar, footer:
MainFooter },
        props: {
          header: { colorOnScroll: 400 },
          footer: { backgroundColor: "black" }
        }
    },
```

在上方代码中，将 /landing 和 / 路径进行替换是由于该项目为默认主页，并不是原先已开发的主页文件。

此时访问 http://localhost:8080/#/ 链接，如果出现如图 10-8 所示界面，则表示主页开发完成。

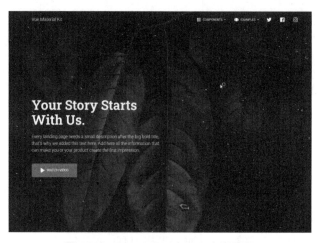

图 10-8　Vue Material Kit 主页界面

修改 src/views/Landing.vue 文件，修改该文件中的第 30~43 行的内容，将 div 标签中的内容删除。

```
<div class="md-layout">
        <div
          class="md-layout-item md-size-66 md-xsmall-size-100 mx-
auto text-center"
        >
            <h2 class="title text-center">Let's talk product</h2>
            <h5 class="description">
              This is the paragraph where you can write more details about
              your product. Keep you user engaged by providing meaningful
              information. Remember that by this time, the user is curious,
              otherwise he wouldn't scroll to get here. Add a button if you
               want the user to see more
            </h5>
        </div>
</div>
```

继续修改代码第 45~85 行 div 标签的内容，要修改的部分如下所示，这部分修改的内容需要做删除处理。

```
<div class="md-layout">
            <div class="md-layout-item md-medium-size-33 md-small-size-100">
              <div class="info">
                <div class="icon icon-info">
                  <md-icon>chat</md-icon>
                </div>
                <h4 class="info-title">Free Chat</h4>
                <p>
                  Divide details about your product or agency work into parts.
                  Write a few lines about each one. A paragraph describing a
                  feature will be enough.
                </p>
              </div>
            </div>
            <div class="md-layout-item md-medium-size-33 md-small-size-100">
              <div class="info">
                <div class="icon icon-success">
                  <md-icon>verified_user</md-icon>
                </div>
                <h4 class="info-title">Verified Users</h4>
                <p>
                  Divide details about your product or agency work into parts.
                  Write a few lines about each one. A paragraph describing a
                  feature will be enough.
                </p>
              </div>
            </div>
            <div class="md-layout-item md-medium-size-33 md-small-size-100">
              <div class="info">
                <div class="icon icon-danger">
                  <md-icon>fingerprint</md-icon>
```

```
        </div>
        <h4 class="info-title">Fingerprint</h4>
        <p>
            Divide details about your product or agency work into parts.
            Write a few lines about each one. A paragraph describing a
            feature will be enough.
        </p>
      </div>
    </div>
  </div>
```

上方代码由于是原先项目文件中的示例文字，所以需要进行删除。

删除上一步骤的代码后，得到修改后的代码如下：

```
<div class="section">
    <div class="container">
      <div class="md-layout">
      </div>
      <div class="features text-center">

      </div>
    </div>
  </div>
```

在 class 为 md-layout 的 div 标签内，增加代码如下：

```
<div class="section">
    <div class="container">
      <div class="md-layout">
        <div>
            <a href="/">
                <h2>Hello Title</h2>
                <p>Hello WorldHello WorldHello WorldHello WorldHello
WorldHello WorldHello WorldHello WorldHello WorldHello WorldHello World</p>
            </a>
        </div>
      </div>
      <div class="features text-center">
      </div>
    </div>
  </div>
```

在上方代码中，增加了个人 Blog 主页的引导部分，此时再次访问主页就会出现如图 10-9 所示的界面，表示增加个人 Blog 主页的引导已完成。

至此，主页已基本开发完成。

上方操作中修改了主页中每个项目的引导。当用户访问时，会根据上方代码渲染相应的引导界面，并对用户进行正常的引导。

Hello Title

Hello WorldHello WorldHello WorldHello WorldHello WorldHello WorldHello WorldHello WorldHello WorldHello World

图 10-9 个人 Blog 界面

◎ 文章详情页开发

文章详情页的开发要比个人详情页的开发涉及的内容更多，开发难度增大。

打开 src 目录中的 router.js 文件，修改 path 为 /landing 的路径，修改后 router 文件如下：

```
{
    path: "/article",
    name: "index",
    components: { default: Index, header: MainNavbar, footer: MainFooter },
    props: {
        header: { colorOnScroll: 400 },
        footer: { backgroundColor: "black" }
    }
},
```

上方代码修改 URL 为 /landing 的链接，并把该链接连到 index.vue 文件中。

此时访问 http://localhost:8080/#/article 就可以看到新添加的 vue 页面。

打开 src/views/index.vue 文件，修改该文件的第 12 行和第 13 行的内容，需要修改的内容如下所示：

```
<div class="brand">
        <h1>Vue Material Kit</h1>
        <h3>A Badass Vue.js UI Kit made with Material Design.</h3>
    </div>
```

将此部分内容修改为：

```
<div class="brand">
  <h1>Title</h1>
```

```
    <h3>subTitle</h3>
</div>
```

修改内容为页面的标题，再次访问该页面，如
果出现如图 10-10 所示的页面，则表示页面标题部
分修改完成。

此部分的主要作用是修改文章内容页部分的标题。

然后删除该页面多余部分的组件。

打开 src/views/index.vue 文件，修改该文件的第
21~24 行，需要修改的内容如下所示：

图 10-10　article 页面标题修改

```
    <div class="container">
      <div class="title">
        <h2>Basic Elements</h2>
      </div>
```

并删除对应的引入组件部分：

```
import BasicElements from "./components/BasicElementsSection";
```

在 components 中删除定义的 BasicElements 组件声明。

```
components: {
  BasicElements,
  Navigation,
  SmallNavigation,
  Tabs,
  NavPills,
  Notifications,
  TypographyImages,
  JavascriptComponents,
  LoginCard
},
```

用相同操作，删除 Navigation 组件、SmallNavigation 组件、Tabs 组件、Notifications 组
件、JavascriptComponents 组件和 LoginCard 组件。

删除完组件后，删除 src/views/index.vue 文件中的第 26~42 行，需要删除的内容如下
所示：

```
<div class="section">
    <div class="container text-center">
      <div class="md-layout">
        ......
      </div>
    </div>
  </div>
```

再删除文件代码第 27~56 行的内容。

```
<div class="section section-examples">
      <div class="container-fluid text-center">
        <div class="md-layout">
          ......
        </div>
      </div>
    </div>
```

再次删除文件代码第 28~123 行的内容。

```
<div class="section section-download" id="downloadSection">
      <div class="container">
        <div class="md-layout text-center">
          ......
        </div>
      </div>
    </div>
```

修改后的文章内容页，如图 10-11 所示。

图 10-11　修改后的文章内容页

在上方代码中，删除的是文章详情页中不需要的组件，并保留了需要的组件，以供文章详情页使用。

至此，文章详情页部分已修改完毕。

◎　登录页面和个人介绍页面

由于这两个页面中原有的页面已足够使用，因此这里不再阐述修改这两个页面内容的部分。如果读者有兴趣，可以按照之前的修改方式，对页面进行修改。

至此，该项目的前端部分已开发完毕。

2. 后台管理界面的开发

后台管理界面的开发和前端的前台页面类似，同样可以使用现有的项目进行开发。

访问如下链接，下载相关的项目源代码。

```
https://www.creative-tim.com/product/vue-material-dashboard?ref=
vuematerial.io#
```

输入如下命令，安装相关依赖。

```
npm install
```

输入命令，启动相关项目：

```
npm run serve
```

启动项目完成后，访问 http://localhost:8080/#/dashboard，如果出现如图 10-12 所示的界面，则表示启动项目已基本完成。

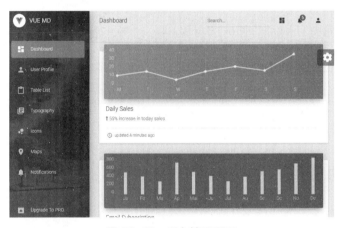

图 10-12　后台管理界面

后台管理界面涉及文章管理、评论管理、显示搜索记录、显示操作记录等。

由于是示例项目，下面着重开发对文章部分的管理，涉及文章新增页面、文章列表页面、文章修改页面和主页页面部分的开发。

◎　文章新增页面

在后台管理界面开发中，首先开发的是文章新增页面。

修改 src/pages/Layout/DashboardLayout.vue 文件中的第 16 行代码，即下方代码中的第三行代码。

```
<sidebar-link to="/user">
    <md-icon>person</md-icon>
    <p>User Profile</p>
</sidebar-link>
```

上方代码是上页左侧导航栏的代码。

将其修改为如下代码：

```
    <sidebar-link to="/user">
    <md-icon>person</md-icon>
    <p> 新增文章 </p>
</sidebar-link>
```

上方代码的修改过程，主要是对导航栏部分进行修
改，修改完成后的界面如图 10-13 所示。

修改 src/pages/UserProfile/EditProfileForme.vue 文件中
的第 5 行和第 6 行代码，即下方代码中的第 2 行和第 3 行
代码。

图 10-13　导航栏部分的修改

```
<md-card-header :data-background-color="dataBackgroundColor">
        <h4 class="title">Edit Profile</h4>
        <p class="category">Complete your profile</p>
</md-card-header>
```

将其内容修改如下：

```
<md-card-header :data-background-color="dataBackgroundColor">
        <h4 class="title"> 新增文章 </h4>
        <p class="category"> 对文章内容进行新增 </p>
</md-card-header>
```

上方代码是对该页面描述部分进行修改。

删除 src/pages/UserProfile/EditProfileForme.vue 文件中的第 11~40 行的代码内容，其代
码如下：

```
<div class="md-layout-item md-small-size-100 md-size-33">
        <md-field>
            <label>Company (disabled)</label>
            <md-input v-model="disabled" disabled></md-input>
        </md-field>
</div>
...
<div class="md-layout-item md-small-size-100 md-size-50">
        <md-field>
            <label>Last Name</label>
            <md-input v-model="lastname" type="text"></md-input>
        </md-field>
</div>
```

删除上一步操作完成后的 src/pages/UserProfile/EditProfileForme.vue 文件中的第 23~34
行的代码内容，其代码如下：

```
<div class="md-layout-item md-small-size-100 md-size-33">
      <md-field>
          <label>Country</label>
          <md-input v-model="country" type="text"></md-input>
      </md-field>
</div>
<div class="md-layout-item md-small-size-100 md-size-33">
      <md-field>
          <label>Postal Code</label>
          <md-input v-model="code" type="number"></md-input>
      </md-field>
 </div>
```

删除的这两部分代码均为不需要的代码文件，如删除 Country 输入框等。

修改 Address 为 Title。

```
<div class="md-layout-item md-small-size-100 md-size-100">
        <md-field>
            <label>Title</label>
            <md-input v-model="title" type="text"></md-input>
        </md-field>
</div>
```

修改 City 为 label。

```
<div class="md-layout-item md-small-size-100 md-size-33">
          <md-field>
            <label>label</label>
            <md-input v-model="label" type="text"></md-input>
          </md-field>
 </div>
```

修改 About Me 为 Please write your story，并将模型修改为 content。

```
<div class="md-layout-item md-size-100">
        <md-field maxlength="5">
          <label>Please write your story</label>
          <md-textarea v-model="content"></md-textarea>
        </md-field>
</div>
```

修改 Lamborghini Mercy your chick she so thirsty I'm in that two seat Lambo... 为 My story is...

此处修改的是 data 数据域，对应第 58 行代码的内容：

```
data() {
  return {
    username: null,
    disabled: null,
    emailaddress: null,
    lastname: null,
```

```
    firstname: null,
    title: null,
    label: null,
    country: null,
    code: null,
    aboutme:
      "My story is..."
  };
```

修改按钮 UPDATE PROFILE 为 Add article。

```
<div class="md-layout-item md-size-100 text-right">
    <md-button class="md-raised md-success">Add article</md-button>
</div>
```

在上方代码中，对页面描述进行基本修改，确保页面的描述正确。

全部内容修改完成以后，如果页面显示如图 10-14，则表示新增文章页面修改完毕。

◎　文章列表页面

打开 src/pages/TableList.vue 文件，删除该文件中的第 18~30 行代码。

图 10-14　新增文章页面

```
<div
        class="md-layout-item md-medium-size-100 md-xsmall-size-100
md-size-100"
    >
    <md-card class="md-card-plain">
        ...
    </md-card>
    </div>
```

修改相关的标题描述，并修改 src/pages/TableList.vue 该文件中的第 9~10 行代码，即下方代码中的第 2~3 行代码。

```
<md-card-header data-background-color="green">
        <h4 class="title">Simple Table</h4>
        <p class="category">Here is a subtitle for this table</p>
    </md-card-header>
```

将其修改为

```
<md-card-header data-background-color="green">
        <h4 class="title"> 文章列表 </h4>
        <p class="category"> 文章列表 </p>
</md-card-header>
```

上方代码修改是对文章列表进行修改。

打开文件 components/Tables/SimpleTable.vue 文件，找到 data 数据域中的 users 数据。

```
data() {
  return {
    selected: [],
    users: [
      {
        name: "Dakota Rice",
        salary: "$36,738",
        country: "Niger",
        city: "Oud-Turnhout"
      },
      {
        name: "Minerva Hooper",
        salary: "$23,738",
        country: "Curaçao",
        city: "Sinaai-Waas"
      },
      {
        name: "Sage Rodriguez",
        salary: "$56,142",
        country: "Netherlands",
        city: "Overland Park"
      },
      {
        name: "Philip Chaney",
        salary: "$38,735",
        country: "Korea, South",
        city: "Gloucester"
      },
      {
        name: "Doris Greene",
        salary: "$63,542",
        country: "Malawi",
        city: "Feldkirchen in Kärnten"
      },
      {
        name: "Mason Porter",
        salary: "$78,615",
        country: "Chile",
        city: "Gloucester"
      }
    ]
  };
},
```

将其修改为示例的文章列表数据。

```
data() {
  return {
```

```
    selected: [],
    users: [
      {
        id: 1,
        title: "test title",
        label: "test label",
        time: "2021/01/08"
      },
      {
        id: 2,
        title: "test title",
        label: "test label",
        time: "2021/01/08"
      }
    ]
  };
},
```

修改第 5~8 行代码如下：

```
<md-table v-model="users" :table-header-color="tableHeaderColor">
    <md-table-row slot="md-table-row" slot-scope="{ item }">
      <md-table-cell md-label="id">{{ item.id }}</md-table-cell>
      <md-table-cell md-label=" 文章标题 ">{{ item.title }}</md-table-
cell>
      <md-table-cell md-label=" 文章标签 ">{{ item.label }}</md-table-
cell>
        <md-table-cell md-label=" 文章发布时间 ">{{ item.time }}</md-
table-cell>
    </md-table-row>
</md-table>
```

此时，访问 http://localhost:8081/#/table，如果出现如图 10-15 所示的界面，则表示修改页面数据完成。

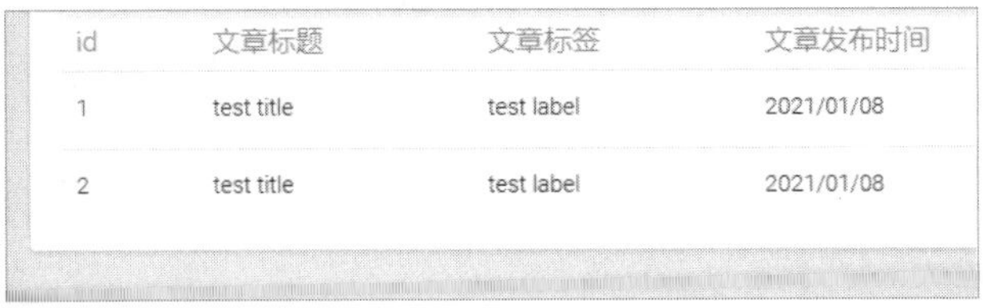

id	文章标题	文章标签	文章发布时间
1	test title	test label	2021/01/08
2	test title	test label	2021/01/08

图 10-15　文章列表页面

至此，文章列表页面已经修改完毕。

◎　文章更新页面

文章更新页面属于前端部分，需要编写代码的最后一个页面，需要在文章列表页面的vue 文件中进行修改。

打开文件 src/components/Tables/SimpleTable.vue，在 data 数据域中增加新的变量，该变量表示原有的 md-table 是否显示。

其增加的变量如下：

```
data() {
    return {
        flag: false,
        selected: [],
        users: [
            {
                id: 1,
                title: "test title",
                label: "test label",
                time: "2021/01/08"
            },
            {
                id: 2,
                title: "test title",
                label: "test label",
                time: "2021/01/08"
            }
        ]
    };
},
```

在代码中，可以看到已增加 flag 变量，并在 md-table 组件中，增加了 v-if 属性，表示该组件是否显示和变量 flag 进行挂钩。

其增加后的代码如下：

```
<md-table v-model="users" :table-header-color="tableHeaderColor"
v-if="flag">
    <md-table-row slot="md-table-row" slot-scope="{ item }">
        <md-table-cell md-label="id">{{ item.id }}</md-table-cell>
        <md-table-cell md-label=" 文章标题 ">{{ item.title }}</md-table-cell>
        <md-table-cell md-label=" 文章标签 ">{{ item.label }}</md-table-cell>
        <md-table-cell md-label=" 文章发布时间 ">{{ item.time }}</md-table-cell>
    </md-table-row>
</md-table>
```

在第 12 行代码后增加新的代码，此代码用于对文章进行修改。

在 data 域中增加 flagCardContent 变量，并将其变量和 md-card-content 组件进行关联，控制其是否显示。

其增加的代码如下：

```
<md-card-content v-if="flagCardContent">
    <div class="md-layout">
```

```
            <div class="md-layout-item md-small-size-100 md-size-100">
              <md-field>
                <label>Title</label>
                <md-input v-model="title" type="text"></md-input>
              </md-field>
            </div>
            <div class="md-layout-item md-small-size-100 md-size-33">
              <md-field>
                <label>label</label>
                <md-input v-model="label" type="text"></md-input>
              </md-field>
            </div>

            <div class="md-layout-item md-size-100">
              <md-field maxlength="5">
                <label>Please write your story</label>
                  <md-textarea v-model="content" style="height:300000px">
</md-textarea>
              </md-field>
            </div>
            <div class="md-layout-item md-size-100 text-right">
              <md-button class="md-raised md-success">Add article</md-button>
            </div>
          </div>
      </md-card-content>
```

给 md-table-row 增加 mdTableRow 事件处理函数，当单击相关文章列表时，将会自动切换到其对应的文章列表页面。

增加 mdTableRow 响应事件如下：

```
<md-table-row slot="md-table-row" slot-scope="{ item }"  v-on:click="
mdTableRow({item})">
      <md-table-cell md-label="id">{{ item.id }}</md-table-cell>
      <md-table-cell md-label=" 文章标题 ">{{ item.title }}</md-table-cell>
      <md-table-cell md-label=" 文章标签 ">{{ item.label }}</md-table-cell>
        <md-table-cell md-label=" 文章发布时间 ">{{ item.time }}</md-
table-cell>
    </md-table-row>
```

在代码中增加了 v-on:click 属性，表示对相应事件的处理，并将单击该事件的 item 实参作为形参进行传入。

在 script 中增加了 methods 属性，并增加其对应的处理函数。由于是异步操作，因此必须使用 async 关键字，将其转换为同步操作。

```
methods: {
  mdTableRow: async function(test){
    console.log(test)
    this.flag = false;
```

```
    this.flagCardContent = true;
  }
}
```

获取单击列表的 ID，以供前后端联调时使用。

继续将 md-card-content 的数据域添加到页面的 data 数据域中。

修改完成后完整的 data 数据域如下：

```
data() {
return {
  author: "",
  id: "",
    title: "",
    label: "",
    content: "",
    flag: true,
    flagCardContent: false,
    selected: [],
    users: [
      {
        id: 1,
        title: "test title",
        label: "test label",
        time: "2021/01/08"
      },
      {
        id: 2,
        title: "test title",
        label: "test label",
        time: "2021/01/08"
      }
    ]
  };
},
```

至此，文章编辑页面已修改完毕，其页面如图 10-16 所示。

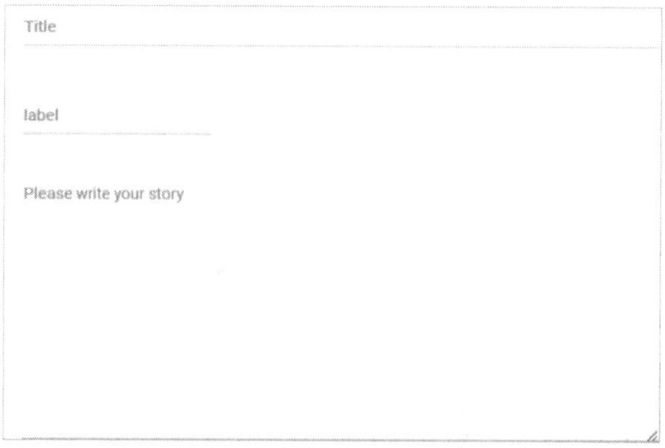

图 10-16　文章编辑页面

◎　后台管理系统主页

主页部分只需要使用原有系统的主页即可。原有系统主页可以访问 http://localhost: 8080/#/dashboard 进行查看，其页面效果如图 10-17 所示。

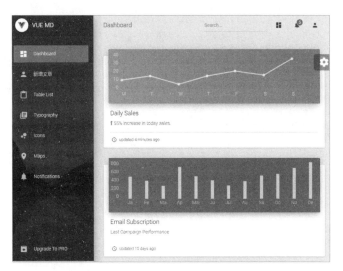

图 10-17　后台管理系统主页部分

至此，个人 Blog 的前端页面已经基本完成。其包括用户端页面和后台管理员页面两个部分。用户端页面有文章详情页、主页、用户登录页、个人介绍页。后台管理员页面有后台管理系统主页、新增文章页面、文章编辑页面、文章列表页面。

10.5 后端Express.js部分

个人 Blog 的前端部分已编写完成，下面将编写个人 Blog 的后端部分。后端部分使用 Node.js 框架及 Express.js 框架作为后端的主要构建部分。

10.5.1　后端部分的环境搭建

后端部分主要使用 Node.js 的 Express.js 框架进行搭建。需要使用 Express.js 框架的应用程序生成器，快速生成后端项目的基本架构。

在项目的根目录中创建 rearEnd 文件夹，并进入文件夹，输入如下命令：

```
npx express-generator
```

上方命令表示使用 Express.js 框架的应用程序生成器已生成 Express.js 应用示例程序。

生成完成后，其目录如下所示：

```
PS C:\Users\Administrator\Desktop\personal-blog\rearEnd> ls


    目录：C:\Users\Administrator\Desktop\personal-blog\rearEnd


Mode                 LastWriteTime         Length Name
----                 -------------         ------ ----
d-----        2021/3/9     14:50                 bin
d-----        2021/3/9     14:50                 public
d-----        2021/3/9     14:50                 routes
d-----        2021/3/9     14:50                 views
-a----        2021/3/9     14:50            1075 app.js
-a----        2021/3/9     14:50             295 package.json


PS C:\Users\Administrator\Desktop\personal-blog\rearEnd>
```

继续输入如下命令，安装相关的依赖。

```
npm install
```

输入如下命令，启动 Express.js 项目。

```
npm run start
```

启动完成后，在控制台中会输出如下内容：

```
PS C:\Users\Administrator\Desktop\personal-blog\rearEnd> npm run start

> rearend@0.0.0 start C:\Users\Administrator\Desktop\personal-blog\
rearEnd
> node ./bin/www
```

则表示项目已经启动完成。

访问 http://localhost:3000/，如果出现如图 10-18 所示的界面，则表示项目后端框架已搭建完成。

此时生成的目录如下：

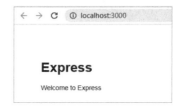

图 10-18　Express.js 示例项目启动成功界面

```
.
├── app.js
├── bin
│       └── www
├── package.json
```

```
├──── public
│       ├──── images
│       ├──── javascripts
│       └──── stylesheets
│               └──── style.css
├──── routes
│       ├──── index.js
│       └──── users.js
└──── views
        ├──── error.pug
        ├──── index.pug
        └──── layout.pug
```

　　app.js 文件为项目的主文件，bin 目录及其 www 文件为项目启动文件，package.json 文件为项目依赖配置文件，public 目录及其文件为静态资源配置文件，routes 目录为项目的路由文件，views 目录为模板文件。

10.5.2　编写Model层

　　同前端部分编写一样，后端部分也将主要编写文章管理及用户登录两个部分。其余的搜索模块、评论管理模块等模块，读者可以参考这两个部分的编写内容。

1. 基础配置

　　Express.js 框架的 Model 层使用的是 mongoose 的 ORM 框架。

　　在根目录中，打开 PowerShell，输入如下命令安装 mongoose 的 npm 依赖。

```
npm install mongoose
```

　　在根目录中新建 lib 文件夹，用于放置项目的配置文件、数据库连接文件、工具文件等。

　　在 lib 文件夹中，新建 config.js 文件，并输入如下内容：

```
/* 配置文件 */

module.exports = {
    url: "mongodb://106.53.115.12:27017/blog"
}
```

　　在上方文件中，配置了该项目的 MongoDB 数据库地址。

　　再次在 lib 文件夹中新建 connect.js 文件，进行数据库的连接，输入如下代码：

```
let config = require("./config.js")
let mongoose = require('mongoose');

mongoose.connect(config.url);
mongoose.Promise = global.Promise;
```

```
var db = mongoose.connection;
db.on('error', console.error.bind(console, 'MongoDB connection error:'));

module.exports = mongoose;
```

在上方文件中，引入了配置文件和 mongoose 模块。配置连接信息，将 mongoose 和数据库 MongoDB 进行连接，并配置监听事件 error。

至此，基本配置模块已搭建完成。

2. 文章模块Model层

在原有目录的基础上，新建 model 文件夹和 articles.js 文件，并在其中输入如下内容：

```
let mongoose = require('../lib/connect.js');

let Schema = mongoose.Schema;

let articleSchema = new Schema({
        title: String,
        content: String,
        label: String,
        frequency: Number,
        time: Date,
        author: String,
        flag: Number,
        likes: Number
})
module.exports = mongoose.model('articles', articleSchema);
```

在上方文件中，引入 mongoose 模块，并再次根据上节内容，定义文章 Schema。然后将文章 Schema 和数据库中的集合 articles 进行关联，并导出该对象。

3. 用户模块Model层

在 model 文件夹里，新建 admins.js 文件，输入如下内容：

```
let mongoose = require('../lib/connect.js');

let Schema = mongoose.Schema;

let adminSchema = new Schema({
        userName: String,
        userPassword: String,
        lastTime: Date,
        createTime: Date,
        flag: Number
})

module.exports = mongoose.model('admins', adminSchema);
```

在上方文件中，引入数据库连接的基础文件，并定义 Schema 对象。然后再次定义 adminSchema 的 Schema。最后使用 mongoose.model 函数，将数据库集合中的 admins 和 adminSchema 进行关联，并导出对象，以供 Service 层使用。

至此，能够用到 Model 的都已编写完毕，如果读者需要开发搜索模块、日志模块等集合内容，请按照上述方式进行类比开发。

10.5.3　编写Service层

Model 层的编写已完成，在前端页面的前端用户访问部分，还读取文章列表 API、根据文章 ID 返回文章详情 API 和用户登录 API，以及在加 JWT 情况下的文章列表 API、文章新增 API、根据 ID 返回文章详情 API 和根据 ID 更新文章 API，共需要开发 7 个 API，其中有 3 个 API 不需要经过 JWT 的安全验证，有 4 个 API 需要经过 JWT 的安全验证。

在根目录的 service 文件夹，开始编写个人 Blog 应用的 Service 层。

1. 前端用户访问API的Service层

◎　前端用户读取文章列表

在 service 文件夹中，新建 userArticleList.js 文件，输入如下内容：

```
let articleModel = require("../model/articles.js");

function userArticleList(){
        return new Promise(function(resolve, reject){
            articleModel.find({}, (err, docs) => {
                if(err){
                    console.log(err);
                    return;
                }
                resolve(docs);
            })
        })
}

module.exports = userArticleList;
```

在上方代码中，先引入 Model 层的 articles.js 文件，再使用 Promise 异步函数，将异步读取操作转换为同步读取。然后在调用模型层的 find 方法中，通过 resolve 函数返回查询的结果。最后导出查询函数。

◎　前端用户根据文章 ID 返回文章详情

在 service 文件夹中，新建 findArticleDetails.js 文件，输入内容如下：

```
let articleModel = require("../model/articles.js");
```

```
function findArticleDetails(id){
    return new Promise(function(resolve, reject){
        articleModel.find({"_id": id}, (err, docs) => {
            if(err){
                console.log(err);
                return;
            }
            resolve(docs);
        })
    })
}

module.exports = findArticleDetails;
```

在上方文件中，先引入 articleModel 的 model 模块，创建 findArticleDetails 函数，并将 id 作为参数传入。然后将该函数返回 Promise 对象，并使用 Promise 对象将异步查询过程转换为同步查询，将之前传入的 id 作为参数进行查询。最后使用 resolve 函数进行返回，并使用 module.exports 对象将 findArticleDetails 函数导出。

◎ 用户登录 Service 层

在 service 文件夹中，新建 userLogin.js 文件，输入内容如下：

```
let adminModel = require("../model/admins.js");

function userLogin(userName, userPassword){
    return new Promise(function(resolve, reject){
        adminModel.find({userName: userName}, (err, docs) => {
            if(err){
                console.log(err);
                return;
            }
            if(docs[0].userPassword == userPassword){
                resolve(true);
            }else{
                resolve(false);
            }
        })
    })
}

module.exports = userLogin;
```

在上方代码中，先引入 admins 的 model 模块，创建 userLogin 函数，传入 userName 值和 userPassword 值。然后根据 userName 查询数据库中存储的 userPassword，并将数据库中的 userPassword 和传入的 userPassword 进行对比。如果相同则返回 true，如果不相同则返回 false。最后导出该函数。

至此，前端用户 API 的 Service 层已经编写完毕。

2. 管理员用户访问API的Service层

◎　读取文章列表

由于管理用户读取文章列表和前端用户读取文章列表的功能类似，可以直接和前端用户读取文章列表的 Service 层进行合并。合并的 Service 文件名称为 userArticleList.js 文件。具体内容可以查看前端用户 API 的 Service 层之前端用户读取文章列表的详细代码。

◎　文章新增

在 service 文件夹中新增加 addArticle.js 文件，其代码如下：

```
let articleModel = require("../model/articles.js");


function addArticle(title, content, label, author){
    return new Promise(function(resolve, reject){
        let article = new articleModel({
            title: title,
            content: content,
            label:label,
            frequency: 1,
            time: new Date(new Date().getTime() + 28800000),
            author: author,
            flag:1,
            likes: 0
        })
        article.save((err) => {
            if(err){
                reject(err);
                return;
            }
        })
        resolve(true);
    })
}

module.exports = addArticle;
```

在上方代码中，先引入 articles 的 model 模块，创建 addArticle 函数，传入标题 title、文章内容 content、文章标签 label、文章作者 author 等参数。然后将异步操作转换为同步操作的 Promise 函数，在函数中，根据函数传入的参数，创建新的 article 实例。最后调用该实例中的 save 方法进行保存。

由于 Node.js 默认使用的是格林尼治时间，即国际标准时间，而我国在东八区，因此需要转换为北京时间。

转换时间后，导出该函数对象。

◎ 根据 ID 返回文章详情

由于根据 ID 返回文章详情和前端用户读取文章的 Service 层需求类似，因此管理员用户可以根据 ID 返回文章详情和前端用户根据文件 ID 返回详情进行合并，合并为一个 JavaScript 文件。

合并的 Service 文件为 findArticleDetails.js 文件。具体内容可以查看前端用户根据 ID 返回文章详情部分的内容进行学习。

◎ 根据文章 ID 更新文章

在 service 文件夹中，新建 updateIdArticle.js 文件，其代码如下：

```
let articleModel = require("../model/articles.js");


function updateIdArticle(id, title, content, label, author){
        return new Promise(function(resolve, reject){
            articleModel.update({"_id": id}, {title: title, content:
content, label: label, author:author, time: new Date(new Date().
getTime() + 28800000)}, {multi: true}, (err, docs)=>{
                resolve(docs);
            })
        })
}

module.exports = updateIdArticle;
```

在上方代码中，引入 articles 的 model 模块，新建 updateIdArticle 函数，需要传入 id、title、content、label、author 5 个参数。然后新建一个 Promise 对象，将更新操作由异步变为同步，并在 Promise 函数中进行对 MongoDB 记录的更新。最后对时间进行换算，并导出该函数对象。

至此，8 个 Service 层已经开发完毕。

10.5.4　编写Controller层

项目已完成 Model 层和 Service 层的开发，下面将完成 Controller 层的开发。

其中有 3 个 API 不需要经过 JWT 验证，分别是前台前端用户读取文章列表、前台前端用户根据 ID 返回文章详情，以及前台用户登录。

需要开发的 API 有后台前端用户读取文章列表、后台文章新增、后台根据 ID 返回文章详情、后台根据 ID 更新文章。

1. 前端用户访问API的Controller层

打开项目根目录的 app.js 文件，在第 24 行代码中增加一个 /users 路由，其代码如下：

```
app.use('/', indexRouter);
```

```
app.use('/users', usersRouter);
```

此时，项目 routes 文件夹中的 users.js 文件为前端用户访问 API 的定义路由文件。

◎　读取文章列表

打开 users.js 文件，新建一个前端用户读取文章列表的路由，其代码如下：

```
// 前端用户读取文章列表
router.get('/articleList', (req, res, next) => {

})
```

在代码中，新建一个 articleList 的路由，并编写一个空的回调函数。

在文件上方引入用户文章列表 Service 层。

```
let userArticleList = require("../service/userArticleList.js")
```

在回调函数中，编写对应的逻辑控制部分，以及对 Service 层完成相关的调用。

```
// 前端用户读取文章列表
router.get('/articleList', (req, res, next) => {
    userArticleList().then((resUserArticleList) => {
        res.json(resUserArticleList);
        res.end();
    })
})
```

在代码的回调函数中，调用 Service 层获取文章列表，并将文章列表返回给前端用户。

此时，访问链接 http://localhost:3000/users/articleList，如果出现如图 10-19 所示的界面，则表示前端用户读取文章列表 API 已编写完成。

◎　前端用户根据 ID 返回文章详情

打开 users.js 文件，新建一个根据 ID 返回文章的路由，其代码如下：

图 10-19　前端用户读取文章列表 API

```
// 前端用户根据 ID 返回文章详情
router.get("/findArticleDetails", (req, res, next) => {

})
```

在上方文件中，定义了 findArticleDetails 路由，以及与其对应的空的回调函数。

引入根据 ID 返回文章详情的 Service 层文件。

```
let findArticleDetails = require("../service/findArticleDetails.js")
```

在回调函数中，编写对应的逻辑控制部分，并对 Service 层完成相关的调用。

```
// 前端用户根据 ID 返回文章详情
router.get("/findArticleDetails", (req, res, next) => {
    let _id = req.query.id;
    findArticleDetails(_id).then((resFindArticleDetails) => {
        res.json(resFindArticleDetails);
        res.end();
    })
})
```

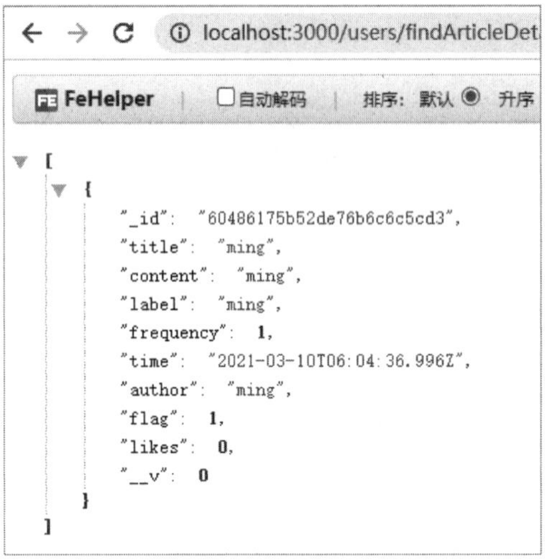

在代码的回调函数中，先通过 req. query.id 获取 URL 中的 id 参数值，将其保存为 _id。最后调用 Service 层的 findArticleDetails，将 _id 参数传入，并将获取的结果以 json 的形式输出给用户。

此时，访问链接 http://localhost:3000/users/findArticleDetails?id=60486175b52de7 6b6c6c5cd3，如果出现如图 10-20 所示的界面，则表示前端用户根据 ID 返回文章详情 API 的相关代码已编写完成。

◎ 用户登录

打开 users.js 文件，新建一个用户登录的路由，其代码如下：

图 10-20 前端用户根据 ID 返回文章详情 API

```
router.get("/userLogin", (req, res, next) => {

})
```

在文件中，定义 userLogin 路由，以及空的回调函数。

引入用户登录的 Service 层文件。

```
let userLogin = require("../service/userLogin.js")
```

在回调函数中，编写对应的逻辑控制部分，并对 Service 层完成相关的调用。

```
router.post("/userLogin", (req, res, next) => {
    var params = req.body
    // 获取用户名
let userName = params.userName;
// 获取密码
    let userPassword = params.userPassword;
    // 进行登录验证
    userLogin(userName, userPassword).then((resUserLogin) => {
```

```
    if(resUserLogin){
        res.json({"flag" : "true"})
        res.end();
    }else{
        res.json({"flag": "false"})
        res.end();
    }
  })
})
```

在回调函数中，首先获取用户名和密码，然后将用户名和密码传给对应的 Service 层进行查询。如果能够查询到对应用户名和密码，则返回 true 给客户端，否则返回 false 给客户端。

这里使用 Postman 进行接口测试，打开 Postman，输入链接 http://localhost:3000/users/userLogin 选择 POST 请求，并选择 Body → raw，以及 JSON 格式进行数据传输。在 Body → raw 中输入内容如下：

```
{
    "userName":"admin",
    "userPassword": "ming"
}
```

Postman 的配置界面如图 10-21 所示。

图 10-21　Postman 配置界面

选择 Send 选项，并发送 POST 请求，然后在 Response 中看到返回的结果如图 10-22 所示。

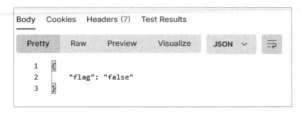

图 10-22　用户登录 API 的测试结果

2. 管理员用户访问API的Controller层

在项目根目录的 routes 中，新建 admin.js 文件，输入如下内容：

```
var express = require('express');
var router = express.Router();

/* GET users listing. */
router.get('/', function(req, res, next) {
  res.send('respond with a resource');
});

module.exports = router;
```

在上方代码中定义一个路径为 / 的路由，以及与之对应的回调函数，并导出该路由。

打开项目的 app.js 文件，并在项目开头引入该文件。

```
let adminRouter = require('./routes/admin')
```

在代码中表示将定义的 admin 路由引入该 app.js 文件。

在第 25 行代码中，表示 app.use 函数使用该文件定义的路由。

```
app.use("/admin", adminRouter);
```

代码中定义 /admin 根路径后，在 admin.js 文件中定义的路由都会以 /admin 路径为根目录进行访问。

◎ 前端用户读取文章列表

打开 admin.js 文件，新建一个前端用户读取文章列表的路由，其代码如下：

```
// 前端用户读取文章列表
router.get('/userArticleList', (req, res, next) => {

})
```

在代码中，新建 userArticleList 路由，以及一个空的回调函数。

引入相关的 Service 层文件。

```
let userArticleList = require("../service/userArticleList.js")
```

在回调函数中，编写对应的逻辑控制部分，并对 Service 层完成相关的调用。

```
// 前端用户读取文章列表
router.get('/userArticleList', (req, res, next) => {
    userArticleList().then((resUserArticleList) => {
        res.json(resUserArticleList);
        res.end();
    })
})
```

在代码的回调函数中，调用 Service 层的 userArticleList 文件，并把结果返回前端用户。

此时访问链接 http://localhost:3000/admin/userArticleList，如果出现如图 10-23 所示的界面，则表示前端用户读取文章列表 API 已编写完成。

图 10-23　前端用户读取文章列表 API

◎　文章新增

打开 admin.js 文件，新建一个文章新增的路由，其代码如下：

```
// 文章新增
router.post("/addArticle", (req, res, next) => {

})
```

在代码中，新建 addArticle 路由，以及一个空的回调函数。

引入相关的 Service 层文件。

```
let addArticle = require("../service/addArticle.js")
```

在回调函数中，编写对应的逻辑控制部分，并对 Service 层完成相关的调用。

```
// 文章新增
router.post("/addArticle", (req, res, next) => {
    var params = req.body
    let title = params.title;
    let content = params.content;
    let label = params.label;
    let author = params.author;
    addArticle(title,content, label, author).then((resAddArticle) => {
        res.json(resAddArticle);
        res.end();
    })
})
```

在上方代码中，先获取 POST 请求的数据，然后调用 Service 层的 addArticle 文件传入对应的参数，并保存新的文章。

这里使用 Postman 进行接口测试。打开 Postman，输入链接 http://localhost:3000/admin/addArticle，选择 POST 请求，并在 Body → raw 中输入如下内容：

```
{
    "title": "ming",
    "content": "ming",
    "label": "ming",
    "author": "ming"
}
```

Postman 配置的测试接口信息的界面如图 10-24 所示。

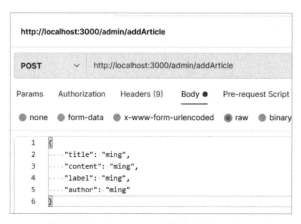

图 10-24　Postman 配置测试接口信息

此时，选择 Send 选项发送请求，就可以在 Response 中看到返回的接口信息，如图 10-25 所示。

图 10-25　接口返回的测试信息

在浏览器中，打开 http://localhost:3000/admin/userArticleList，如果看到新增文章在图 10-23 中，则表示文章新增接口已开发完成。

◎　根据 ID 返回文章详情

打开 admin.js 文件，新建一个根据 ID 返回文章详情的路由，其代码如下：

```
// 前端用户根据 ID 返回文章详情
router.get("/findArticleDetails", (req, res, next) => {

})
```

在上方代码中，新建 findArticleDetails 路由，以及一个空的回调函数。

引入相关的 Service 层文件。

```
let findArticleDetails = require("../service/findArticleDetails.js")
```

在回调函数中，编写对应的逻辑控制部分，并对 Service 层完成相关的调用。

```
// 前端用户根据 ID 返回文章详情
router.get("/findArticleDetails", (req, res, next) => {
    let _id = req.query.id;
    findArticleDetails(_id).then((resFindArticleDetails) => {
        res.json(resFindArticleDetails);
        res.end();
    })
})
```

在回调函数中，首先获取需要文章的 ID，然后调用 findArticleDetails 的 Service 层，传入对应的 ID 获取文章详情，并返回给前端用户。

此时，访问链接 http://localhost:3000/admin/findArticleDetails?id=6049bbbfb311f393a8677 6ca，如果出现如图 10-26 所示的界面，则表示根据 ID 获取对应文章详情 API 的开发已完成。

图 10-26　获取文章详情

◎　根据 ID 更新文章

打开 admin.js 文件，新建一个根据 ID 更新文章内容的路由，其代码如下：

```
// 根据 ID 更新文章内容
router.post("/updateIdArticle", (req, res, next) => {

})
```

在上方代码中，新建 updateIdArticle 路由，以及一个空的回调函数。

引入相关的 Service 层文件。

```
let updateIdArticle = require("../service/updateIdArticle.js")
```

在回调函数中，编写对应的逻辑控制部分，并对 Service 层完成相关的调用。

```
// 根据 ID 更新文章内容
router.post("/updateIdArticle", (req, res, next) => {
      let params = req.body;
      let id = params.id;
      let title = params.title;
      let content = params.content;
      let label = params.label;
      let author = params.author;
      updateIdArticle(id, title, content, label, author).
then((resUpdateIdArticle) => {
          res.json(resUpdateIdArticle);
          res.end();
      })
})
```

在函数中，先获取对应的参数，然后调用 Service 层的 updateIdArticle 文件传入对应的参数，对数据库的记录进行更新。

这里使用 Postman 进行接口测试。打开 Postman，输入 URL 为 http://localhost:3000/admin/updateIdArticle，并在 Body → raw 中配置对应发送的 POST 请求参数：

```
{
    "id": "6047366c6c542c6a909b5b9f",
    "title": "ming",
    "content": "ming",
    "label": "ming",
    "author": "ming"
}
```

上方参数对应于其 API 获取的参数列表。根据 ID 修改文章内容 API 测试配置信息的界面如图 10-27 所示。

图 10-27　根据 ID 修改文章内容 API 测试配置信息

选择 Send 选项发送请求，如果在 Response 中输出如图 10-28 所示的界面，则表示根据 ID 更新文章内容的 API 已完成。

图 10-28　根据 ID 修改文章内容 API 测试结果

10.5.5　编写前后端交互JWT

我们已编写完成了前端代码和后端的三层架构。下面将编写前后端交互最为重要的内容，即 JWT。

1. JWT

JWT 的官网地址为：

https://jwt.io/

JWT 官网界面如图 10-29 所示。

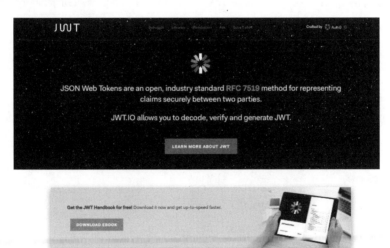

图 10-29　JWT 官网界面

JWT（JSON WEB TOKEN）是在网络应用环境中，传递声明而执行的一种基于 JSON 的开放标准。该 Token 被设计为紧凑且非常安全的，特别适用于分布式站点的单点登录场景。JWT 声明一般在身份提供者和服务者之间传递用户身份信息，用于从资源服务器获取资源，同时也可以增加一些额外的其他业务逻辑所必需的信息。该 Token 可以用于被认证，也可以用于对传输的信息进行加密。

在 Express.js 框架中有已经实现了该标准的 NPM 依赖包 express-jwt，开发人员在开发时，只需要使用 npm install 安装此依赖即可。

2. 开发环境准备

在项目的根目录中执行如下命令：

```
npm install express-jwt
```

打开 app.js 文件，在文件头部添加相关的 express-jwt 引用。

```
const expressJwt = require('express-jwt')
```

在文件中间件代码区域内，使用 expressJwt 中间件。

```
app.use(expressJwt({
  secret: 'secret12345',  // 签名的密钥或者 PublicKey
  algorithms: ['HS256']
})).unless({
  path: ['/', '/users/articleList']  // 指定路径不经过 token 解析
}))
```

在上方代码中，使用 expressJwt 中间件，并设置签名的秘钥和指定不经过 Token 解析的 URL 路径，还设置了 JWT 的加密算法为 HS256。

根据已编写的 URL 路径，将不需要 Token 验证的 3 个 URL 添加到中间件的配置信息中，添加信息如下：

```
app.use(expressJwt({
  secret: 'secret12345',  // 签名的密钥或者 PublicKey
  algorithms: ['HS256']
})).unless({
  path: ['/', '/users/articleList', '/users/findArticleDetails', '/
users/userLogin']  // 指定路径不经过 token 解析
}))
```

在上方代码中，添加了 4 个路径，分别是主页路由 /、文章列表路由 /users/articleList、查询文章详情路由 /users/findArticleDetails、用户登录路由 /users/userLogin。

此时，访问添加了不需要经过 Token 解析的路由 http://localhost:3000/users/findArticleDetails?id=60486175b52de76b6c6c5cd3，如果出现如图 10-30 所示的界面，则表示添加该路由不需要经过 Token 验证已完成。

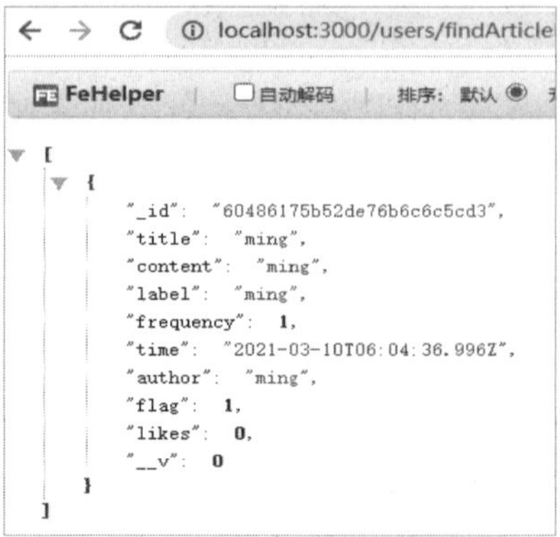

图 10-30　JWT 未拦截路由

如果访问 http://localhost:3000/admin，则会
出现如图 10-31 所示的界面，表示该路由已经
被拦截。

至此，JWT 开发环境已搭建完成。

3. 生成Token

当拦截路由生效后，需要登录路由生成
Token 给前端，允许前端访问已被拦截的路由。

打开 routes/users.js 文件，在文件上方将需要的模块导入。

```
const jwt = require('jsonwebtoken')
```

在 /userLogin 路由的回调函数中，增加如下内容：

```
// 注意默认情况 token 必须以 Bearer+ 空格 开头
  const token =  jwt.sign(
    {
      _id: userName,
    },
    'secret12345',
    {
      expiresIn: 3600 * 24 * 3
    }
  )
```

在上方代码中，使用 jwt 对象的 sign 函数，其中第 1 个参数为保存自定义信息，具体
内容如下：

```
{
"_id": userName
}
```

第 2 个参数为加密的秘钥，需要和中间件设置的加密秘钥相同，其均为 secret12345，
第 3 个参数为生成 Token 的有效期。

当经过 Service 层验证通过后，将已生成的 Token 返回给前端，其返回的代码如下：

```
if(resUserLogin){
    res.json({
        status: 'ok',
            data: { token: token }
        })
    res.end();
}else{
    res.json({"flag": "false"})
    res.end();
}
```

図 10-31　JWT 拦截路由

（图示界面）
← → C ① localhost:3000/admin

No authorization token was found
401

在上方代码中，经过验证通过后，将 Token 以 JSON 的形式返回给前端。如果没有通过验证，则返回错误信息给前端。

打开 Postman，URL 设置为 http://localhost:3000/users/userLogin，URL 类型为 POST，Body → raw 内容如下：

```
{
    "userName": "admin",
    "userPassword": "admin"
}
```

其内容为用户的登录信息。

Postman 配置界面如图 10-32 所示。

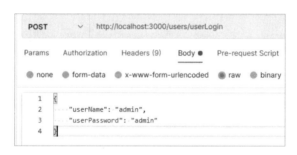

图 10-32　Postman 配置界面

此时选择 Send 选项发送 POST 请求到 Node.js 服务器。如果请求成功，则表示在 Response 中出现如图 10-33 所示的信息。

生成的 Token 如下：

eyJhbGciOiJIUzI1NiIsInR5cCI6IkpXVCJ9.eyJfaWQiOiJhZG1pbiIsImlhdCI6
MTYxNTUzMzkyNiwiZXhwIjoxNjE1NzkzMTI2fQ.KfLb6MaRGn4Wc2A7fvN8S6jX-
pFeAXYuH6PekxUNXNY

如果出现用户名密码错误，则会返回如图 10-34 所示的界面，表示获取不到 Token。

图 10-33　Postman 请求成功返回的信息　　图 10-34　Postman 请求失败返回的信息

4. 测试Token

保存获取的 Token，在 Postman 中测试接口 http://localhost:3000/admin/userArticleList，选择请求为 GET 类型。

在 Authorization 选项卡中，选择 Type 类型为 Bearer Token，在值中填入刚保存的 Token。

Token 请求头配置界面如图 10-35 所示。

图 10-35　Token 请求头配置界面

选择 Send 选项可以显示 Node.js 服务器端的响应结果，如图 10-36 所示。

```
Body   Cookies   Headers (7)   Test Results

Pretty   Raw   Preview   Visualize   JSON   ⌄

 1   [
 2       {
 3           "_id": "6047363a79a6f7486c96eadb",
 4           "title": "22222",
 5           "content": "2222",
 6           "label": "2222",
 7           "frequency": 3,
 8           "time": "2022-03-03T00:00:02.000Z",
 9           "author": "34",
10           "flag": 1,
11           "likes": 1,
12           "__v": 0
```

图 10-36　Node.js 服务器端的响应结果

至此，JWT 已经开发完成。

10.6　前后端联调

前端部分和后端部分的开发已完成。下面将两部分合并形成一个完整的个人 Blog 项目。

这里仅将文章模块作为示例，其余模块请读者参考本模块的开发过程进行开发。

需要合并的两个部分是用户访问端部分和管理员访问端部分。

用户端访问部分包括 3 个页面，分别是文章列表主页、根据 ID 访问文章详情页和登录页面。

管理员访问部分包括 3 个页面，分别是文章列表、文章更新、文章新增。所以一共需要开发 6 个页面。

由于前后端通信要使用 Ajax 实现，所以需要 Vue.js 安装 Axios 以实现前后端的通信。

以用户端访问前端项目为例，读者可以按照这个例子搭建管理员访问端的基本环境。

前后端通信使用 Axios 实现。

在项目根的目录中执行如下命令：

```
npm install axios -S
```

打开 views/Landing.vue 文件，在第 237 行代码中引入 Axios 依赖。

```
import axios from 'axios'
```

在 272 行代码添加 created 方法，用于在该 Vue 页面加载时，调用 created 方法。其中 created 方法为 Vue.js 框架的生命周期函数。

增加的代码如下：

```
created: function() {
    axios({
        method: "get",
        url: "http://localhost:3000/users/articleList"
    }).then((resp) => {
        console.log(resp.data)
    })
}
```

项目继续安装 CORS 依赖。

安装命令如下：

```
npm install cors --save-dev
```

打开 app.js 文件，在文件头部引入 CORS 模块。

```
const cors = require('cors');
```

通过中间件的方式使用 CORS 模块。

```
app.use(cors());
```

至此，跨域操作结束。

打开 http://localhost:8081/#/ 和 Google Chrome DevTools，如果在 Console 界面中出现如图 10-37 所示从后端取到的数据，则表示前后端已通信成功。至此，开发环境已搭建完毕。

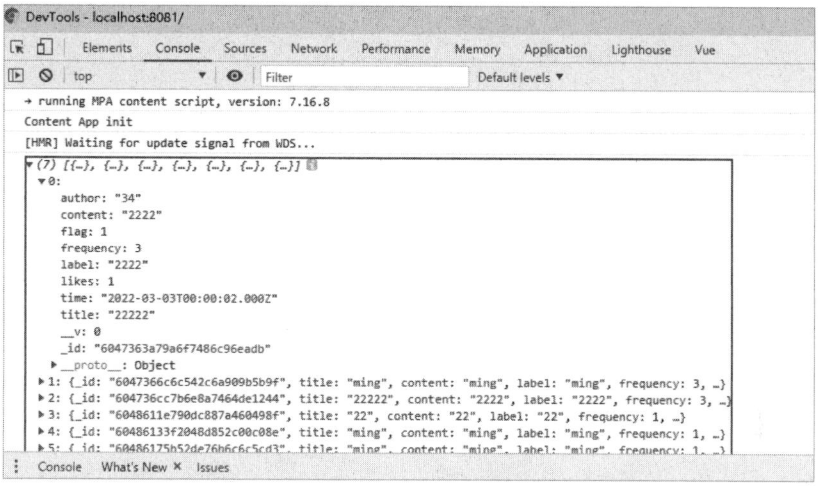

图 10-37　前后端联调成功

1. 用户端访问页面联调

◎　文章列表主页

在已搭建成功的前后端开发环境基础上，编写第 272~279 行代码，其代码如下：

```
created: function(){
  axios({
      method: "get",
      url: "http://localhost:3000/users/articleList"
  }).then((resp) => {
      console.log(resp.data)
      this.articleList = resp.data;
  })
```

在上方代码中，创建一个 Axios 的 GET 请求，向 http://localhost:3000/users/articleList 中发送相对应的 GET 请求，并将获取的结果保存在 data 域的 articleList 中。

在对应的 data 域中增加 articleList 变量，用于保存已从后端获取的数据，其代码如下：

```
data() {
  return {
    name: null,
    email: null,
    message: null,
    articleList: []
  };
},
```

编写该文件的第 30~38 行代码，用于将获取的数据展示到前端，其代码如下：

```
<div class="md-layout">
        <div v-for="item in articleList" style="width:100%">
            <a :href="'#/article?id=' + item._id ">
```

```
                    <h1>{{item.title}}</h1>
                    <h3>作者：{{item.author}}</h3>
                    <p>{{item.content}}</p>
                </a>
            </div>
        </div>
```

在上方代码中，使用 v-for 属性循环文章列表，并进行循环显示，其中在 a 标签中，动态增加 href 属性，将 ID 作为参数，动态拼接 URL。

此时，访问 http://localhost:8081/#/，如果出现如图 10-38 所示的界面，则表示个人 Blog 主页部分已开发完成。

图 10-38　个人 Blog 主页

◎　根据 ID 访问文章详情页

在 data 域中，增加如下的存储数据的变量：

```
data() {
  return {
    author: "",
    content: "",
    frequency: "",
    likes: "",
    time: "",
    title: "",
  };
},
```

在 script 中，新建 script 脚本，并输入如下内容：

```
created: function(){
    let that = this;
    axios({
        method: "get",
        url: "http://localhost:3000/users/findArticleDetails?id=" +
that.$route.query.id
    }).then((resp) => {
        console.log(resp.data[0])
        that.author = resp.data[0].author;
        that.content = resp.data[0].content;
        that.flag = resp.data[0].flag;
        that.frequency = resp.data[0].frequency;
        that.label = resp.data[0].label;
        that.likes = resp.data[0].likes;
        that.time = resp.data[0].time;
        that.title = resp.data[0].title;
    })
}
```

在上方代码中，先保存当前的作用域为 that，创建 Axios 发送 GET 请求，并附带从 URL 问号后取得的参数，拼接成一个完整的 URL，并发送 GET 请求到后端。

将获取的结果，保存到 data 域的变量中。

修改文件的第 11~14 行代码，修改内容如下：

```
<div class="brand">
            <h1>{{title}}</h1>
            <h3>{{author}}</h3>
        </div>
```

此时，访问 http://localhost:8081/#/article?id=604ba1cf268cf59d2cc07ddd，可以看到如图 10-39 所示的界面，文章标题已经显示。

图 10-39　文章标题显示

修改该文件的 typography-images 组件，增加一些属性，增加属性后的组件调用代码如下：

```
<typography-images v-bind:content="content"></typography-images>
```

在上方代码中，使用 v-bind 动态的传递该组件内 content 变量的值到子组件中，并且子组件以变量 content 进行保存。

打开 src/views/compontens/TypographyImagesSection.vue 文件，在 scirpt 标签内增加如下内容：

```
props: {
    content: {
      type: String,
      default: ""
    }
},
```

在上方代码中，新建 props 用于接收从父组件传递过来的值，这里由于从父组件传入了一个 content 值，因此将 content 定义成 String 类型，默认为 ""。

删除第 7~138 行代码：

```
<div class="md-layout">
    ...
    </div>
```

删除第 11~65 行代码：

```
<div id="images">
   ...
  </div>
```

修改第 5 行代码如下：

```
  <div class="title">
    <h2>{{content}}</h2>
  </div>
```

此时访问 http://localhost:8081/#/article?id=604ba1cf268cf59d2cc07ddd，如果出现如图 10-40 所示的界面，则表示根据 ID 获取文章详情页面已开发完毕。

◎ 登录界面

文章列表页面和根据 ID 获取文章详情页已开发完成。下面将开发登录界面，并将后端发送过来的 Token 保存。

编写 src/views/Login.vue 文件的第 34~46 行代码，如下所示：

这是文章内容

图 10-40 根据 ID 获取文章详情页

```
<md-field class="md-form-group" slot="inputs">
          <md-icon>face</md-icon>
          <label>userName...</label>
          <md-input v-model="userName"></md-input>
        </md-field>
        <md-field class="md-form-group" slot="inputs">
          <md-icon>lock_outline</md-icon>
          <label>userPassword...</label>
          <md-input v-model="userPassword"></md-input>
        </md-field>
         <md-button v-on:click="login" slot="footer" class="md-
simple md-success md-lg">
          Get Started
        </md-button>
```

在上方代码中，将两个 md-input 组件的输入值，保存到 userName 变量和 userPassword 变量中，并绑定 login 处理函数到 md-button 组件中。当选择组件 Get Started 选项时，会自动触发 login 函数，进行相关的事件处理。

在 data 域中，将增加对应的变量进行保存。

```
data() {
  return {
    userName: null,
    userPassword: null
  };
},
```

在上方代码中，保存了 userName 变量和 userPassword 变量。

在 script 标签内，新建 login 函数，其对应于 md-button 的处理函数。

```
methods: {
  login: function(event) {
    let data = {
      "userName": this.userName,
      "userPassword": this.userPassword
    }
    axios({
      url: "http://localhost:3000/users/userLogin",
      method: "post",
      data: data
    }).then((res) => {
      console.log(res);
    })
  }
}
```

在处理函数中，先获取 userName 的值和 userPassword 的值，并保存在 data 变量中，然后创建 Axios 发送 POST 请求，并将结果打印。

此时打开链接 http://localhost:8081/#/login，输入用户名为 admin，密码为 admin，单击 GET STARTED 按钮，将在页面控制台中输出如图 10-41 所示的内容。

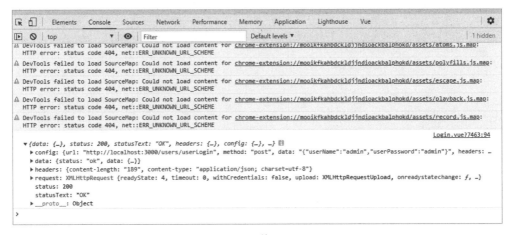

图 10-41 获取 Token

此时，前端获取到后端传来的 Token，表示成功。

下面将 Token 保存在浏览器中，即使用 localStorage 进行客户端存储。在 Axios 获取结果后的回调函数中，增加如下代码，将 Token 保存在 localStorage 中。

```
localStorage.token = res.data.data.token
```

上方代码表示将获取的 Token 保存在 localStorage 中，以 Token 键值对进行保存。

添加路由跳转，跳转到 admin 管理员界面。

```
window.location.href = "/admin/"
```

此时打开浏览器 DevTools 中的 Application 选项卡，在 Local Storage 的 http://localhost:8080 中可以看到如图 10-42 所示保存的 Token。

图 10-42　将 Token 保存在浏览器中

2. 管理员界面前后端联调

◎　路由守卫

当用户直接访问该网页时，由于 localStorage 中并没有存储 Token，因此不能访问该页面，需要对该用户的访问进行路由拦截。

打开 src/routes/routes.js 文件，将文件内容修改如下：

```
const routes = [
  {
    path: "/",
    component: DashboardLayout,
    beforeEnter: (to, from, next) => {
        if(localStorage.token){
          next();
        }else{
          next({
                path: '/login'
          })
        }
    },
    redirect: "/dashboard",
    children: [
      {
        path: "dashboard",
        name: "Dashboard",
        component: Dashboard
      },
      {
        path: "user",
        name: "User Profile",
        component: UserProfile
      },
```

```
  {
    path: "table",
    name: "Table List",
    component: TableList
  },
  {
    path: "typography",
    name: "Typography",
    component: Typography
  },
  {
    path: "icons",
    name: "Icons",
    component: Icons
  },
  {
    path: "maps",
    name: "Maps",
    meta: {
      hideFooter: true
    },
    component: Maps
  },
  {
    path: "notifications",
    name: "Notifications",
    component: Notifications
  },
  {
    path: "upgrade",
    name: "Upgrade to PRO",
    component: UpgradeToPRO
  }
    ]
  }
];
```

在 routes 中增加一个 / 路由的路由独享守卫，根据浏览器中的 localStorage 是否保存有 Token 来决定路由的跳转。如果浏览器中没有保存 localStorgae，则不能完成跳转。

◎　文章列表页面

按照已修改的方法，直接给 VUE 页面增加 created 方法，让其在加载的过程中，将时间保存在 data 域中。

修改文件 src/components/Tables/SimpleTable.vue，先引入 Axios 依赖。

```
import axios from 'axios'
```

编写 Axios 发送 GET 请求。

```
created: function(){
    let that = this;
    axios({
        method: "get",
        url: "http://localhost:3000/admin/userArticleList",
        headers: {
          "Authorization": "Bearer " + localStorage.token
        }
    }).then((resp) => {
        console.log(resp.data)
        this.users = resp.data;
    })
}
```

在上方代码 headers 中，添加 Authorization，表示使用了 JWT 的 Token。在登录操作中，保存的 Token 会通过这个步骤进行发送。

再修改该文件的第 3~10 行代码，修改内容如下：

```
    <md-table v-model="users" :table-header-color="tableHeaderColor"
v-if="flag">
      <md-table-row slot="md-table-row" slot-scope="{ item }"  v-on:c
lick="mdTableRow({item})">
        <md-table-cell md-label="id">{{ item._id }}</md-table-cell>
        <md-table-cell md-label="文章标题">{{ item.title }}</md-table-cell>
        <md-table-cell md-label="文章标签">{{ item.label }}</md-table-cell>
        <md-table-cell md-label="文章发布时间">{{ item.time }}</md-table-cell>
      </md-table-row>
    </md-table>
```

上方代码的主要作用是，让表格数据和刚获取的数据进行匹配，从而在前端展示。

此时访问 http://localhost:8080/#/table，如果出现如图 10-43 所示的界面，则表示文章列表页面已创建完成。

id	文章标题	文章标签	文章发布时间
604ba1cf268cf59d2cc07ddd	这是文章标题	这是文章标签	2021-03-13T01:15:59.003Z
604ba7ee30c0bc82a044e5b4	这是文章标题	这是文章标签	2021-03-13T01:42:06.396Z
604ba7ef30c0bc82a044e5b5	这是文章标题	这是文章标签	2021-03-13T01:42:07.159Z
604ba7ef30c0bc82a044e5b6	这是文章标题	这是文章标签	2021-03-13T01:42:07.726Z
604ba7f030c0bc82a044e5b7	这是文章标题	这是文章标签	2021-03-13T01:42:08.732Z
604ba7f130c0bc82a044e5b8	这是文章标题	这是文章标签	2021-03-13T01:42:09.448Z
604ba7f130c0bc82a044e5b9	这是文章标题	这是文章标签	2021-03-13T01:42:09.896Z

图 10-43　管理员访问端文章列表页

◎　文章修改页

修改 src/components/Tables/SimpleTable.vue 文件 mdTableRow 方法，其修改内容如下：

```
methods: {
  mdTableRow: async function(test){
    console.log(test.item)
    this.flag = false;
    this.flagCardContent = true;
    this.id = test.item._id;
    this.title = test.item.title;
    this.label = test.item.label;
    this.content = test.item.content;
this.author = test.item.author;
  }
},
```

在代码中，将表格所获取的循环值赋值给 data 数据域中，此时页面就会自动附带上原先的文章，如图 10-44 所示。

给 UPDATE 按钮添加 click 方法，并添加对应的回调函数。

在第 33~35 行代码中添加方法的代码如下：

图 10-44　文章修改页面

```
        <div class="md-layout-item md-
size-100 text-right">
            <md-button v-on:click="submit()" class="md-raised md-
success">Update</md-button>
        </div>
```

在上方代码中，使用 v-on:click 属性增加 submit 方法。

添加的 submit 方法如下：

```
submit: async function(){
    let data = {
      "id": this.id,
      "title": this.title,
      "content": this.content,
      "label": this.label,
      "author": this.author
    }
    axios({
      method: "post",
      url: "http://localhost:3000/admin/addArticle",
      headers: {
        "Authorization": "Bearer " + localStorage.token
      },
      data: data
```

```
  }).then((resp) => {
    console.log(resp.data)
    this.users = resp.data;
    alert(" 修改成功 ")
  })
}
```

在上方代码中，先使用 async 表示该函数为同步函数，再创建 data 变量，并保存需要修改的文章内容。然后使用 Axios 发送到后端服务器，并将结果返回给用户。

此时打开 http://localhost:8080/#/table，选择任意一个文章项目，进入如图 10-45 所示的文章修改页面。然后对文章进行修改，单击 UPDATE 按钮，如果修改成功，则会显示修改成功的对话框。

图 10-45　文章修改成功对话框

此时访问数据库可以看到数据已被修改，而前端用户显示界面的文章内容，也被同步修改。重新打开该文章修改页面，该文章的内容也是修改过的页面。

至此，文章修改页面已开发完成。

◎　文章新增

打开 src/pages/UserProfile/EditProfileForm.vue 文件，增加 data 数据域中需要保存的变量，同文件中已经绑定的数据变量进行对应。

```
data() {
  return {
    title: "",
    label: "",
    content: "",
    username: null,
    disabled: null,
    emailaddress: null,
    lastname: null,
    firstname: null,
    title: null,
    label: null,
    country: null,
    code: null,
    aboutme:
```

```
      "My story is..."
   };
 }
```

在上方代码中，增加 title、label、content 变量，用于数据的双向绑定。

在该文件的第 31 行代码中，将 submit 方法和 Add article 进行绑定。

```
<md-button v-on:click="submit()" class="md-raised md-success">Add
article</md-button>
```

在 script 中，引入 Axios。

```
import axios from 'axios'
```

在 methods 中增加 submit 方法。

```
methods: {
   submit: async function(){
     let data = {
       "title": this.title,
       "content": this.content,
       "label": this.label,
       "author": " 小小 "
     }
     console.log(data);
     axios({
       method: "post",
       url: "http://localhost:3000/admin/addArticle",
       headers: {
         "Authorization": "Bearer " + localStorage.token
       },
       data: data
     }).then((resp) => {
       console.log(resp.data)
       alert(" 增加成功 ")

     })
   }
 }
```

在上方代码中，使用 async 将该函数转为同步函数，创建 data 变量保存相关新增文章的内容，然后通过 Axios 创建 POST 请求，并发送 POST，新增文章请求到后端，最后将结果返回给用户。

此时打开链接 http://localhost:8080/#/user，出现如图 10-46 所示界面。

输入要新增的文章内容，单击 ADD ARTICLE 按钮，弹出如图 10-47 所示的对话框，则表示新增文章成功。

图 10-46　文章新增页面

图 10-47　新增文章成功对话框

在查询数据库中可以看到新增的页面。在后台管理系统中的文章列表页面，可以看到新增的文章。在前端用户访问界面中，同样可以看到新增的文章。表明文章新增页面已开发完毕。

至此，个人 Blog 项目前后端联调已开发完毕。

10.7 项目部署上线

该项目分为 3 个部分，即前端 Vue.js 项目、前端管理员 Vue.js 项目和后端 Node.js 项目，需要分别对 3 大项目进行部署。

1. 生成静态文件

由于后端项目并没有部署在 / 路径下，因此需要修改项目部署路径。

打开前端管理员访问 Vue.js 项目的 vue.config.js 文件，修改文件代码如下：

```
module.exports = {
  runtimeCompiler: true,
  publicPath: '/admin/'
}
```

在上方代码中，设置该项目的运行路径为 /admin/ 路径。

修改完成路径后需要生成静态文件。在两个项目根目录中，可以使用如下命令生成静态文件。

```
npm run build
```

此时，在两个项目的 dist 文件夹中，可以看到刚生成的静态文件。

将新生成的前端文件，放入新建的 deploy-personal-blog 文件夹中。

先放入前端用户访问项目生成的静态文件，再新建子文件夹 admin，将前端管理员项目的所有文件依次放入。

至此，前端项目需要部署的文件已全部生成。

此外，刚生成的静态文件，也会同时保存在 Github 中供读者随时使用。

通过该 Github 项目，读者可以随时获取刚生成的静态文件。

2. 项目部署上线

读者请自行在 CentOS 主机上安装 Nginx 并配置相关的网页路径，并将刚生成的静态文件上传至该文件夹中。

该主机安装 NPM 依赖，其命令如下：

```
npm install
```

安装完成依赖后，启动该项目。

```
npm run start
```

至此，项目已部署完毕。

10.8 本章小结

本章主要介绍前端框架 Vue.js，并使用前端 Vue.js 框架和后端 Express.js 框架，以及 MongoDB 数据库实现了一个前后端分离项目。